和崔睿晋一起制作娃衣和配饰

Doll Clothes Workshop

娃衣裁缝工坊

[韩] 崔睿晋 / 著
高　颖 / 译

中国纺织出版社有限公司

序言

Prologue

小时候，在学校附近文具店里摆放的各种人形玩偶，让我至今仍难忘记。穿着不同风格服装的娃娃，会让所有小女孩兴奋不已。每天放学后就跑去文具店前站着，一边看着娃娃，一边不停地幻想，连时间怎么流逝的都没发觉。

给娃娃梳头发、换衣服，一起玩耍的时光，令人感到无比的快乐。对我来说，把娃娃打扮得漂漂亮亮的一起玩家家酒的游戏，就是最简单的小幸福。悠闲地用生涩的缝纫技法制作娃衣，沉迷于这种微妙的幸福之中，并在不知不觉中长大，成为制作娃衣的大人。

第一次做娃衣的时候，对于面料、工具、辅料等所有东西都很陌生。虽然因此经历了数不清的错误和失败，但是回头看，我认为正是因为之前那段时间的积累，才使我拥有了属于自己的独家技巧。

这本书囊括了许多专属于我自己的用色和独家技巧，是我长久以来制作各种娃衣，从人形到时尚娃娃、芭比、Neo Blythe 小布娃娃、韩国国产六分娃等一点点累积起来的。由于书中所收录的娃衣都是以简单的手缝技法和家用缝纫机制作而成，因此只要懂得一些简单的缝纫技法就可以制作出来。同时书中附有各式纸样，可以应用于各种类型的娃衣。

试着将上衣、领子、袖子、裙子等各种纸样混合搭配，又可以制作出各样风格。请个人依照自己的喜好，制作出更多不同风格，并可以展现自我风格的服装。

我在制作娃衣的时候，体会到一件事，就是集中精神完成某件东西，会带来极大的幸福和成就感。请各位一定要感受一下这种喜悦！如此就能让这种小幸福充满我们的日常生活。

崔睿晋（Y.J.Sarah）

目录

Contents

BASIC
基础

PART
2

DRESS
女装

BEST DRESS
最好的衣服

PART
4

ETC
其他

连衣裙的袖子改为蓬蓬袖的款式

CASIO

左边是在欧式田园风连衣裙（p.100）的基础上改变了袖子和裙子的长度。

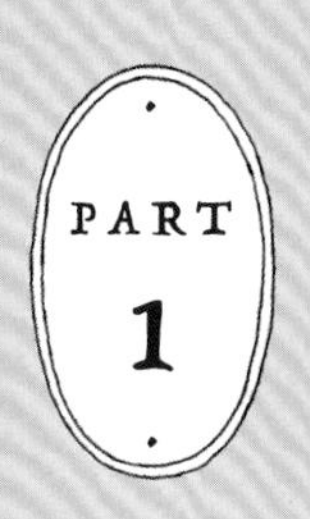

BASIC
基础

这部分介绍了一些娃衣制作前需要了解的知识。
包括必备的材料、工具、基本针法、刺绣等。
只要学好缝纫基础，扎实地练好基本功，任何人都能制作出漂亮的衣服。

Basic 1

基本工具介绍

1 蕾丝
用于修饰服装。像领口及袖子等比较精细的部位会用法国利巴蕾丝（leaver lace），裙摆位置会用拉舍尔经编蕾丝 (rashel lace) 或镶边花边（torchon lace）。

2 缎带
缎带有很多尺寸宽度，如 2mm、4mm、7mm 等。很多时候需要用它来修饰服装。

3 刺绣专用线
用刺绣的方式修饰服装时使用。有法国 DMC 绣线、德国 ANCHOR 绣线或金属线等。用时需要把线分股使用。

4 裁剪专用剪刀
按纸样进行裁剪时使用。

5 翻里钳
用于袖子、裤子等的翻面。

6 纱线剪
用于手缝或机缝结束后，剪掉多余线头。

7 拆线器（ripper）
用于拆除缝错的线。

8 锥子
用于整理衣服翻面后的边角。

9 镊子
用于夹除缝错后拆除的线，还可以用于短袖的翻面。

10 珠针
用于固定布料。因针细长，即使用针别住布料也可以缝制。

11 针插
用于插手缝针、珠针等。

12 手缝针
用于进行绷缝、缭缝、回针缝等针法时的工具。

13 布料记号笔
浅色布料可使用沾水就能消除的水消笔，深色布料可以使用粉笔。

14 毛线缝针
尖端钝圆的粗针，用于穿松紧带。

15 按扣
制作衣服门襟时使用。

16 珠子
用于装饰衣服门襟。

17 锁边液
涂在布料的缝份上，防止边缘脱线散开。一定要等它变干后，才能进行下一步。

18 绷缝线
进行绷缝时使用。线比较柔软，搓捻得不是那么紧密，使用后易于拆除。

19 松紧带
在服装的腰部、袖口、裤脚口等部位使用。

20 布用胶带
黏合布料时使用。可以黏合系带软帽的布料，或是处理缝份时替代回针缝。

21 卷尺
用于测量尺寸。

22 比例尺
用于绘制服装纸样。

Basic 2

面料种类

棉布

棉质布料可根据支数分为60支[1]、80支、100支，支数越大厚度越薄。娃衣一般选用60支和80支的面料。一般60支棉布使用面更广，而且因为薄更容易突显服装的轮廓，用途多元，可以用来制作连衣裙、夹克、裤子等。在制作复古装时，可以经过水洗或用手抓出皱褶。80支比60支棉布更薄更韧，且透气性佳，所以可用来制作更精细的服装或内衬。

平纹布

最常用到的平纹布是指由纬纱（横向纱线）及经纱（纵向纱线）一上一下互相交织而成的面料。娃衣主要用到的是厚度约为40支的布。越硬挺越容易抓出纹路，也更适合制作挺括的裤子或外套。

---

❶ 支数表示纤维或纱线粗细程度的单位，现已停用，但坊间仍在使用。特克斯（tex）与英制支数（s）的换算公式：tex=k/s。纯棉纱*k*值为583.1。

亚麻布

以麻类为原料的面料。面料透气且穿起来感觉凉爽，主要用于制作夏季服装。面料用途多元，根据厚度可制作连衣裙、外套、裙子等。面料沾水后可以轻易做出自然的皱褶，很适合制作自然风的服装。

羊毛料

使用羊毛织成的面料。可用来制作外套、毛皮大衣、斗篷等。

超细纤维布

织制成比百分之一头发粗度还细的人造纤维，一般是指聚酯纤维。可以用来制作娃娃的外套、斗篷及毛领等衣物。

网纱

像网一样稀疏的纱布。主要用来制作衬裙和内衬。

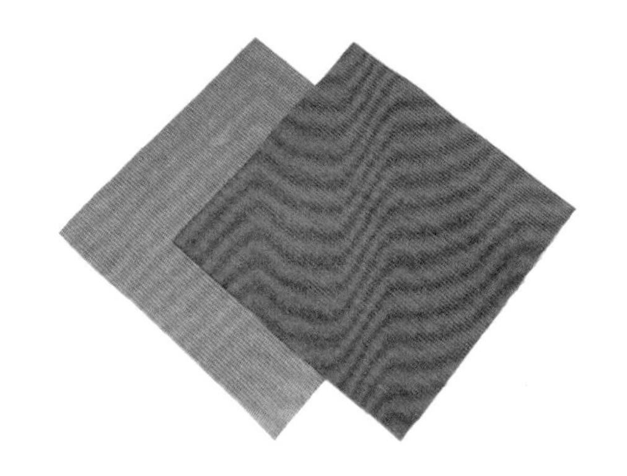

灯芯绒

表面有纵向凸起绒条的织物，又称条绒。可根据凸起条绒的粗细区分用途。用来制作娃衣时，一般选用细条绒的灯芯绒面料。适合用来制作冬天的连衣裙、外套及配饰等。

细棉布

又称印花布。以60~100支的细纱密织而成的棉质细布。由于光泽度好、质地坚韧、垂感好，所以适合用来制作连衣裙。

Basic 3

布纹方向

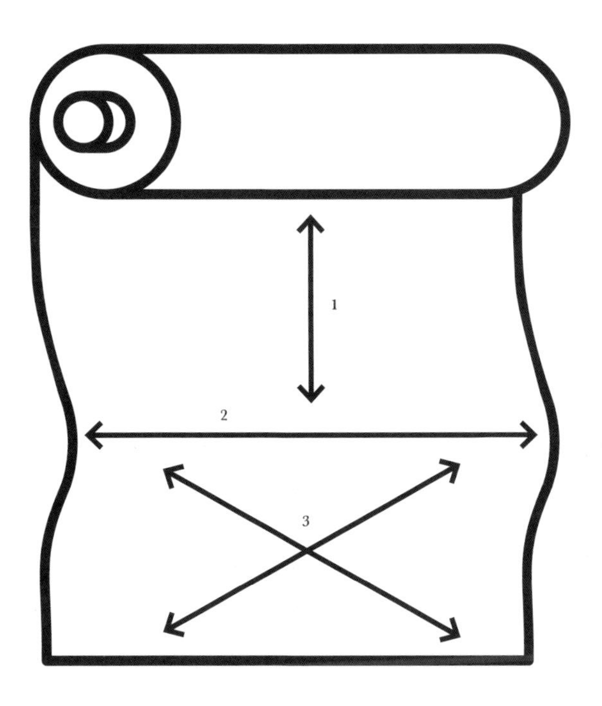

1　经向（直丝）

以布卷在上方为基准时，面料的纵向（布边）。以此方向剪裁的面料不容易脱线，也不好拉伸。制作服装时，大部分都是以经向（直丝）来画纸样。

2　纬向（横丝）

以布卷在上方为基准时，面料的横向。以此方向剪裁面料很容易脱线，但拉伸性很好。

3　斜向（斜丝）

以面料的 45° 对角线为基准，顺此方向剪裁，面料不容易脱线而且拉伸性好。制作荷叶边或是曲线位置时，主要使用斜向面料。

Basic 4

基本针法

绷缝

一般在正式缝合前，用于暂时固定面料而进行缝合的针法。正式缝合后，会将绷缝线拆除。

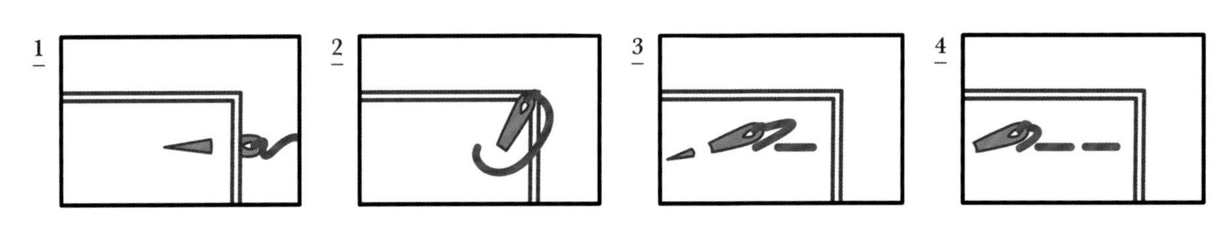

平针缝

一上一下来回缝合且缝线稀疏，是用于做出简单缩褶或添加缝合线时常用的针法。

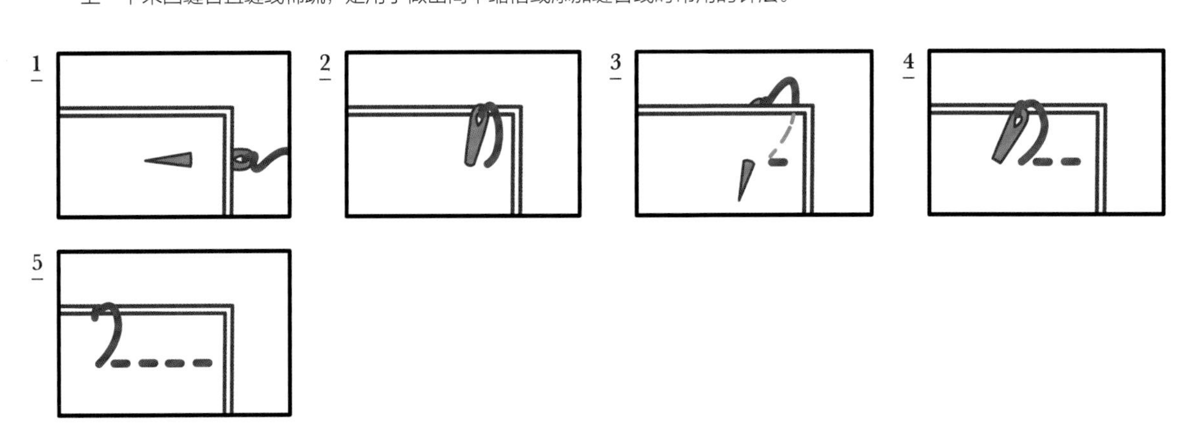

回针缝

代替车缝而使用的针法，可以牢固缝合面料。特征是缝线会形成一条线状。

1

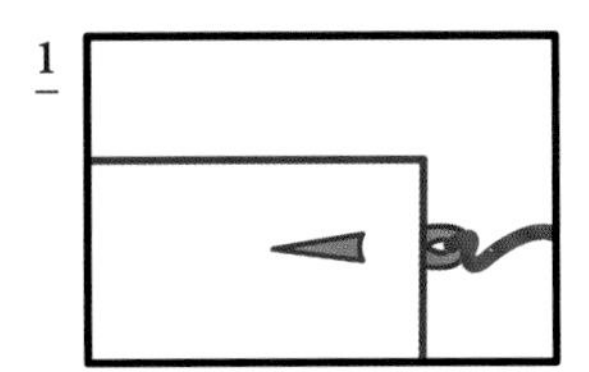

2

3

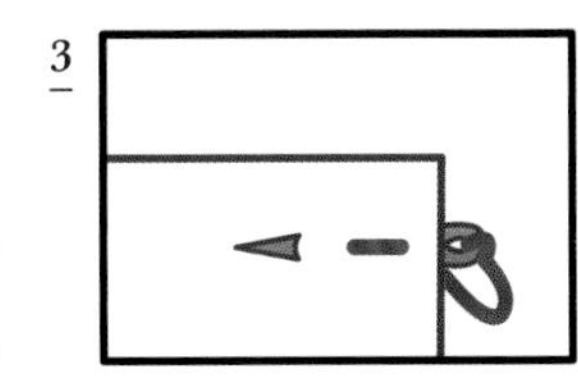

4

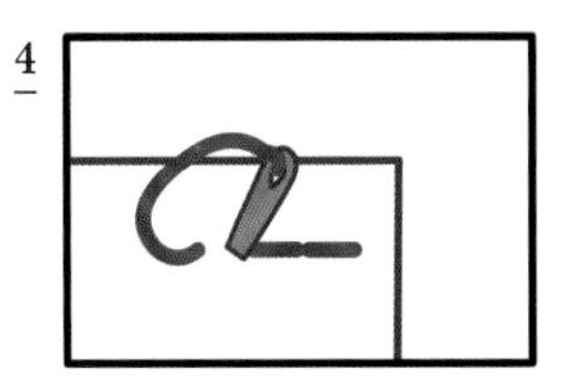

5

短回针缝

可以调整针距大小又可以牢固缝合的针法，用于缝线不显于表布时。主要是在衣服上添加蕾丝或皮带时使用。

1

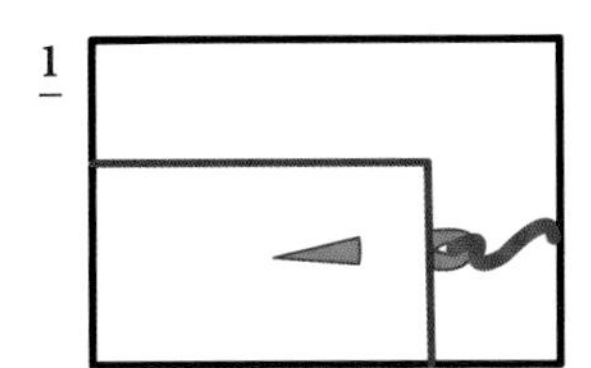

2

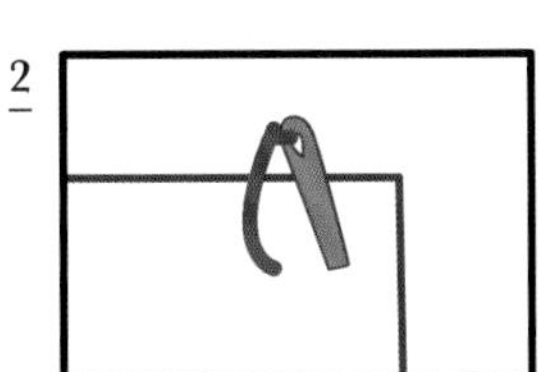

3

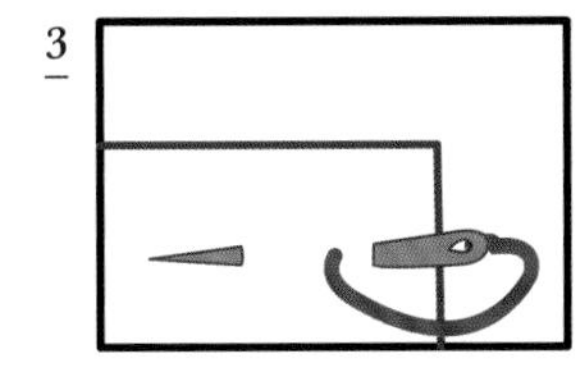

4

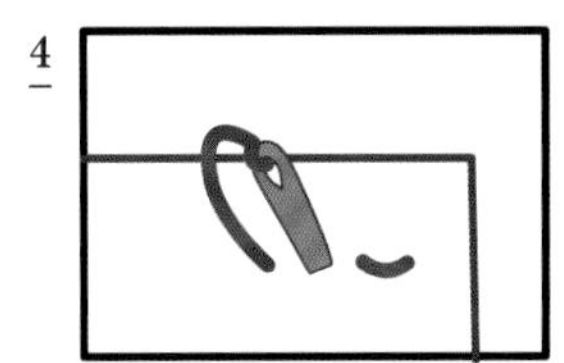

5

对接缝（藏针缝）

连接表、里布时，为了避免缝线露出而使用的针法。连接后门襟表、里布时或缝合孔洞时使用。

1

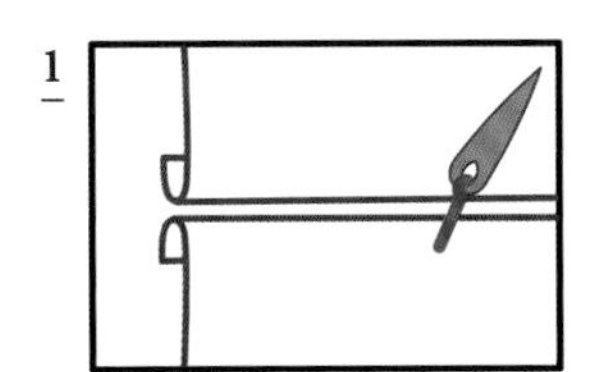

2

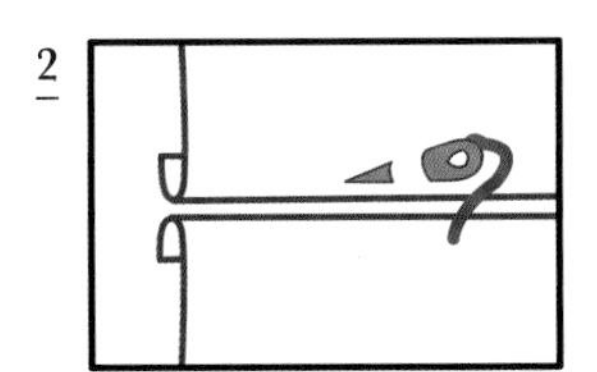

3

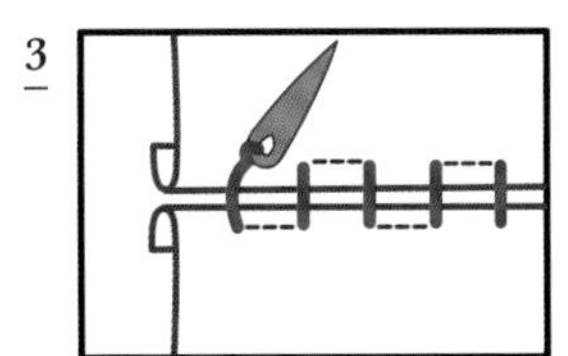

缭缝

用于服装折边收尾固定时使用，注意尽量避免在表面露出针迹。主要是将上衣里布缝份折起收尾时使用。

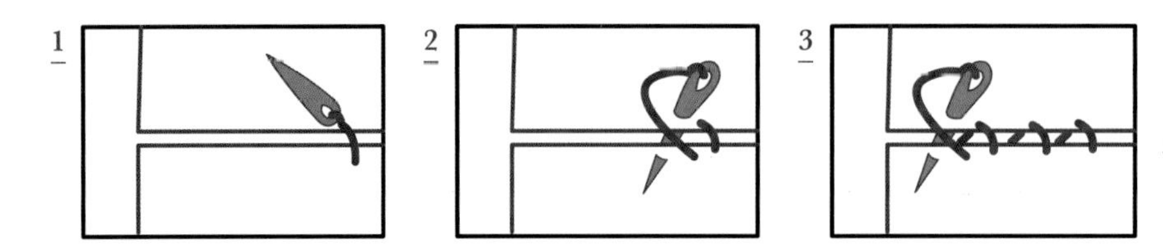

卷边缝

本来是用于不让纬向裁剪的面料脱线时使用的针法，但在制作娃衣时，为了让腰部加入松紧带的裙子、衬裙、衬裤的后门襟缝份平整时使用。

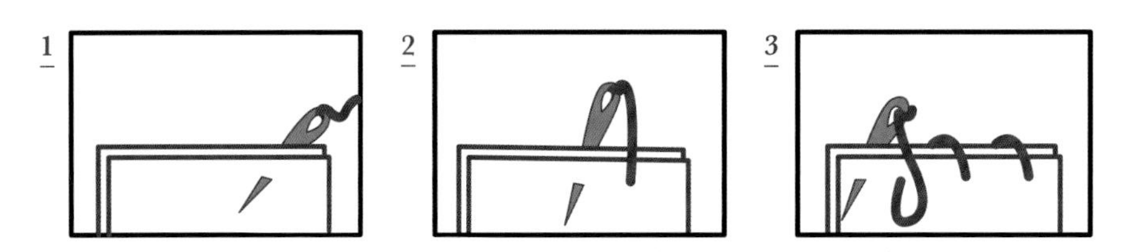

锁链线襻

用于制作将门襟上纽扣或珠珠扣住的线环，同时也可以制作皮带环扣。重复相同的步骤，制作出所需长度后，把线穿过布料打结就完成了。

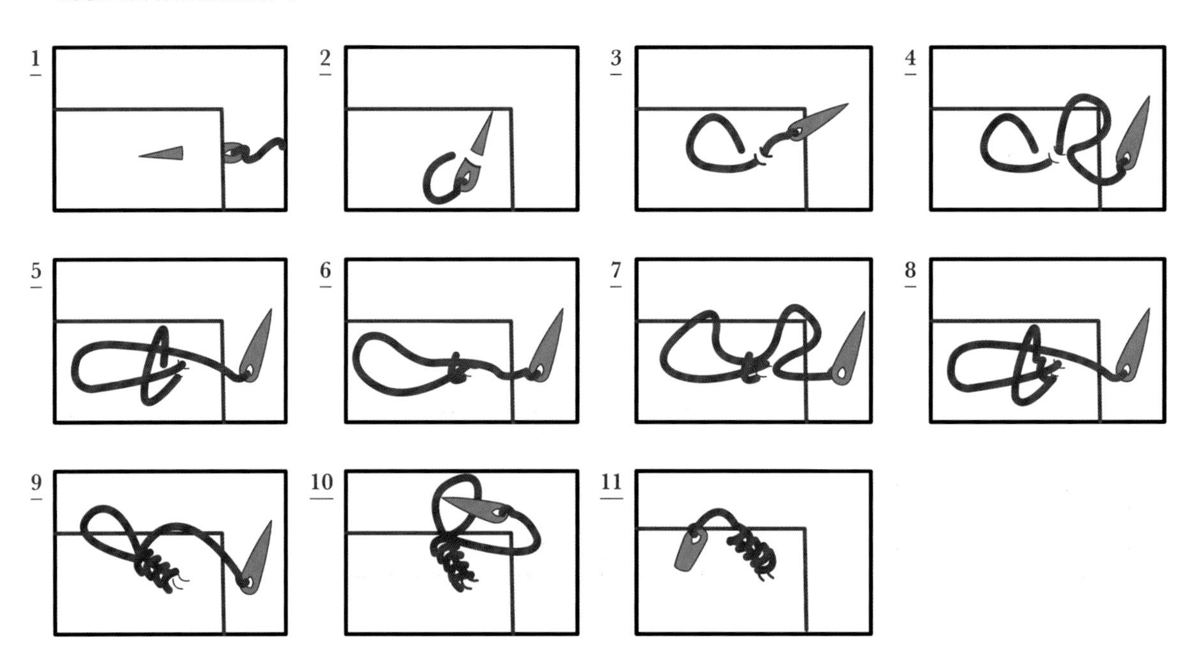

Basic 5

基础刺绣

雏菊绣

可以很简单绣出小花瓣的针法。在朴素的衣服上，用雏菊绣点睛可以有意想不到的效果。

1
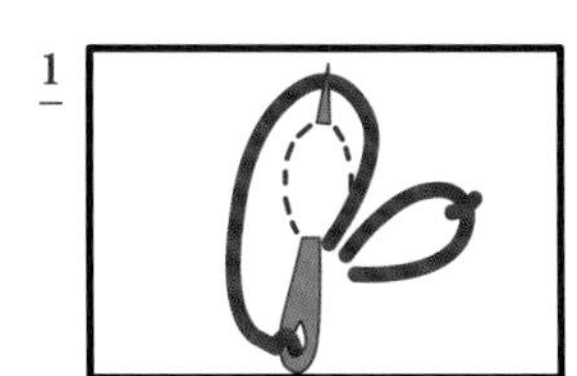

2
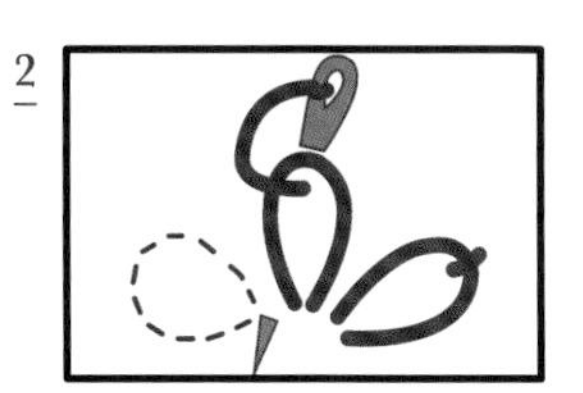

锁链绣

顾名思义就是像锁链一样的针法，可用于娃衣的领口、袖口及裙摆等位置。

1
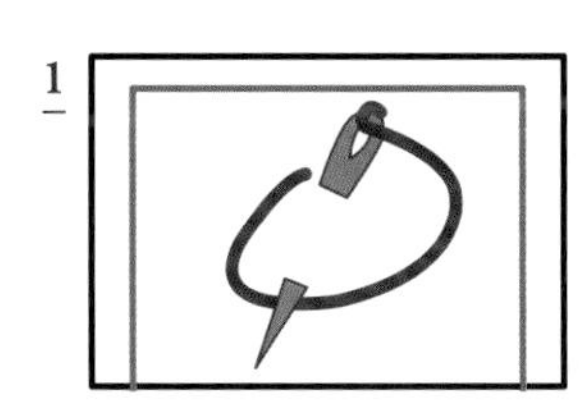

2
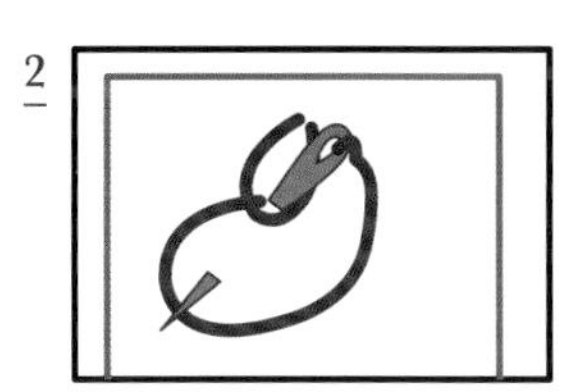

3

羽毛绣

羽毛形状的针法，可用于羽毛及树叶样式的刺绣。以斜线的方式上下交叉刺绣，使服装更加华丽。

1
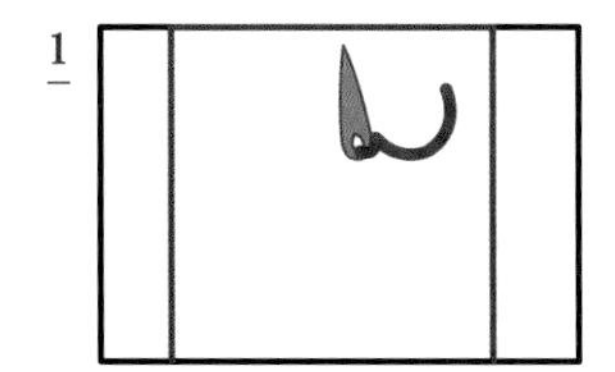

2
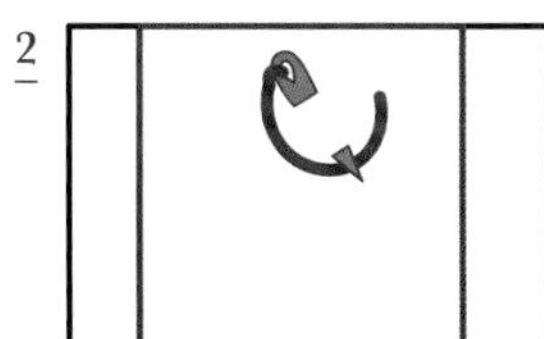

3
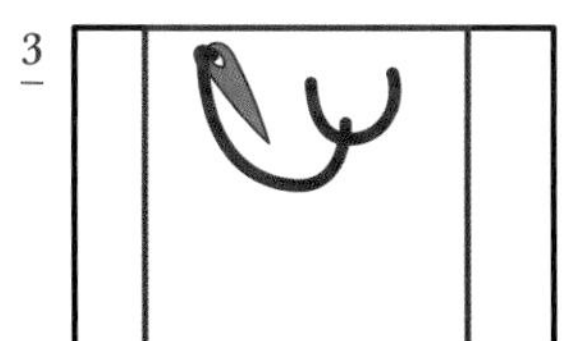

4
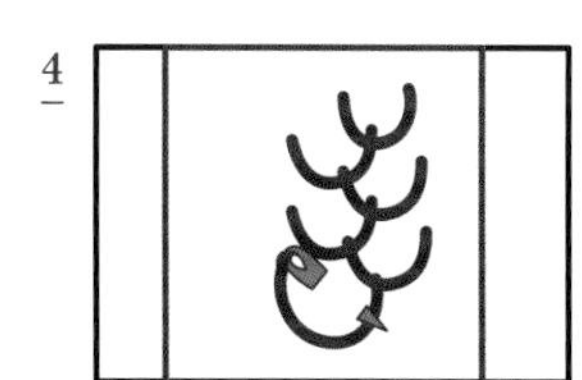

Basic 6

皱褶制作

制作裙子及袖子的皱褶

在缝合线的上下两边各平针缝或车缝一条线迹。两条线迹的间距为 5mm。裙子的针距以 4mm 为宜，袖子的针距约 2.5mm。缝出所需长度后，抽缩上缝线做出碎褶。需注意开头和结尾不需要倒回针固定。

制作裙子的皱褶

1

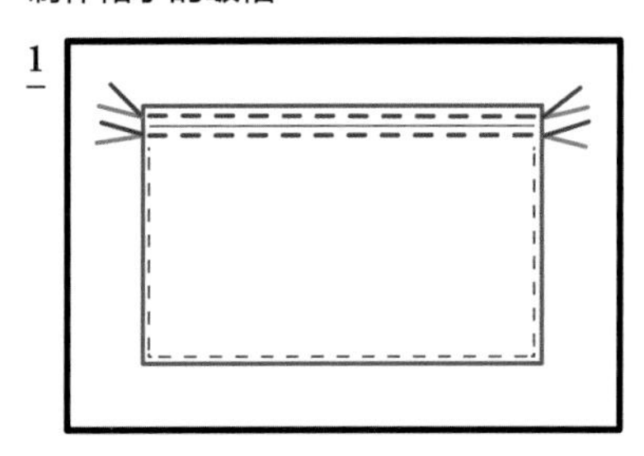

2

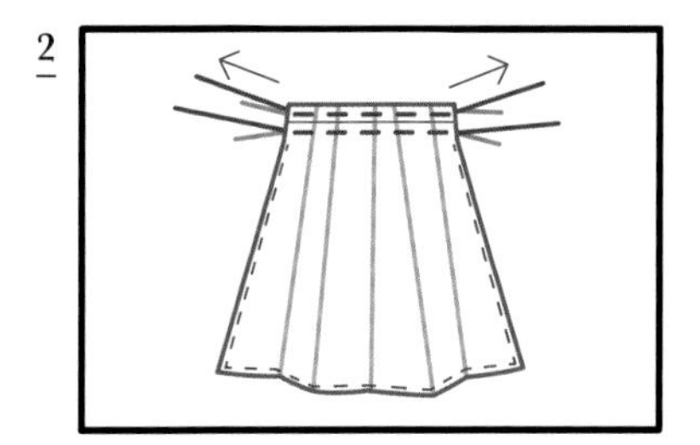

制作袖子的皱褶

1

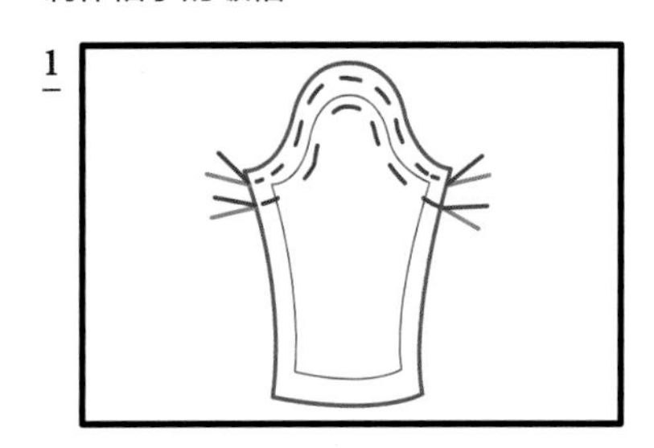

2

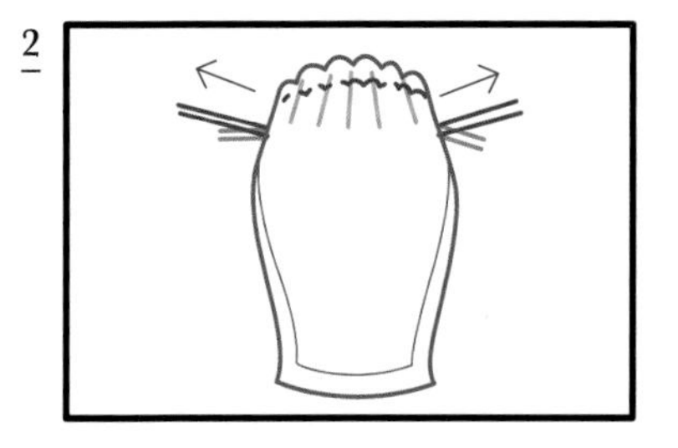

诀窍 采用车缝两条线迹的方法可以更均匀地制作出碎褶，而且可以避免皱褶集中在某一边的问题。将袖子和衣片袖窿[1]缝合时，先从袖山[2]中心位置插入车缝针，在插针状态下，抬起压脚，将布料重新整理好，再放下压脚继续缝合。

❶ 袖窿：上衣大身装袖的部位，又称袖孔。

❷ 袖山：袖片上呈凸出状，与衣身的袖窿处相缝合的部位。

制作蕾丝的皱褶

在蕾丝的直边上车两条线迹，针距 2.5mm，两条线间距为 2~3mm。车至所需长度后，抽缩上缝线做出碎褶。

诀窍 由于蕾丝轻薄的特性，在进行车缝时很容易卷入缝纫机里。如果是家用缝纫机，只要将针的位置移到最左边再进行车缝，就可以避免蕾丝卷入缝纫机。也可以在蕾丝下面垫一张薄纸同时车缝，缝完后把薄纸撕掉即可。

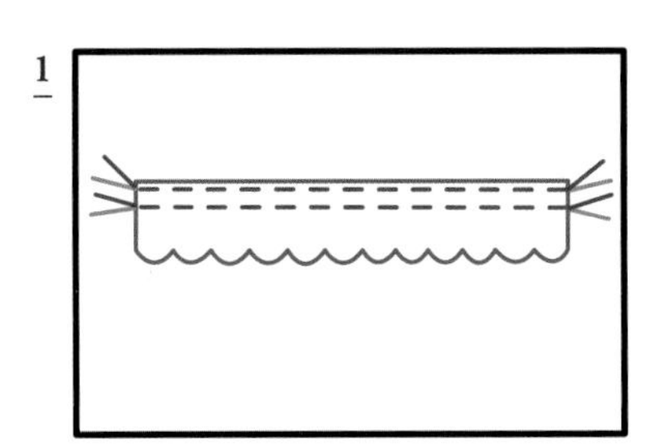

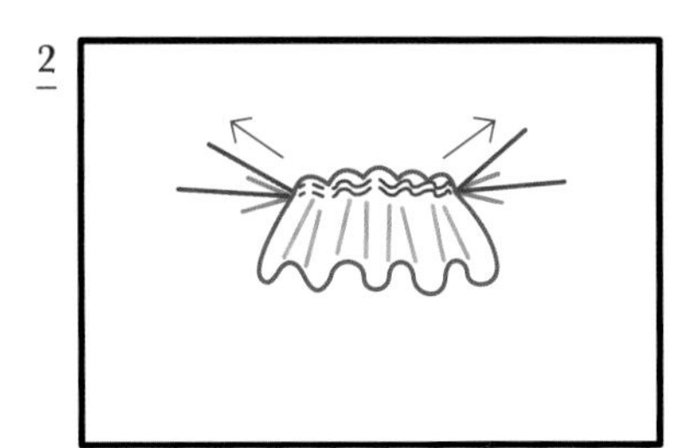

制作自然的裙子皱褶

这是在制作自然复古风格的服装时，需要预先知道的小妙招。服装制作完成后，用喷雾器将水均匀地喷在裙子上。抓住打湿的裙子上下两端，像要拧干衣服那样拧动，这样就能制作出皱褶。

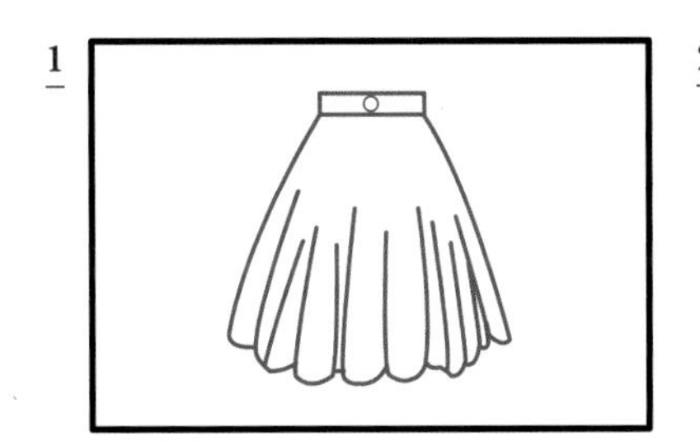

Basic 7

蕾丝染色

自然的染色秘诀就是使用红茶。
比起直接使用白色蕾丝，使用红茶染过色的蕾丝，衣服会更柔和自然。
想要制作自然复古的服装时，请试一下将蕾丝染色的效果。

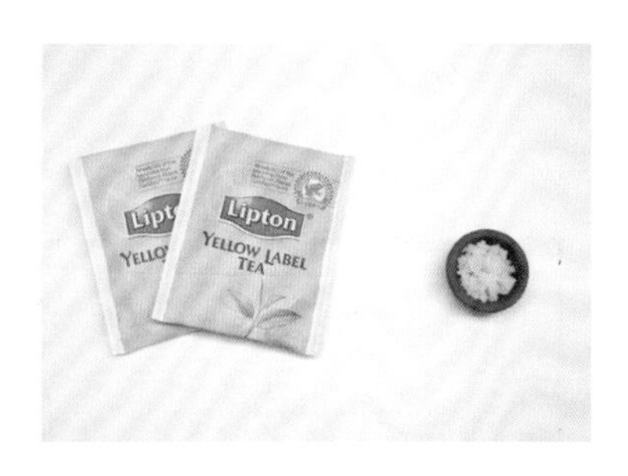

1 准备两个红茶包和一茶匙盐。盐可以起到固色作用，而且可以使颜色更鲜亮。

2 用400mL约90℃的水浸泡茶包和盐3分钟，然后将茶包取出。比起用沸水浸泡，这样颜色会更加自然。

诀窍 一定要把茶包取出后再染色。如果茶包碰到衣服或蕾丝容易留下污渍。

3 将蕾丝（约9m）放入茶汤中，浸泡约30分钟。为了染色更均匀，间隔翻动2~3次。用清水将蕾丝冲洗干净，然后在阴凉处晾干就完成了。

诀窍 如果想要染更深一点的颜色，可以将茶包放入沸水中，并稍微浸泡久一点即可。

Basic 8

娃娃尺码表

S 码的娃娃

（单位: cm）

名称		身高	胸围	腰围	臀围	头围	手臂长
Kuku Clara		20.5	8.5	5.6	10	12	5.8
Kkotji		20	8.2	6.5	9.3	11.5	5.8
Cosette	大	21	8.5	7	9.5	11.5	6.4
	小	20	8.5	7.3	10	11.5	6.4
Momo		20	8.2	6.2	9	12.5	5.2

* Momo的手臂比其他娃娃短，因此长袖衣服的纸样要稍微修改后再使用。

M 码的娃娃

（单位: cm）

名称	身高	胸围	腰围	臀围	头围	手臂长
Neo Blythe	28.5	10.5	7.2	10	27	6.4

* 适用于各类相似规格的娃娃。
* 由于是人工测量尺寸，会有轻微误差。

DRESS
女装

这部分要向大家介绍充满崔睿晋老师个人风格的服装。
这里收录了从可爱小巧到复古优雅的各类服饰。
将那些自己想要拥有的衣服，亲手制作出来送给娃娃作为礼物吧。
从 Kuku Clara、Kkotji、Cosette、Momo 等六分娃的 S 码规格，
及 Neo Blythe 专属 M 码规格，全部包含在里面了！

Dress 1

简约风连衣裙套装

这是一款宽松自然的舒适型基础连衣裙。可以随意搭配，具有超强实用性。
根据面料的质感，可一年四季穿搭！设计既简约又漂亮的一款连衣裙，
如果与推荐的斗篷和毛领一起搭配，可以提升整体造型。

原尺寸纸样：P193

连衣裙

· S码

面料：60支亚麻布

网纱：6cm×6cm

涤纶丝带（聚酯纤维）（宽4mm）：39cm

按扣（5mm）：2对

· M码

面料：60支亚麻布

网纱：8cm×8cm

涤纶丝带（聚酯纤维）（宽4mm）：41cm

按扣（5mm）：2对

斗篷

· S码

面料：羊毛（斗篷）、超细纤维（毛领）、60支亚麻布（斗篷和毛领里布）

毛球（直径1cm）：2个

毛领系带（珍珠棉线绳）：8cm 2根（不包含打结部分）

装饰用极小珠珠：8粒

按扣（5mm）：2对

· M码

面料：羊毛（斗篷）、超细纤维（毛领）、60支亚麻布（斗篷和毛领里布）

毛球（直径1cm）：2个

毛领系带（珍珠棉线绳）：9cm 2根（不包含打结部分）

装饰用极小珠珠：8粒

按扣（5mm）：2对

1 按纸样将上身衣片裁好后，在袖窿、领口、腰围以外部位的缝份涂上锁边液。

2 将前、后衣片的正面相对，并缝合肩缝。

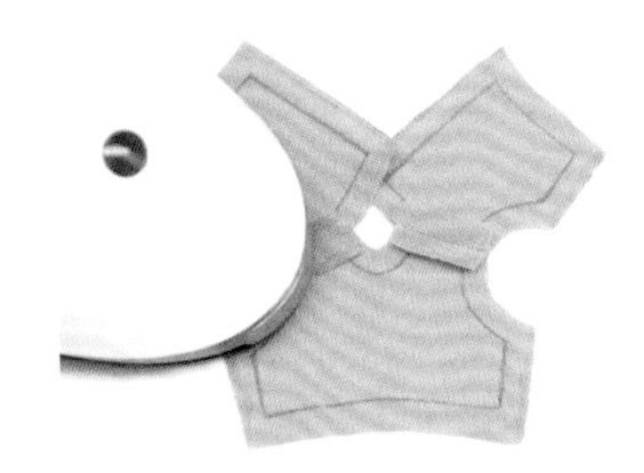

3 将肩缝缝份分开并烫平。

4 将网纱与上衣的正面相对，并缝合领口。

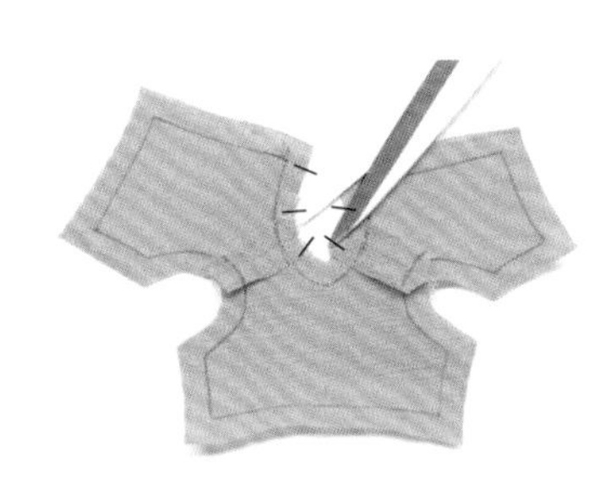

5 沿领口缝份修剪网纱，并在缝份上打剪口。

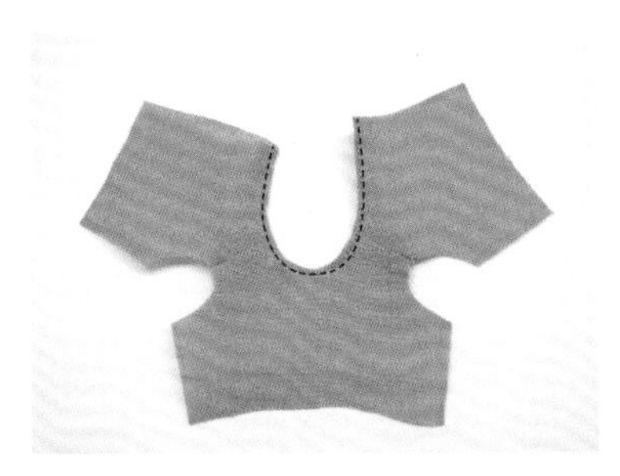

6 将网纱与领口缝份内折烫平，再沿领口缉一道明线。

7 修剪网纱及领口缝份至3mm。

8 将后门襟缝份内折烫平后缝合。

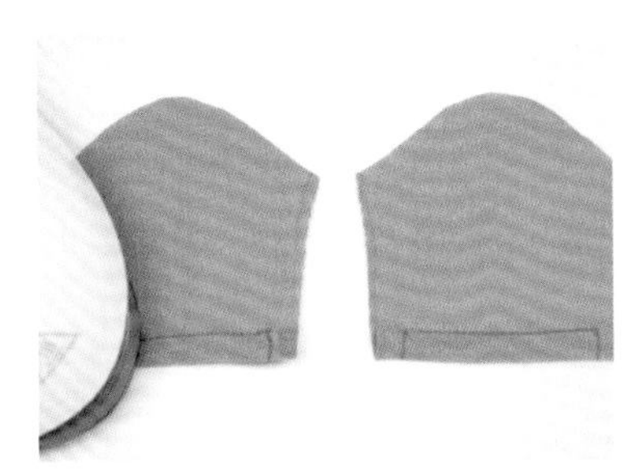

9 将袖口边向外折两次并烫平固定。

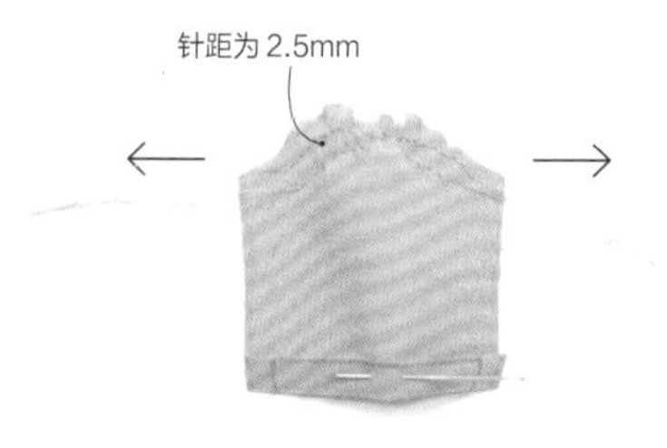

10 在袖山的缝合线上下两边各平针缝一条线迹，根据上衣袖窿的大小抽缩袖山做缩褶。

11 将上衣袖窿与袖山正面贴合对齐，在缝合线内 1~2mm 处绷缝固定。

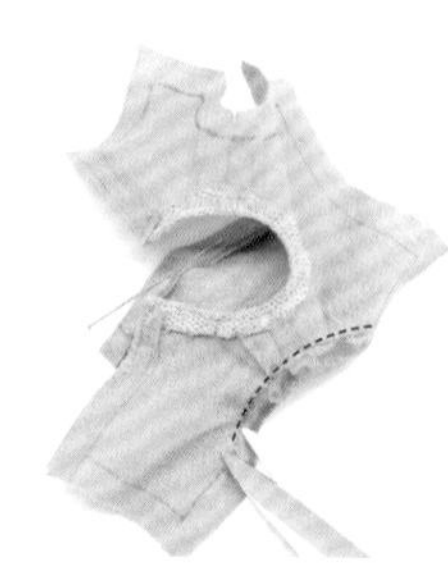

12 沿缝合线缝合袖窿后将缩褶线及绷缝线拆除，修剪缝份至 3mm，并涂上锁边液。另一只袖子采用相同方法缝制。

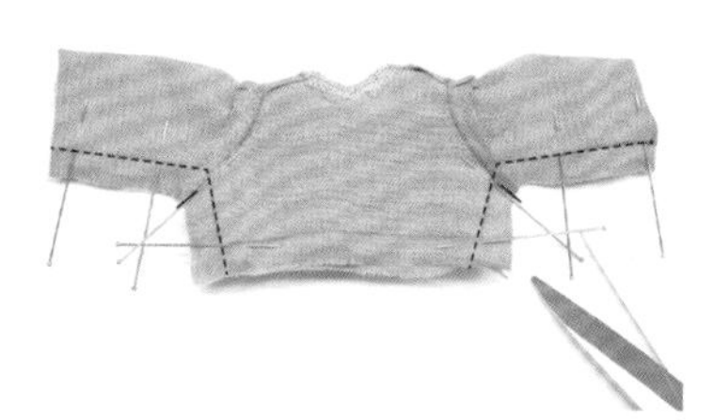

13 将上衣前、后片正面贴合对齐，用珠针固定后缝合，并在腋下曲线位置的缝份上打剪口。

14 翻至正面并整理。

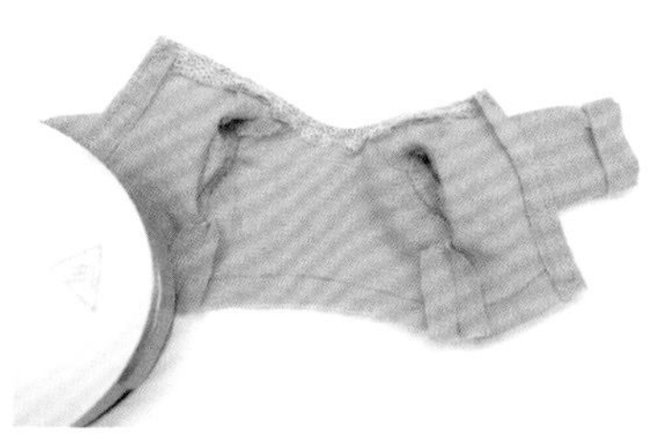

15 将上衣侧缝缝份分开并烫平。

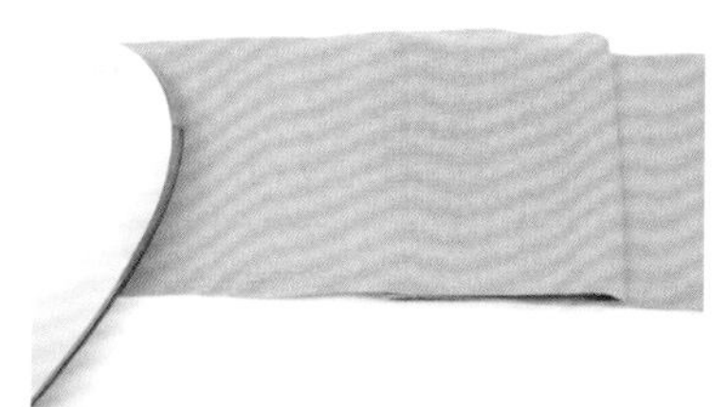

16 将裙片底边缝份涂上锁边液，干透后将缝份内折烫平。

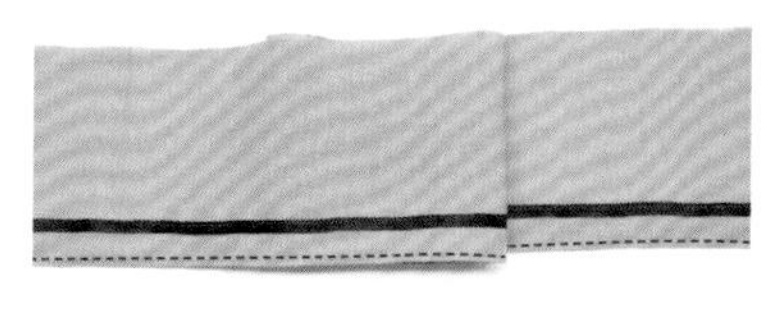

17 缉缝裙片底边后，对齐标示位置缝上装饰丝带。也可用蕾丝代替。

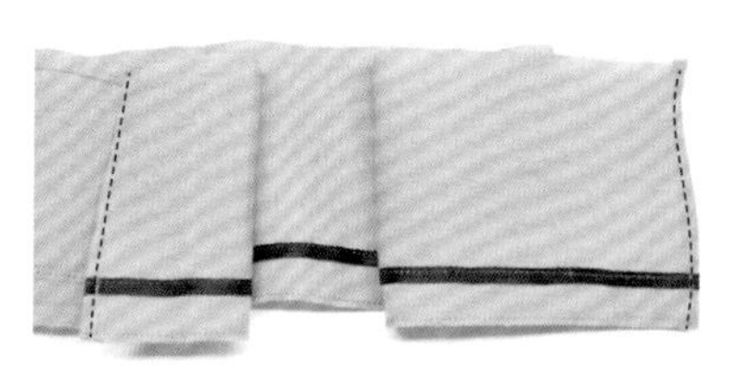

18 将裙片后中缝缝份内折并缝合。

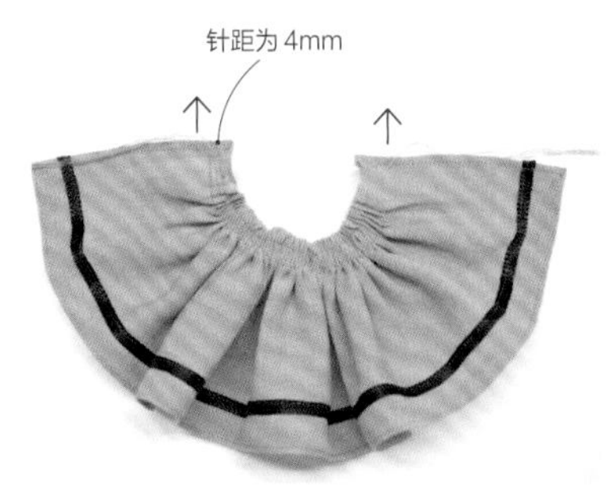

19 在裙片腰围的缝合线上下两边各平针缝一道线迹。根据腰围长度抽缩皱褶。

20 将裙片右侧缝份内折 5mm 用珠针固定。再将上衣跟裙片腰部正面相对缝合，然后将平针缝线拆除。

21 修剪缝份至 3mm 并涂上锁边液。

22 将缝份倒向上衣方向并烫平，然后在腰缝正上方缉明线[1]缝合。

23 将裙片后中缝正面贴合对齐，用珠针固定后缝合。

24 在上衣的后门襟位置钉缝按扣，连衣裙就完成了。

---

❶ 缉明线：机辑服装表面线迹。

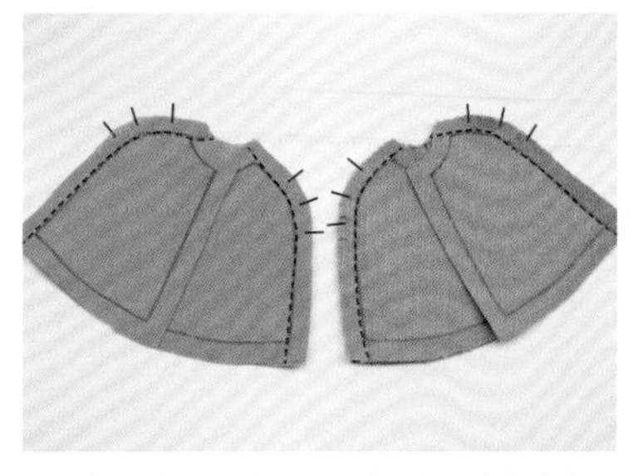

1 将斗篷的表、里布按纸样裁好，把各自的正面贴合，对齐缝合肩缝后，在曲线位置打剪口。

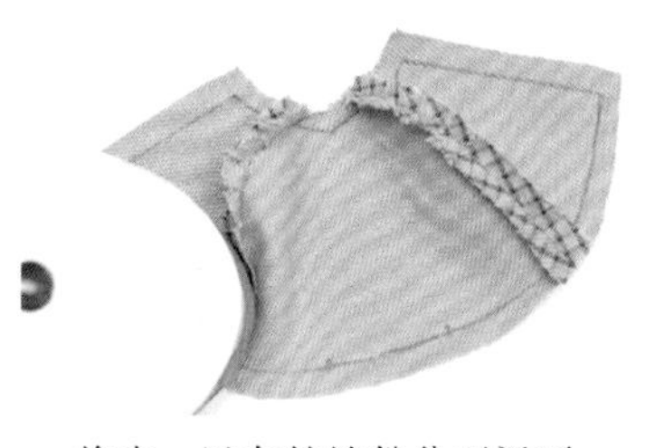

2 将表、里布的缝份分开烫平。

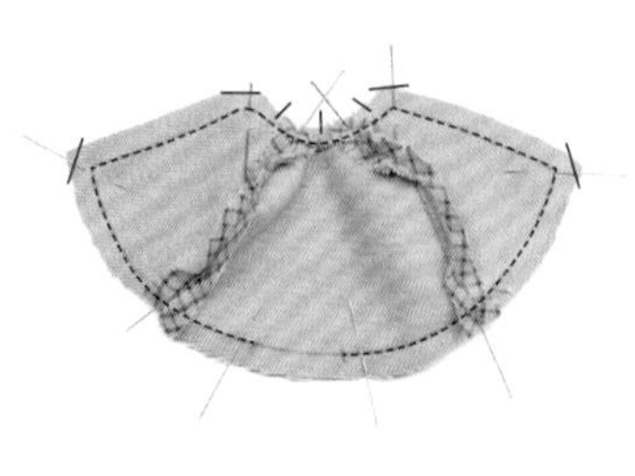

3 把表、里布正面贴合对齐并用珠针固定，将开口以外位置缝合。修剪边角的缝份，并为领口缝份打剪口。

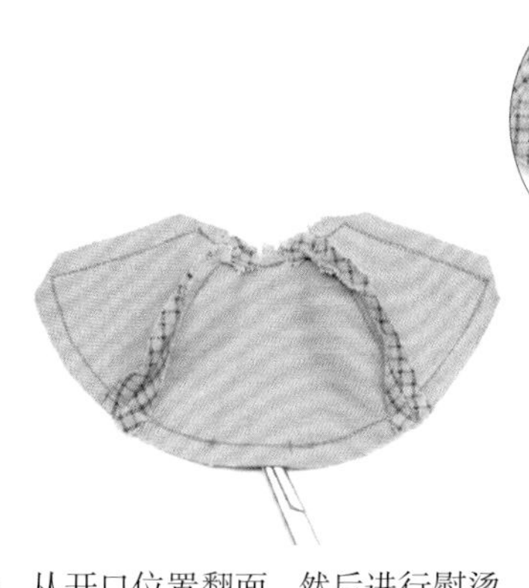

4 从开口位置翻面，然后进行熨烫。

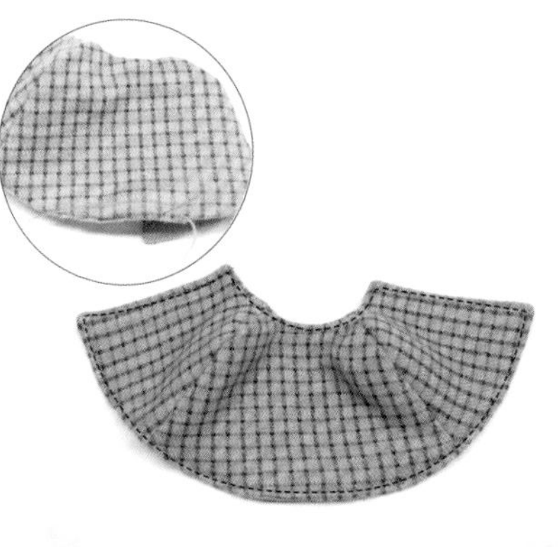

5 采用对接（藏针）缝缝合开口，再沿斗篷边缘缉一圈明线。

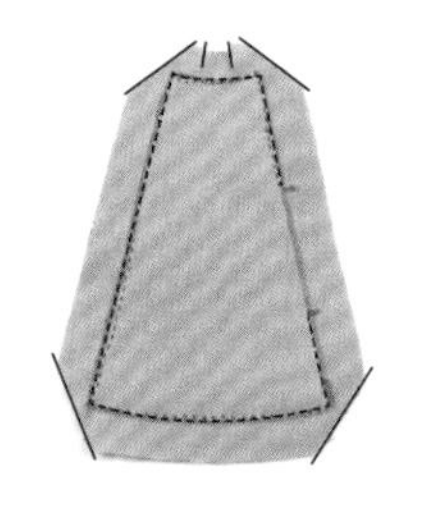

6 将斗篷前门襟的表、里布正面贴合对齐，留出开口后缝合。为领口缝份打剪口，并修剪边角缝份。

7 从开口处翻面，整理缝份并烫平，采用对接（藏针）缝缝合。

8 用珠针将前门襟固定在左身前片标示的位置，并在其边缘缉明线缝合。

9 在前门襟上缝小珠珠作为装饰，然后在斗篷右身前片及前门襟内侧钉缝按扣。

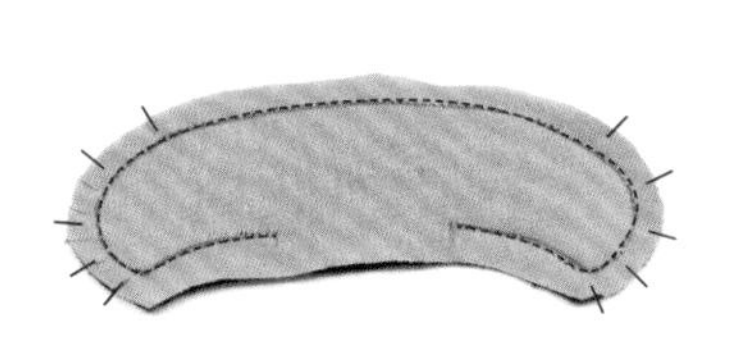

10 按纸样裁好毛领的表、里布，将表、里布正面贴合对齐，留出开口位置缝合其余边缘，并在曲线位置打剪口。

11 从开口处翻面并整形熨烫，然后采用对接（藏针）缝缝合开口。

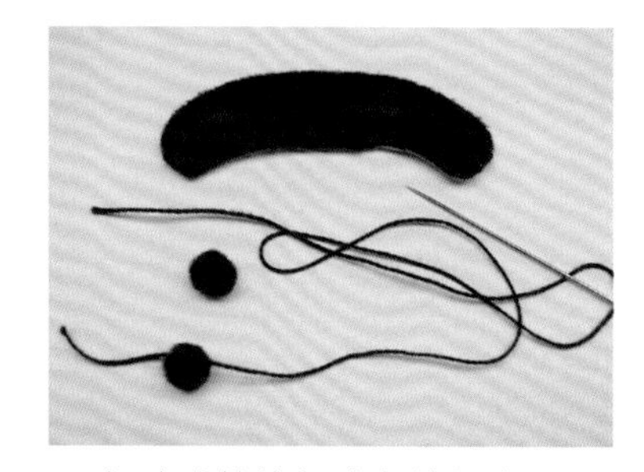

12 把珍珠棉线绳或粗线绳穿上针，并将线绳穿过毛球后打结。

13 在毛领两端各穿一条线绳并打结，成品完成。

诀窍 线绳加毛球的长度为：S 码 8cm、M 码 9cm，请量好尺寸再打结。

Dress 2

插肩罩衫

适用于任何款式的基础款罩衫。试着用不同的裙子或裤子搭配各种造型吧。
可以打造出可爱又活泼的感觉。

原尺寸纸样：P197

· **S码**

面料：60支棉布

按扣（5mm）：2对

装饰纽扣（4mm）：2粒

· **M码**

面料：60支棉布

按扣（5mm）：2对

装饰纽扣（4mm）：2粒

1 按纸样裁好后，将所有缝份涂上锁边液。

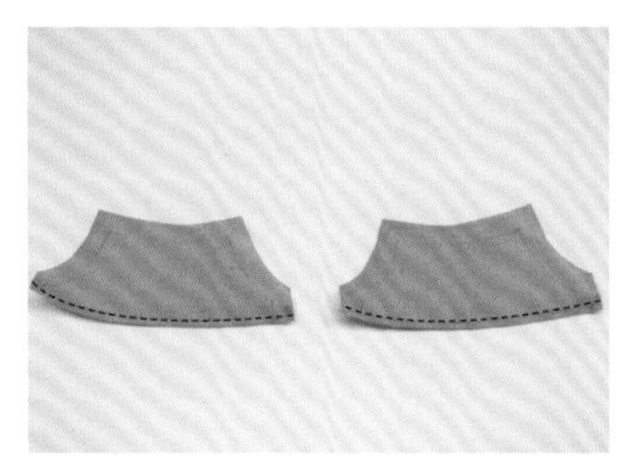

2 将袖片袖口边缝份向内折并缝合。

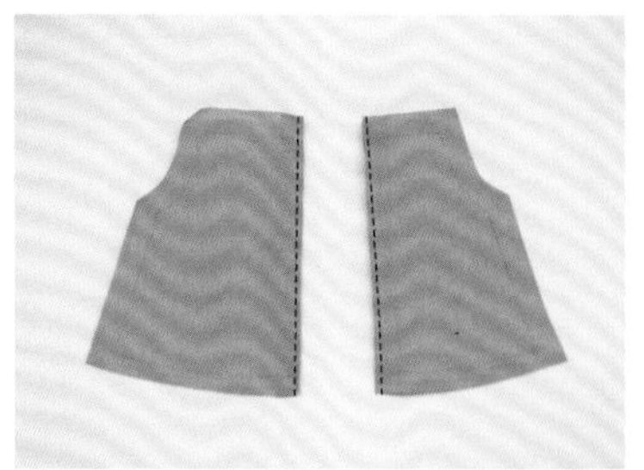

3 将后衣片的门襟缝份内折并缝合。

4 将前衣片分别与两袖片正面贴合对齐并缝合。

5 将后衣片分别与两袖片正面贴合对齐并缝合。

6 为衣片与袖片缝合处的缝份打2~3个剪口。

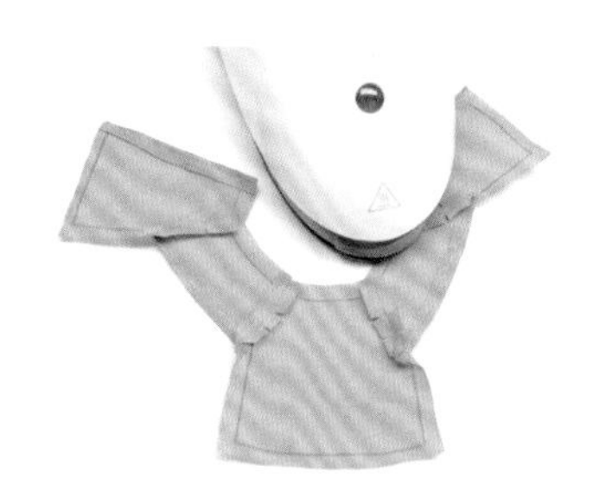

7 把缝份分开并烫平。

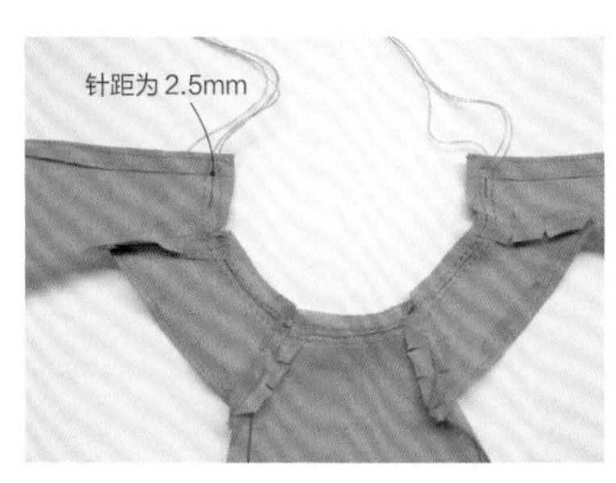

8 在领口的缝合线上下各平针缝一道线迹。

9 将领口滚边条[1]的两侧内折烫平，领口根据滚边条长度抽缩皱褶。

---

[1] 滚边条：包在衣服或者部件边沿处的条状部件。

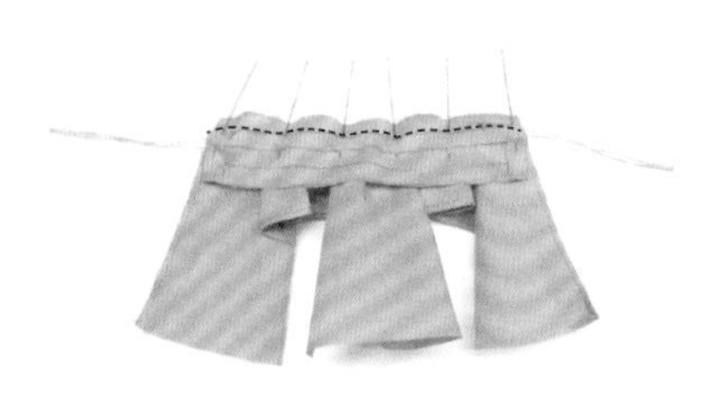

10 将滚边条与领口正面贴合对齐，用珠针固定后缝合。

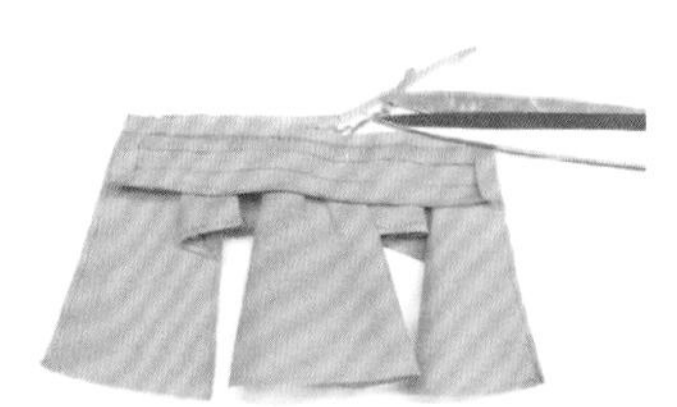

11 修剪缝份至3mm。

12 将领口滚边条沿领口缝份内折，包覆缝份后熨烫固定。

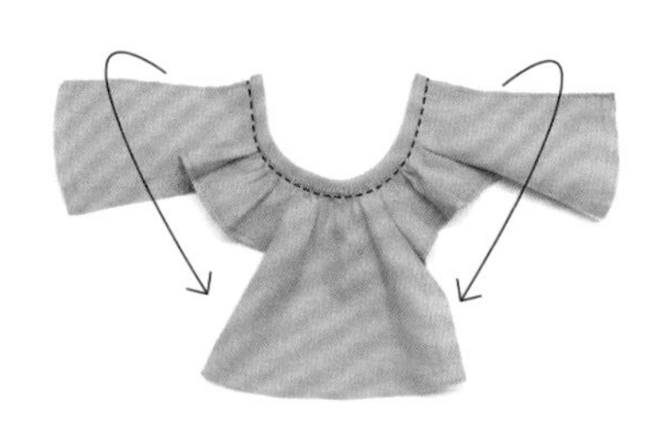

13 沿领口缉明线缝合。将后衣片向前翻，使前、后衣片正面贴合对齐并用珠针固定。

诀窍 请在领口滚边条正下方进行缝合。

14 将袖片与侧缝缝合，在腋下曲线位置打剪口。

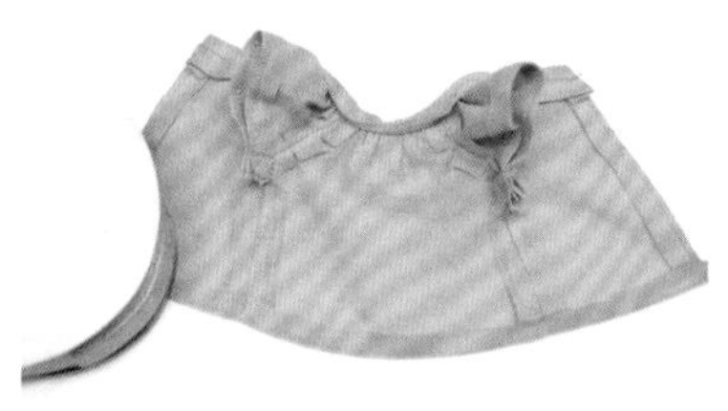

15 将侧缝缝份分开烫平，再将底边缝份内折烫平。

16 沿衣底边缉缝明线。

17 在后门襟上钉缝按扣。

18 在前衣身领口处钉缝纽扣或蝴蝶结作为装饰。

Dress 3

吊带裙

无论在哪里都可以蹦蹦跳跳的裙子，给人既朝气又灵动可爱的感觉。
可以和各式上衣做搭配，实用性很高。

原尺寸纸样：P199

· S码

- 面料：60支细棉布
- 吊带（宽3mm）：8cm 2条
- 方形环扣（6mm×5mm）：2个
- 按扣（5mm）：1对

· M码

- 面料：60支细棉布
- 吊带（宽3mm）：10cm 2条
- 方形环扣（6mm×5mm）：2个
- 按扣（5mm）：1对

1 按纸样裁好后，只将腰头[1]涂上锁边液。

2 将裙片底边内折缉缝。

诀窍 可以采用滚边压脚。

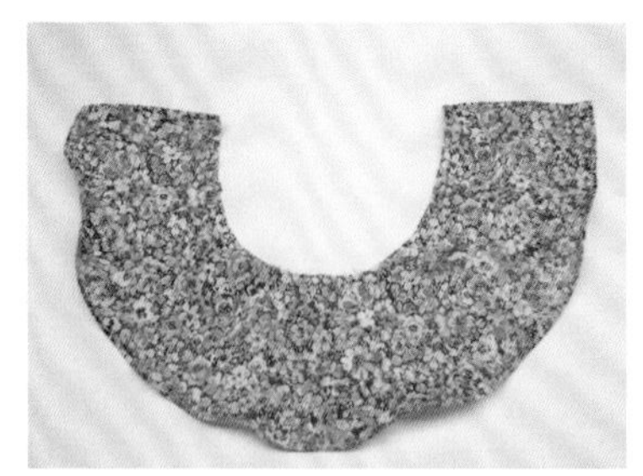

3 将裙片后中缝缝份内折并缉缝。

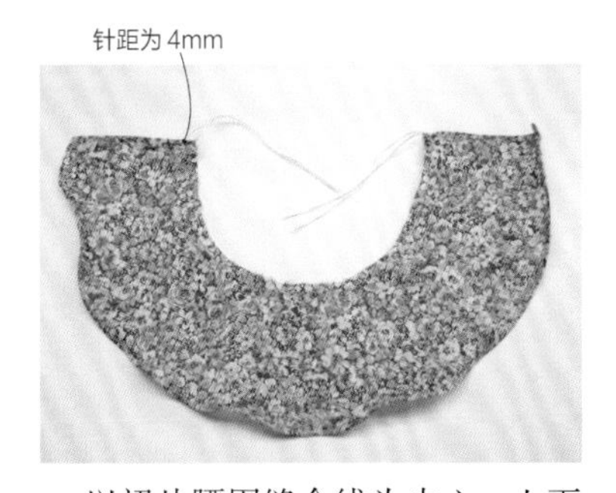

4 以裙片腰围缝合线为中心，上下两边各平针缝一道线迹。

5 抽拉两边缝线，做出均匀的碎褶。

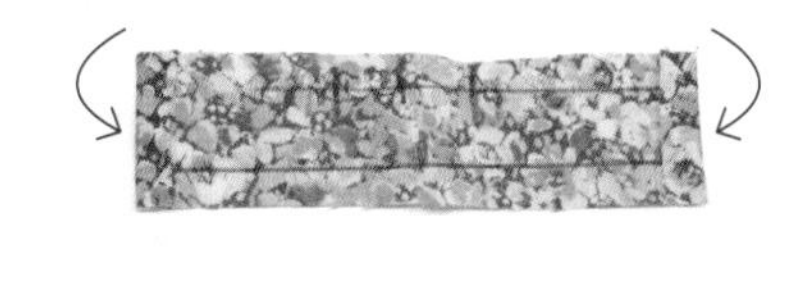

6 将腰头两侧的缝份内折烫平。

[1] 腰头：与裤、裙身缝合的带状部件，可将裤、裙固持在腰部。

7 根据腰头长度抽缩裙片皱褶，然后将腰头与裙片腰围正面贴合对齐，用珠针固定后缝合。同时将裙片左侧缝份内折 5mm。

8 将缝份包覆好后熨烫固定，在腰头正下方缝合。

9 在标示位置固定吊带，并在吊带前端穿入方形环扣或钉缝纽扣。

10 将裙片后中缝正面贴合对齐，用珠针固定后缝合（缝合至虚线标示位置）。

11 在后门襟钉缝按扣，吊带裙整体完成。

Dress 4

迷迭香

这款连衣裙的亮点在于立领及胸前的花边。7~8 分的袖长增添了活泼感。
虽然是连衣裙，但因上下衣裙颜色的区别，又可以展示出衬衣加裙子的搭配感。

原尺寸纸样：P201

· S 码

面料：60 支棉布、80 支棉布（里布）
立领蕾丝（宽 1cm）：4.3cm
袖口蕾丝（宽 1~1.5cm）：14cm 2 条
裙摆蕾丝（宽 1~1.5cm）：39cm
装饰用极小珠珠：4 粒
方形环扣（6mm × 5mm）：1 个
腰带（宽 3mm）：11cm（材质可用棉、麂皮或涤纶）
缎带蝴蝶结（宽 4mm）：1 个
门襟珠扣（2.5mm）：3 粒

· M 码

面料：60 支棉布、80 支棉布（里布）
立领蕾丝（宽 1cm）：6.3cm
袖口蕾丝（宽 1~1.5cm）：15cm 2 条
裙摆蕾丝（宽 1~1.5cm）：41cm
装饰用极小珠珠：5 粒
方形环扣（6mm × 5mm）：1 个
腰带（宽 3mm）：12cm（材质可用棉、麂皮或涤纶）
缎带蝴蝶结（宽 4mm）：1 个
门襟珠扣（2.5mm）：3 粒

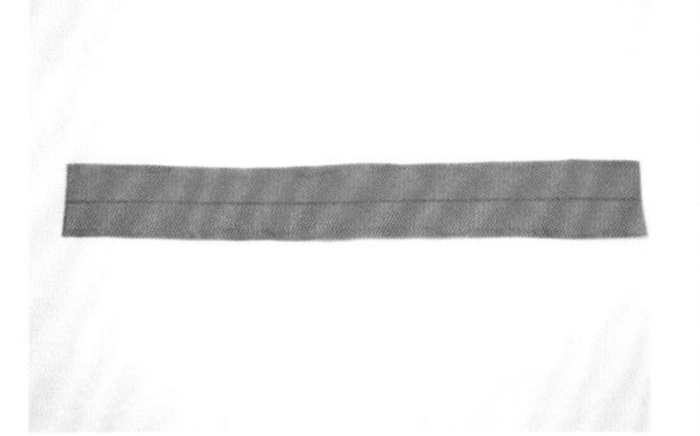

1 将荷叶边按纸样裁好，涂上锁边液。

2 在中心缝合线上下两边各平针缝一道线迹，用于做出碎褶。

3 抽缩缝线，做出长度比上衣前片衣长稍长一点的荷叶皱褶。

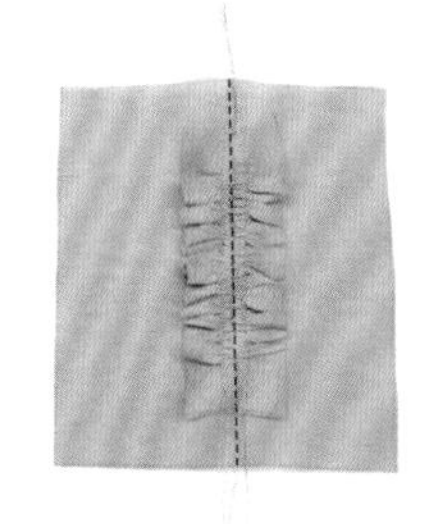

4 将做好的荷叶边皱褶，放在比上衣片大一些的面料中间，然后沿中心缝合线固定缝合。

5 将门襟条裁得比原定的大小稍大一些。

诀窍 裁大一些便于操作。

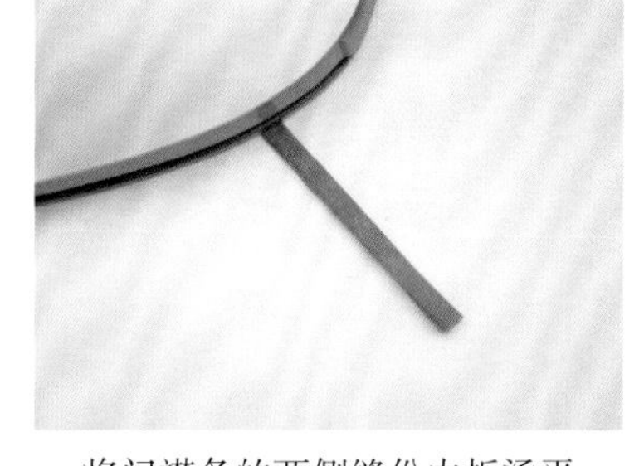

6 将门襟条的两侧缝份内折烫平。

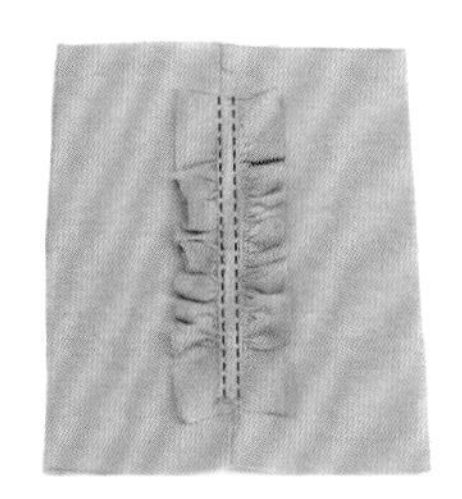

7 把门襟条缝合到荷叶边中间位置，缉两道明线，并将缩褶线拆除。

8 对齐上衣前片中心位置，画纸样并裁剪上衣前片，将胸省[1]折好并缝合。

9 将前、后衣片正面贴合对齐并缝合肩缝。

[1] 省（省道）：专指为适合人体或造型需要，服装技术中通过捏进和折叠面料边缘，让面料形成隆起或者凹进去的特殊立体效果的结构设计。

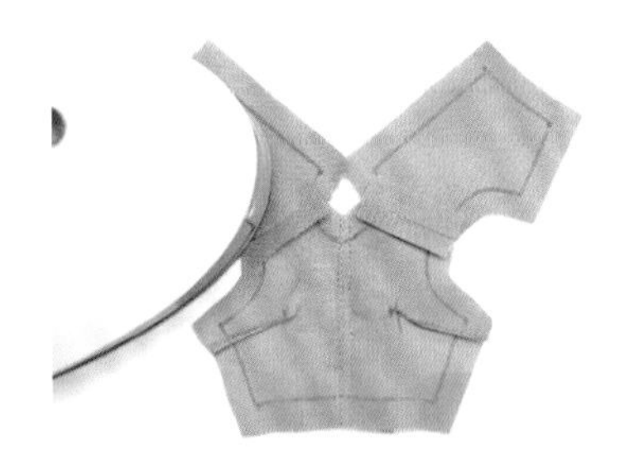

10 将缝份分开并烫平。

11 按纸样裁剪袖子，袖口边涂上锁边液。

诀窍 袖口缝份只留 3mm。

12 将袖口缝份外折并缉缝。

13 在宽 1cm 蕾丝的直边上车缝两条线迹，做出碎褶。

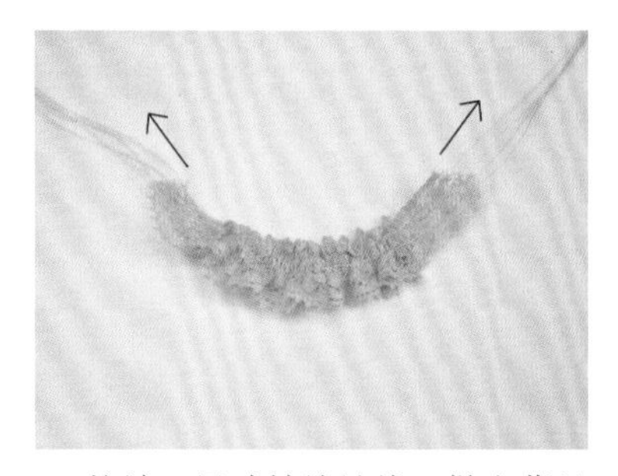

14 按袖口尺寸抽缩缝线，做出蕾丝皱褶。

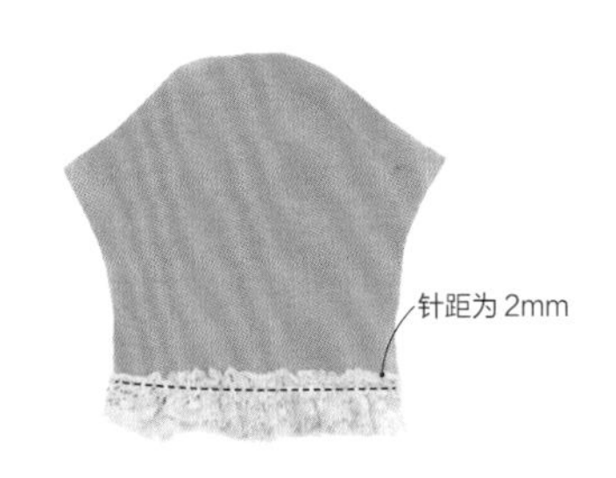

15 将皱褶蕾丝缝合到袖口边缝份上。

诀窍 如果针迹太密，蕾丝可能会破，需多加注意。

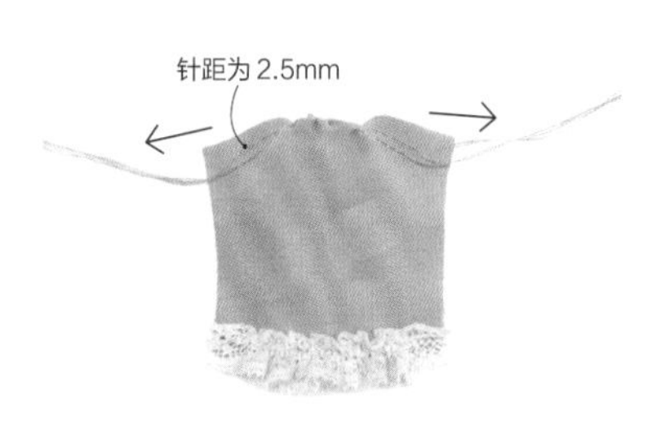

16 在袖山缝合线的上下两边各平针缝一条线，然后抽拉缝线做出碎褶。

17 将袖山与上衣袖窿正面贴合对齐，在缝合线以内 1~2mm 处绷缝固定。

18 沿缝合线缝合袖窿，然后拆除缩褶线及绷缝线。修剪缝份至 3mm 并涂上锁边液。另一侧袖子也以相同方法缝制。

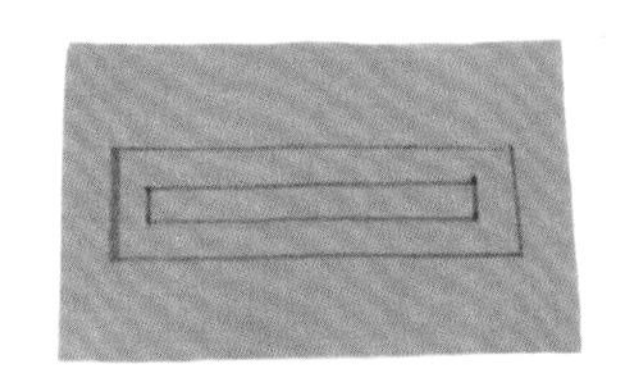

19 裁一块大于立领的面料，正反面皆画出立领纸样，而且要画在同一位置。

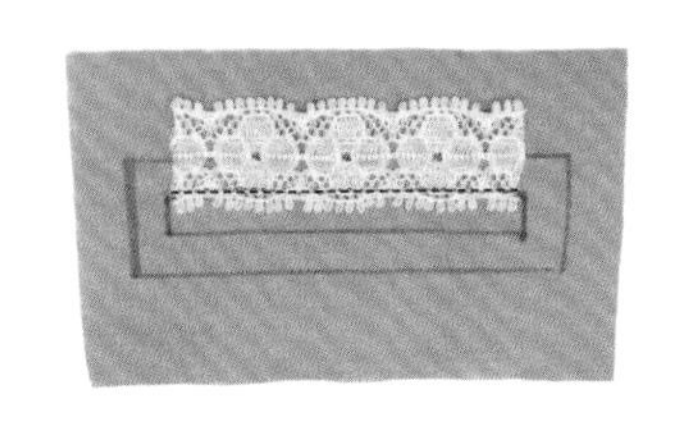

20 将蕾丝车缝在面料正面。蕾丝的位置必须在缝合线内 2mm 处。蕾丝的长度要短于立领长度，因此需将蕾丝两侧各剪掉 1mm。

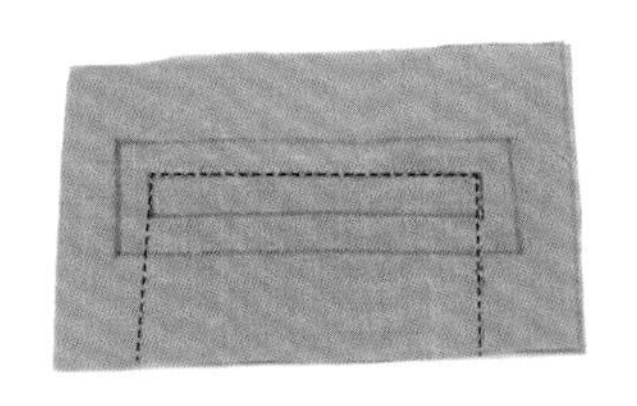

21 将立领表、里布正面贴合对齐固定，留出领口位置缝合立领。

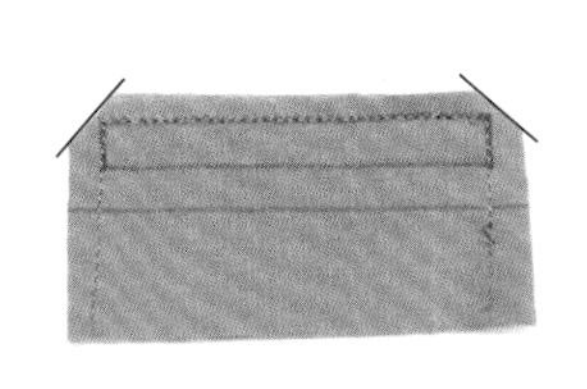

22 修剪立领缝份至 3mm，并将缝份边角以斜线剪切。

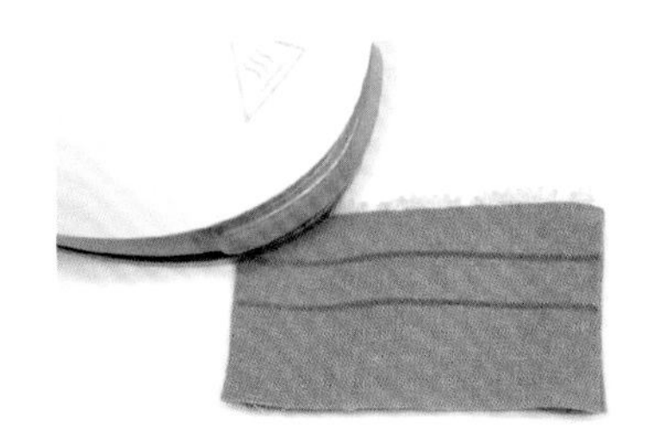

23 翻面并仔细烫平。

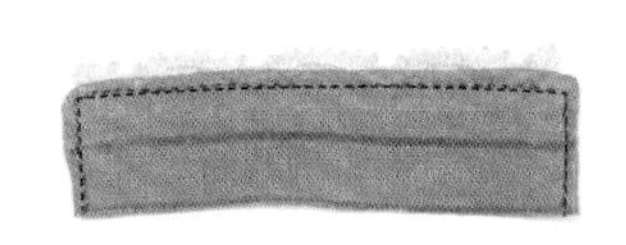

24 沿立领边缘缉一圈明线，并剪掉多余缝份。

25 为上衣片领口缝份打剪口。

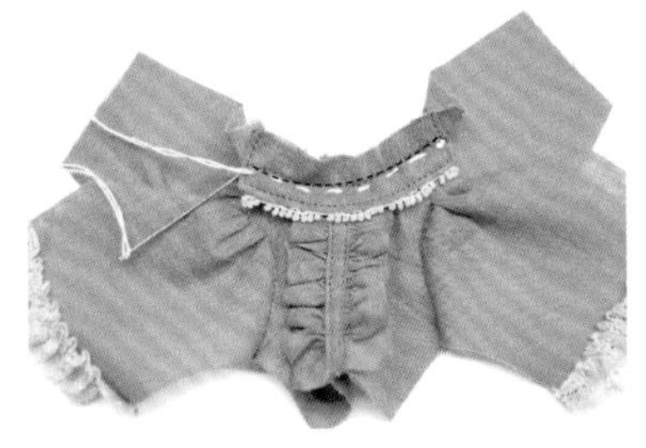

26 将上衣领口和立领领口正面贴合对齐，用珠针固定后缝合。

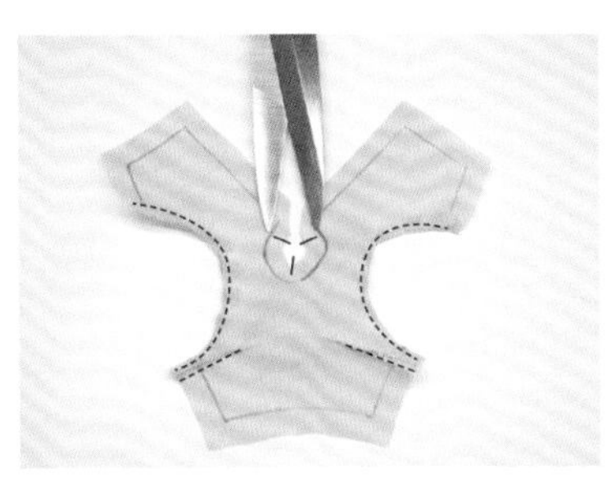

27 按纸样裁好上衣里布，袖窿缝份处打剪口，并向内折后缝合。折好胸省并缝合，再将领口缝份打剪口。

28 上衣表、里布正面贴合对齐，用珠针固定，然后把后门襟和领口缝合。再将领口缝份打剪口，并将缝份边角以斜线剪切。

诀窍 后门襟只需缝到照片所示的虚线位置。

29 将里布侧缝正面贴合对齐，用珠针固定后缝合。

30 将上衣前、后片正面贴合对齐，用珠针固定后缝合。缝份修剪至3mm，涂上锁边液，然后在腋下曲线位置的缝份上打剪口。

31 翻面后，将表、里布的侧缝缝份分开并烫平。

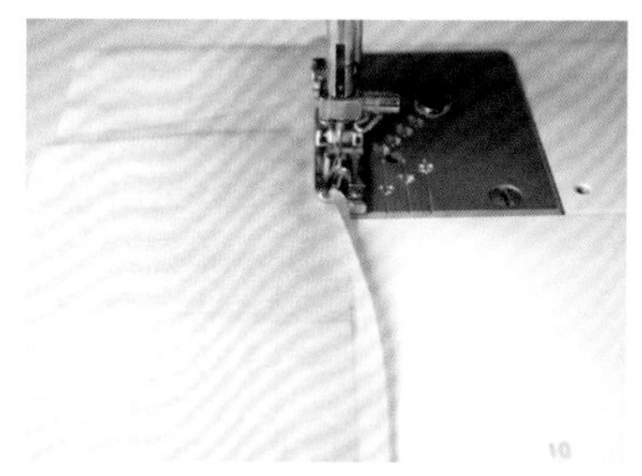

32 裙片按纸样裁好后，将裙片底边进行卷边缝，或涂上锁边液，然后将缝份内折并烫平，再进行缝合。

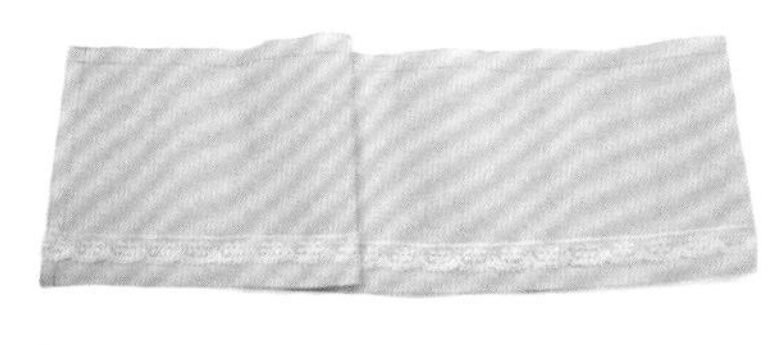

33 将宽1~1.5cm的蕾丝缉缝到标示的位置上。

34 将裙片的后中缝缝份向内折并缉缝。

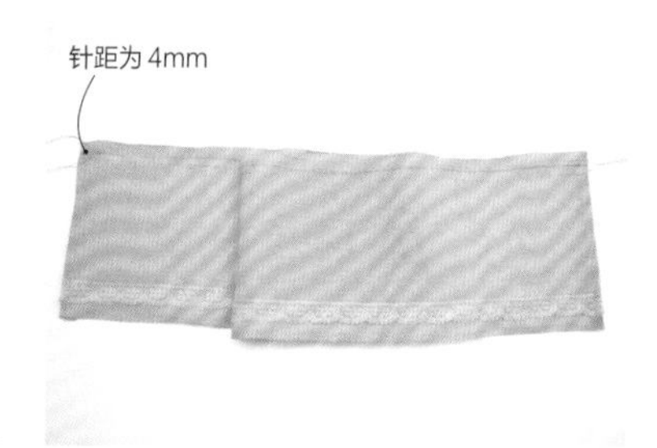

35 在腰围缝合线的上下两边各平针缝一条线迹。

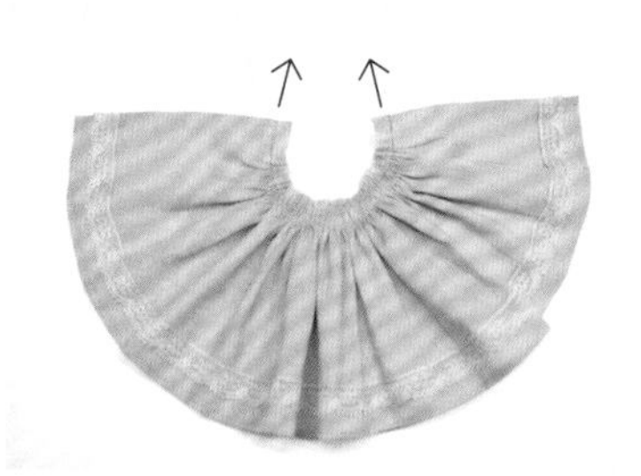

36 根据上衣腰围长度抽缩缝线做裙腰碎褶。

37 将上衣和裙片的腰围正面贴合对齐，用珠针固定后缝合。这时裙片后中缝要与缝份两端对齐。拆除裙片上的缩褶线。

38 将缝份修剪至3mm。

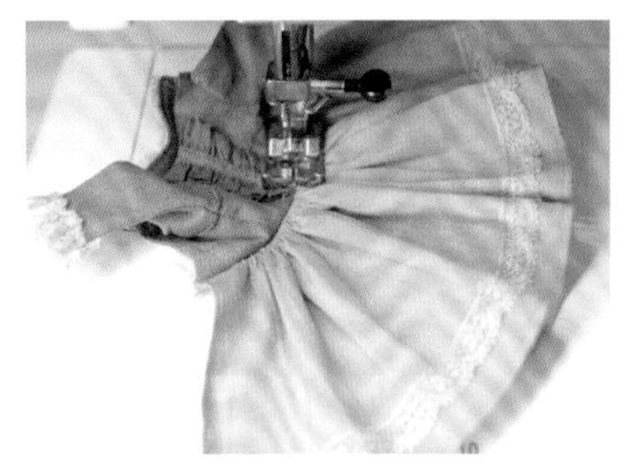

39 将缝份倒向上衣，然后从上衣正面沿腰围线缝合。

40 将腰带穿入方形环扣。

诀窍 将腰带一端剪成斜角更容易穿入方形环扣。所以需要准备稍长一些的腰带喔！

41 将准备好的腰带对齐腰部，以短回针缝进行缝合固定。这时只需稍微缝住就好，不要留有太多线迹。

42 把多余腰带剪掉。

43 将上衣表、里布的后门襟缝份和腰部缝份用珠针整理固定，用对接（藏针）缝缝合表、里布侧缝，腰缝则用缭缝收尾。

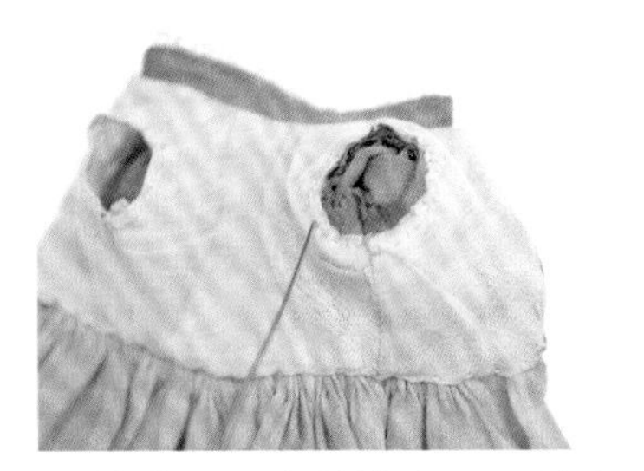

44 将表、里布的袖窿正面贴合对齐，用缭缝缝合。注意不要在表布的正面露出针迹。

45 缉缝后门襟。

46 在前门襟中间缝上蝴蝶结和小珠珠装饰。

47 将裙子的后中缝正面对齐用珠针固定后缝合。

48 在上衣后门襟钉缝珠扣和线襻，整件衣裙即完成。

Dress 5

鸢尾花

如果想让服装突显出精致感，可以在塔克褶上添加刺绣。同时可以搭配系带软帽。
多多尝试不同变化，可以改变袖子及领子的样式，或是裙子的长度等，这样即可做出一件无限变化的衣服。

原尺寸纸样：P205

·S码

面料：60支棉布、80支棉布（里布）

领子蕾丝（宽0.8cm）：18cm

胸前蕾丝（宽5mm）：5cm 2条

裙底边蕾丝（宽1~1.5cm）：81cm

绣线（DMC）：分股后再使用

装饰用极小珠珠：适量

门襟珠扣（2.5mm）：3粒

·M码

面料：60支棉布、80支棉布（里布）

领子蕾丝（宽0.8cm）：20cm

胸前蕾丝（宽5mm）：6cm 2条

裙底边蕾丝（宽1~1.5cm）：86cm

绣线（DMC）：分股后再使用

装饰用极小珠珠：适量

门襟珠扣（2.5mm）：3粒

1 准备一块比上衣前片大一些的面料，在中间画出 5 条间距 7mm 的纵向直线。

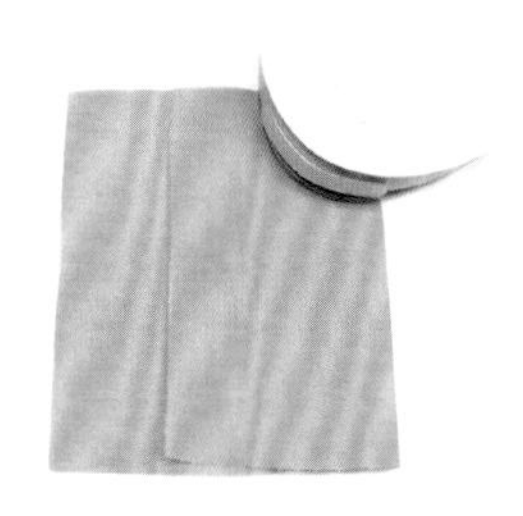

2 沿着最左边的线向反面翻折并烫平。

诀窍 画线的那面为正面。

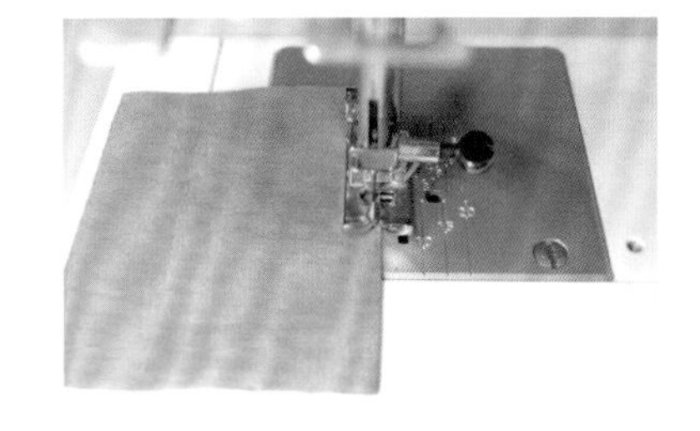

3 在折叠位置向内 1mm 处缉线。

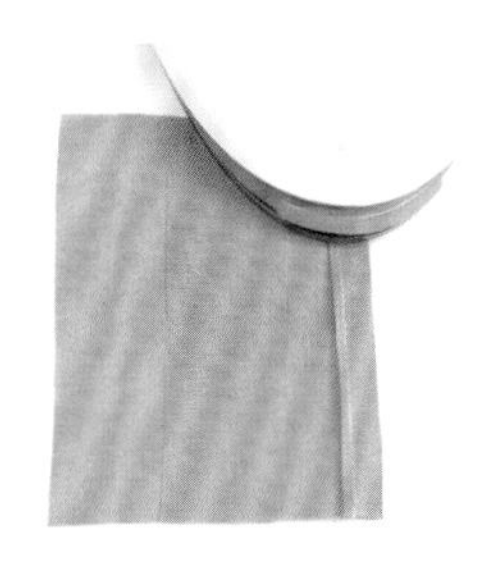

4 将折起来的布料打开，并将缉缝好的部分向左折烫平。

5 剩下的线以相同的方法进行制作，做出塔克褶。

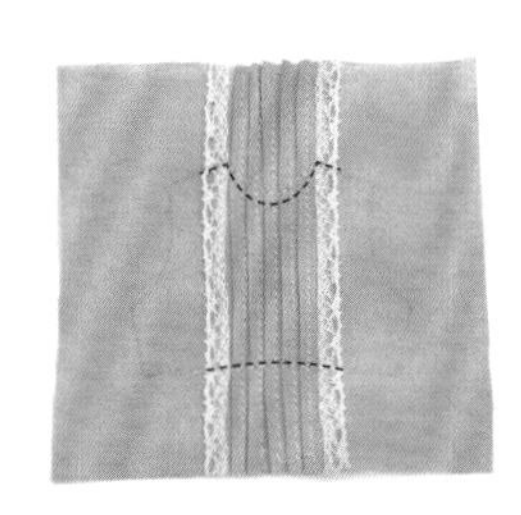

6 将前胸的蕾丝缝在完成的塔克褶两侧，然后画出上衣前片纸样，在领口和腰围线处压线固定塔克褶❶。

诀窍 此时面料的正、反面都要画上纸样，这样有利于调整刺绣的位置和大小。

7 在上衣前片的胸部位置绣雏菊绣和锁链绣作为装饰，然后进行裁剪。

8 将上衣前、后片的正面贴合对齐缝合肩缝。

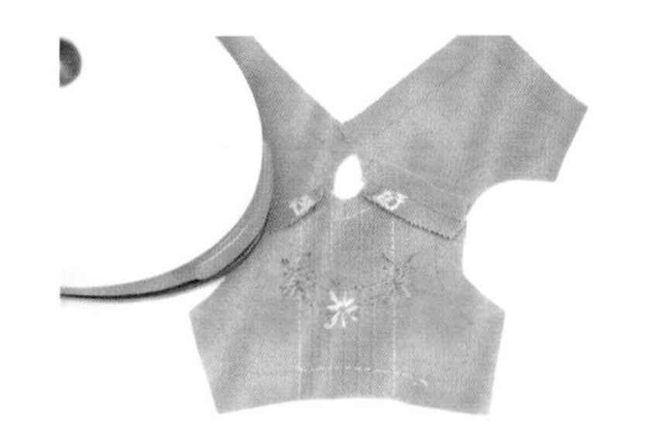

9 将缝份分开并烫平。

❶ 塔克褶：衣服上有规则的装饰褶。

10 用缝纫机在比袖片纸样大的面料中心线上绣出蜂巢图案。

诀窍 也可以绣其他图案或羽毛绣等刺绣。

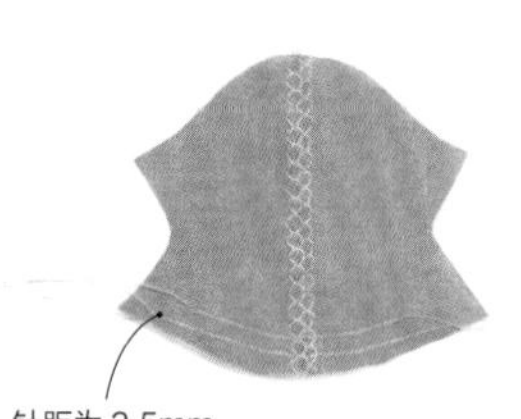

11 将刺绣中心与袖中线对齐后，按纸样裁剪，再在袖口边缝合线的上下两边各缝一条线迹。

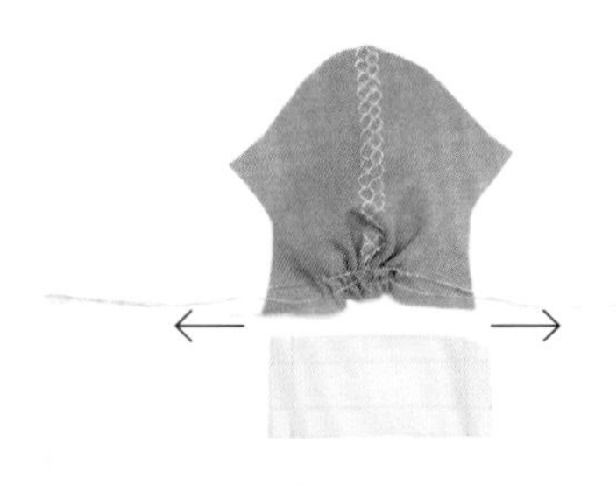

12 根据袖头❶长度抽缩缝线做出碎褶。

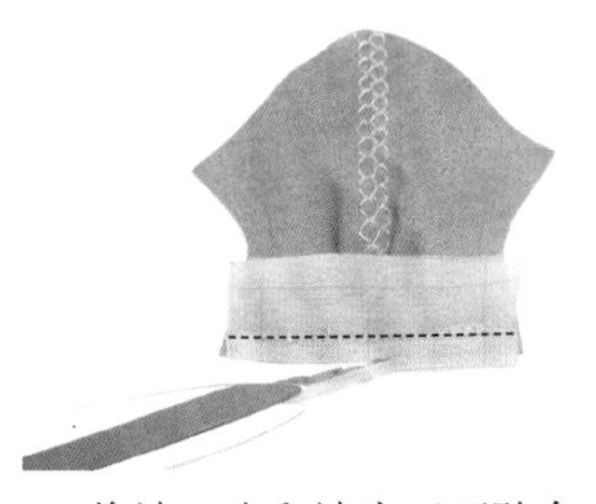

13 将袖口边和袖头正面贴合对齐缝合，然后将缝份修剪至 3mm。

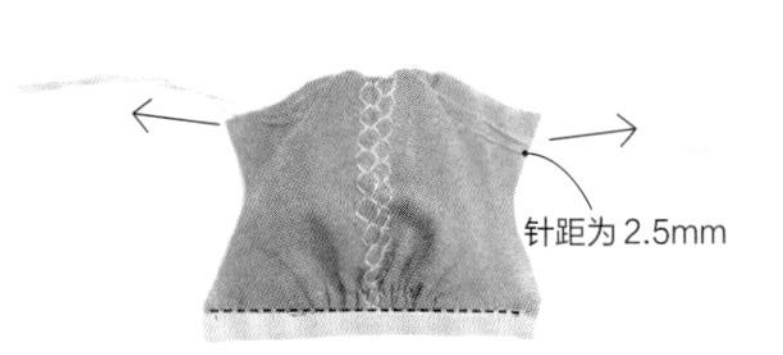

14 将袖头内折两次，包住缝份缝合。在袖山缝合线上下两边各缝一条线迹，抽缩缝线做出碎褶。

15 将上衣袖窿和袖山正面贴合对齐，在缝合线以内 1~2mm 处用绷缝固定。

16 缝合袖窿后再将缩褶线及绷缝线拆除。修剪缝份至 3mm，涂上锁边液。另一侧袖子的做法相同。

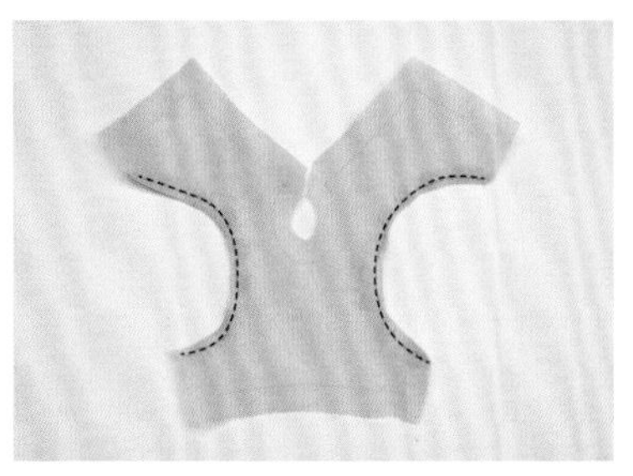

17 按纸样裁好上衣里布，将袖窿缝份打剪口，内折缉缝并稍做整理。

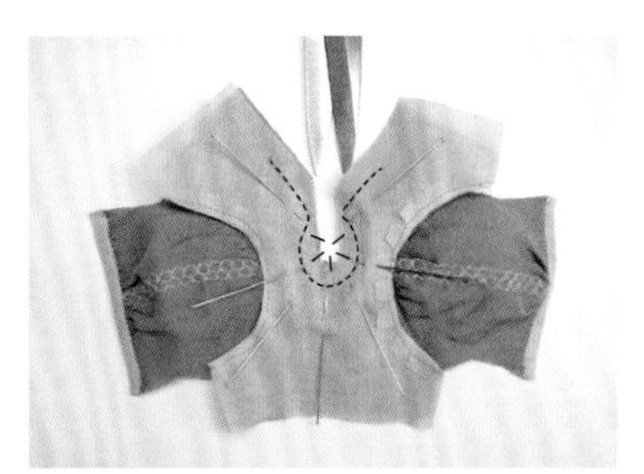

18 将上衣表、里布正面贴合对齐，用珠针固定后，将后门襟和领口缝合。在领口上打剪口，并将缝份的边角以斜线剪切掉。

诀窍 后门襟缝到照片中所示虚线位置即可。

❶ 袖头：缝在袖口的部件，又称袖卡夫、袖克夫。

19 翻到正面烫平，稍做整理。

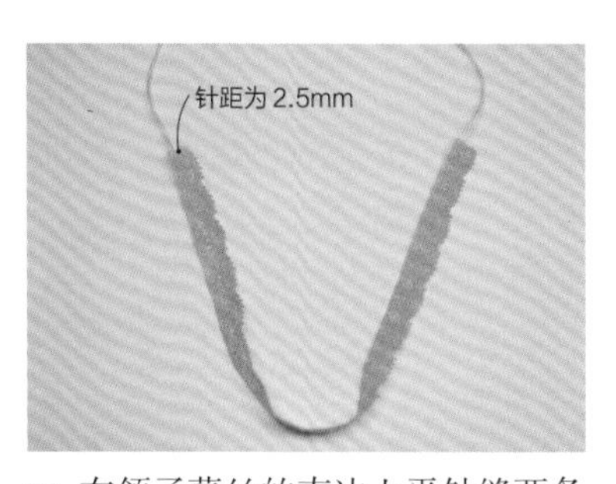

20 在领子蕾丝的直边上平针缝两条线迹。

21 抽缩缝线做出碎褶，再对齐上衣领口，用绷缝固定后再缝合。

诀窍 如果针脚缝得太密，蕾丝容易破损，请以 2mm 针距来缝合。

22 将里布的侧缝正面贴合对齐，用珠针固定后缝合。

23 将前、后衣片正面贴合对齐，用珠针固定后缝合侧缝。将缝份修剪至 3mm，并在腋下曲线位置打剪口，然后涂上锁边液。

24 翻至正面后，将表、里布的侧缝缝份分开并烫平。

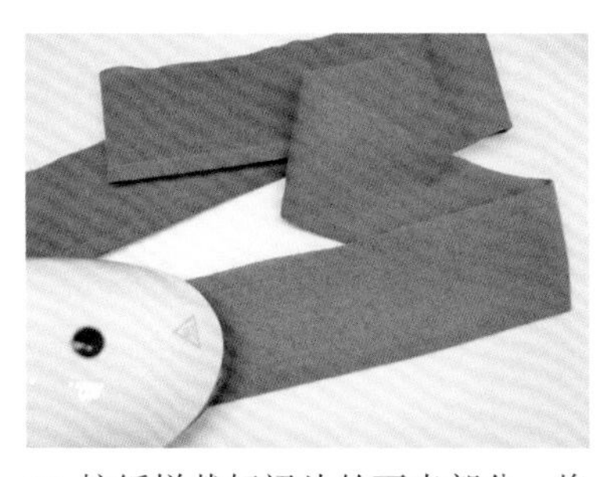

25 按纸样裁好裙片的下半部分，将裙底边缝份内折并烫平。

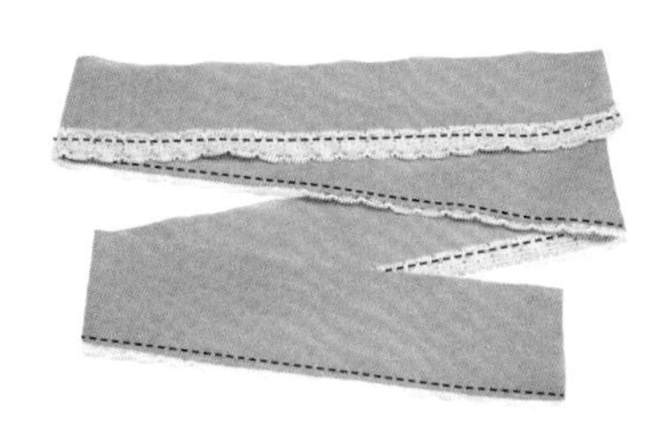

26 将蕾丝露出 2~3mm 长度后缝合到裙底边上。

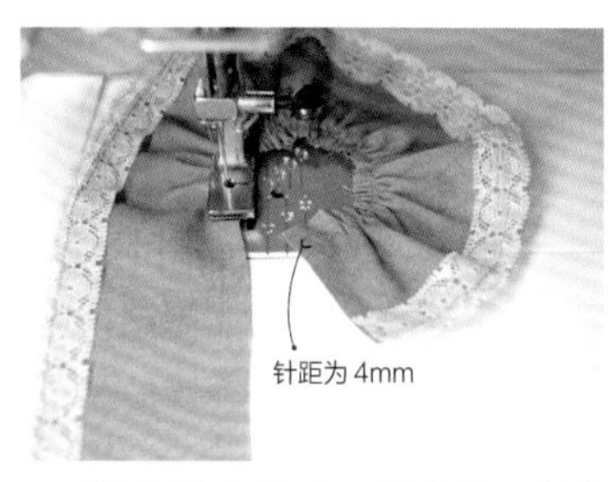

27 利用皱褶压脚在上缘缝份上车缝做出皱褶。

诀窍 下线的张力越松，上线的张力越紧，皱褶也会越密集！

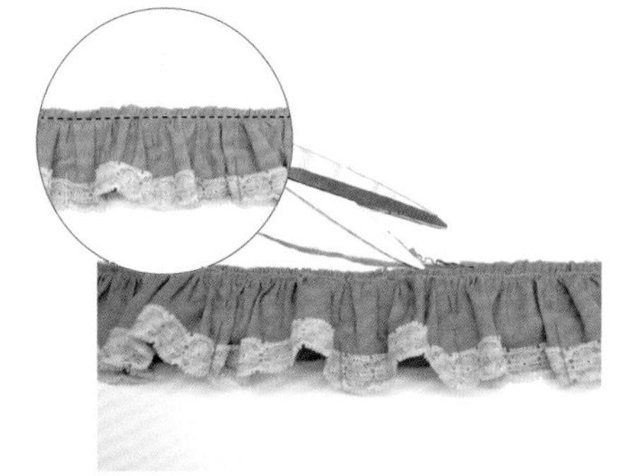

28 将裙片的上半部分与做出皱褶的下半部分正面贴合对齐并缝合。修剪缝份至 3mm，涂上锁边液。

29 将缝份倒向上半部分后，从上半部分正面缉明线。

30 将裙片的后中缝缝份内折并缉缝。

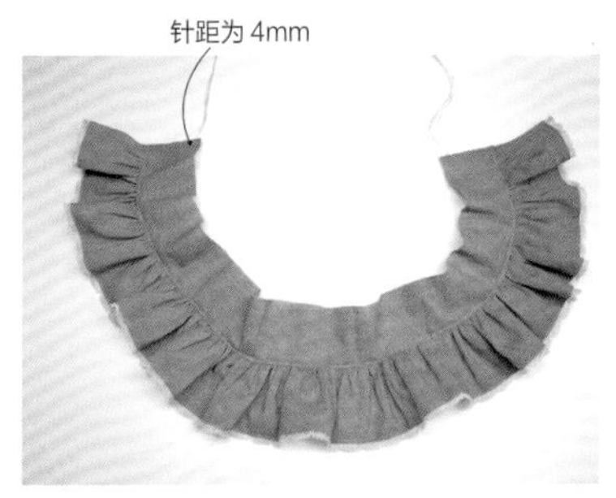

31 在裙片的腰围缝合线上下两边各平针缝一条线迹。

32 抽缩缝线做出碎褶，接着用喷雾器喷水 2~3 次，然后抓住裙片的上下两端用力拧紧，以此做出皱褶。

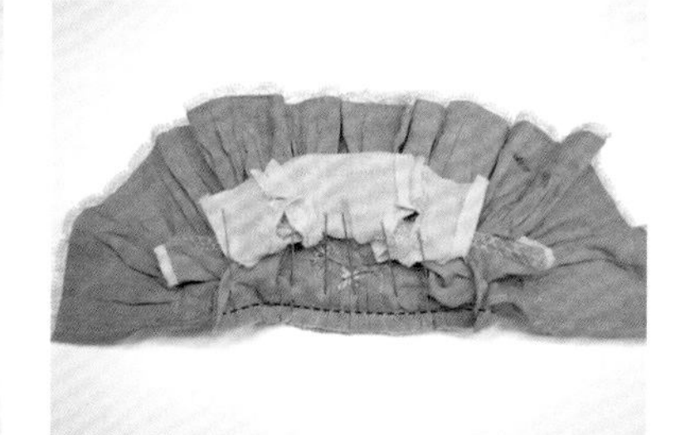

33 将上衣和裙片的腰围正面贴合对齐，用珠针固定后缝合。这时裙片的后中缝要对齐缝份两端。最后将裙子的缩褶线拆除。

34 将缝份修剪至 3mm。

35 将缝份倒向上衣方向，然后从上衣正面沿腰围线缉缝。

36 在上衣的刺绣周围缝上小珠珠作为装饰。

37 将上衣表、里布的后门襟缝份、里布的底边缝份折好并整理，表、里布侧缝用对接（藏针）缝、底边用缭缝缝合。

38 将表、里布的袖窿正面贴合对齐，用缭缝缝合。

诀窍 注意不要在表布的正面露出线迹。

39 缉缝上衣的后门襟缝份。

40 将裙子的后中缝正面贴合对齐，用珠针固定后缝合。在上衣后门襟上钉缝珠扣和线襻，整件裙子即完成。

Dress 6

复古泡泡袖高腰连衣裙

复古泡泡袖高腰连衣裙是1800—1830年的服装，风格仿照古希腊雕像服饰。
具有高腰线及窄裙幅的特点，使人看上去十分高挑。
是一款简约优雅的连衣裙。

原尺寸纸样：P209

·S码

面料：80支棉布、60支细棉布、80支棉布（里布）

装饰用缎带（宽2mm）：30cm

绣线：金属线或绣线

门襟珠扣（2.5mm）：2粒

·M码

面料：80支棉布、60支细棉布、80支棉布（里布）

装饰用缎带（宽2mm）：37cm

绣线：金属线或绣线

门襟珠扣（2.5mm）：2粒

1 准备一块比上衣前片大一些的面料，在中间画出 5 条间距 7mm 的纵向直线。

2 沿着最左边的线向反面翻折并烫平。

3 在折叠位置向内 1mm 处缉线。

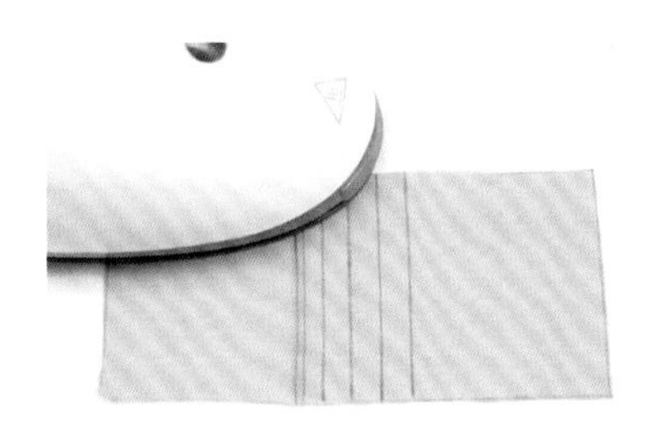

4 将折起来的布料打开，并将缉缝好的部分向左折烫平。

5 剩下的线以相同的方法进行制作，做出塔克褶。

6 对齐中心线并画出上衣前片纸样，在领口和腰围线处压线固定塔克褶。

诀窍 如果不缝合固定的话，压褶有可能会散掉。

7 将上衣前、后片的正面贴合对齐并缝合肩缝。

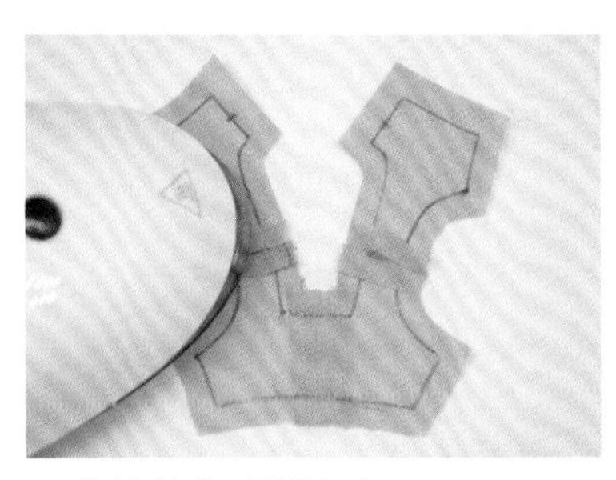

8 将缝份分开并烫平。

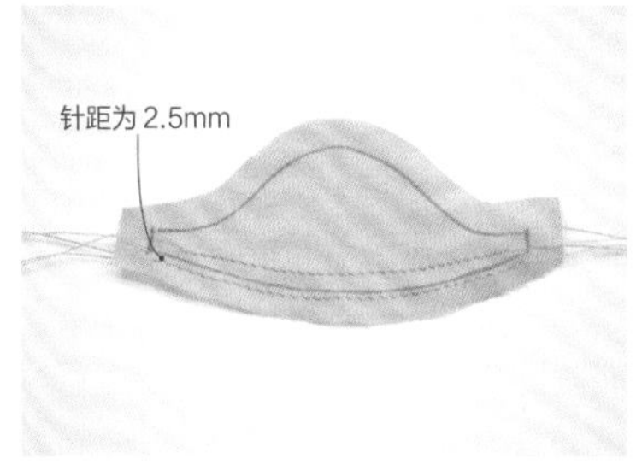

9 在袖口边缝合线的上下两边各缝一条线迹。

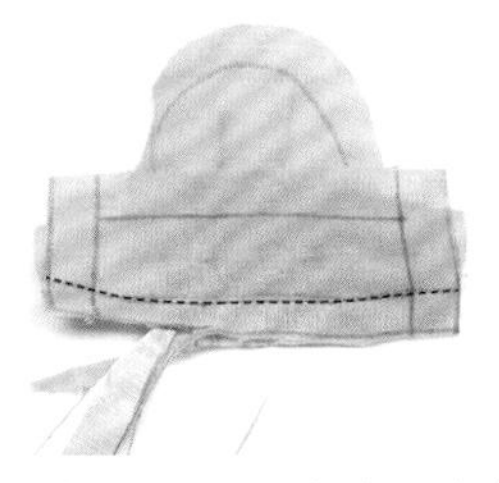

10 根据袖头的长度抽缩缝线做出碎褶。将袖口边与袖头正面贴合对齐并缝合，然后将缝份修剪至3mm。

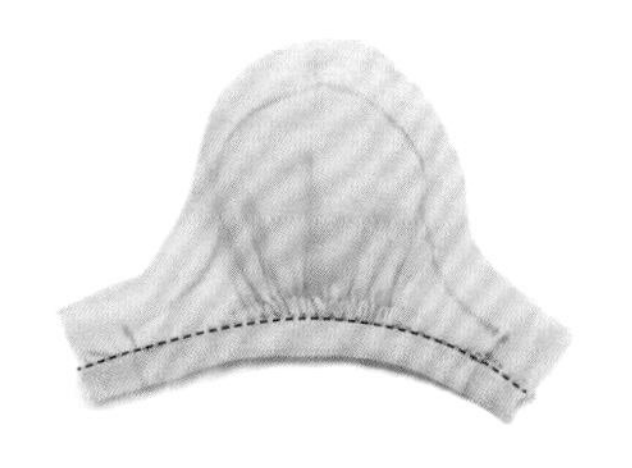

11 将袖头向内折两次，包住缝份在袖口上方缉缝。

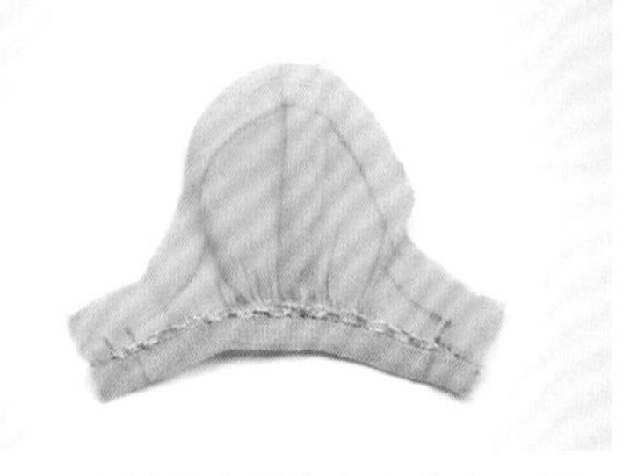

12 用金属线或绣线在缝合线处绣锁链绣。

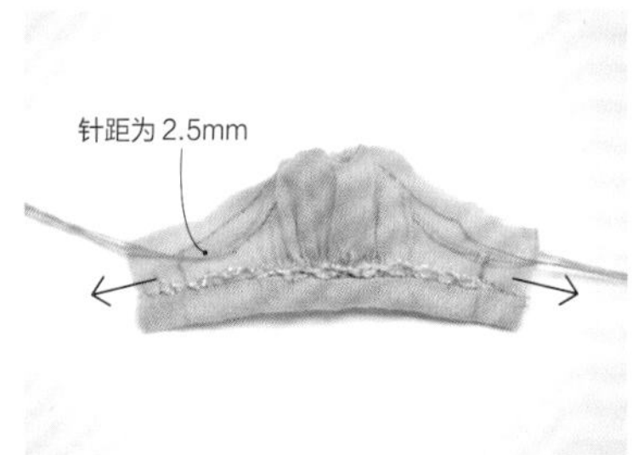

13 在袖山缝合线上下两边各平针缝一条线，抽缩缝线做出碎褶。

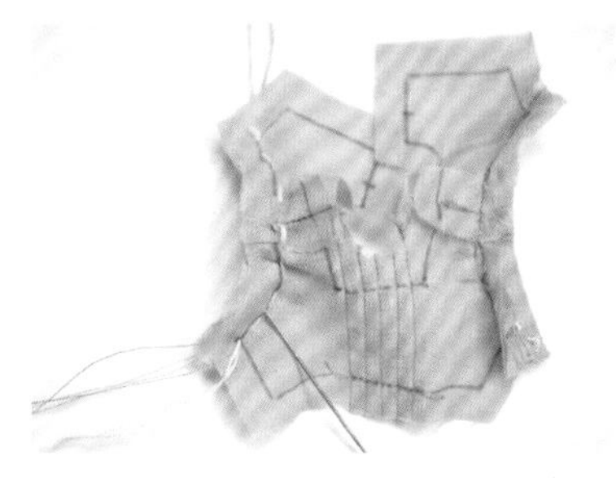

14 将上衣袖窿与袖山正面贴合对齐，在缝合线以内1mm处用绷缝固定。

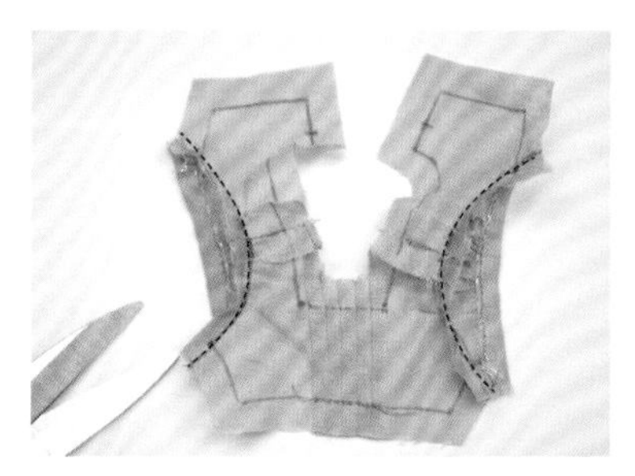

15 缝合袖窿后再将缩褶线及绷缝线拆除。修剪缝份至3mm，涂上锁边液。另一侧袖子的做法相同。

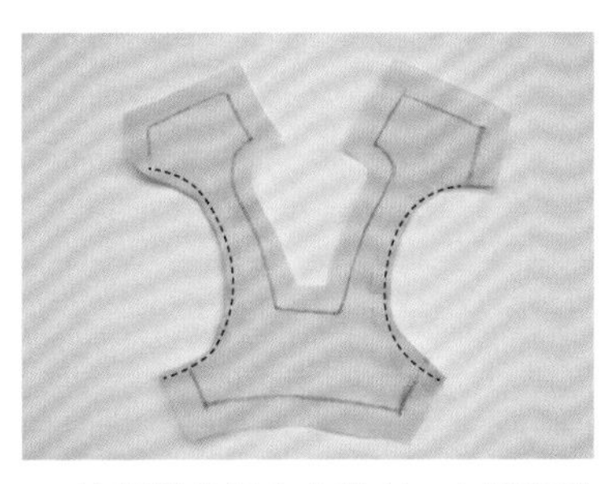

16 按纸样裁好上衣里布，在袖窿缝份上打剪口，内折缉缝并稍作整理。

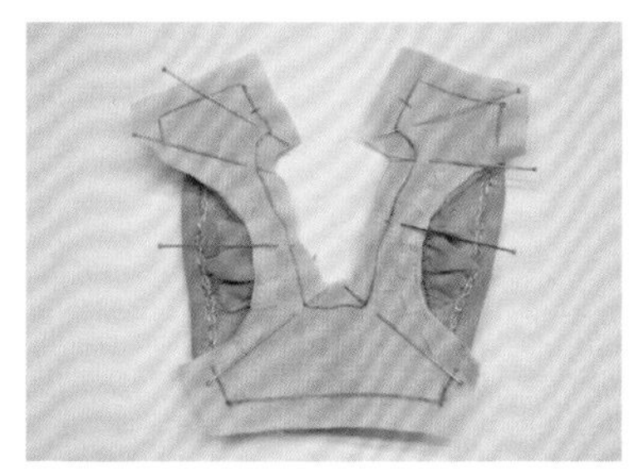

17 将上衣表、里布正面贴合对齐，用珠针固定。

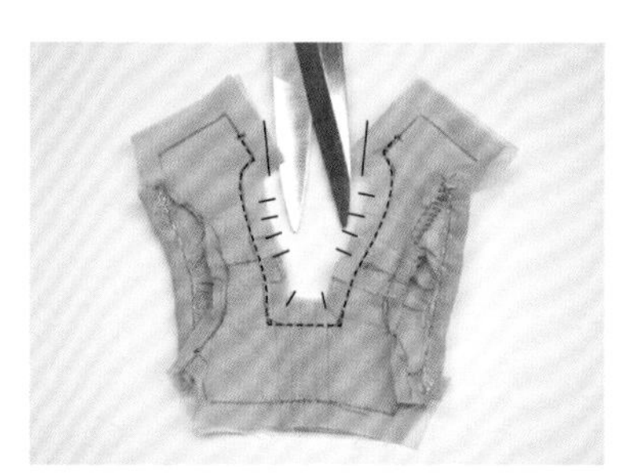

18 将后门襟和领口缝合。在领口缝份上打剪口，并将缝份边角以斜线剪切掉。

诀窍 后门襟缝到照片所示的虚线位置即可。

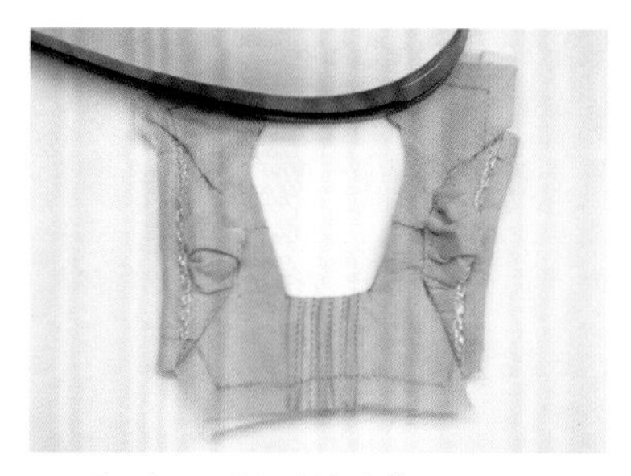

19 翻到正面烫平并稍作整理。

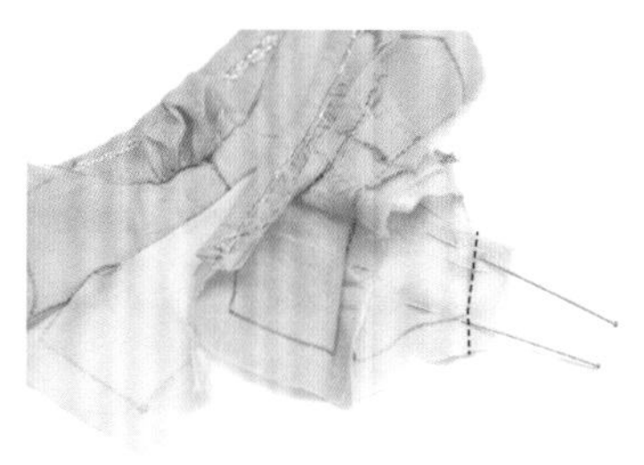

20 将里布的侧缝正面贴合对齐，用珠针固定后缝合。

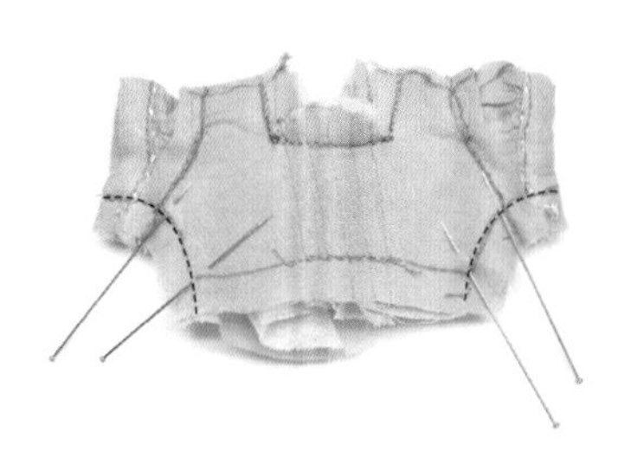

21 将上衣前、后片正面贴合对齐，用珠针固定后缝合侧缝。

22 将缝份修剪至3mm，并在腋下曲线位置打剪口，涂上锁边液。

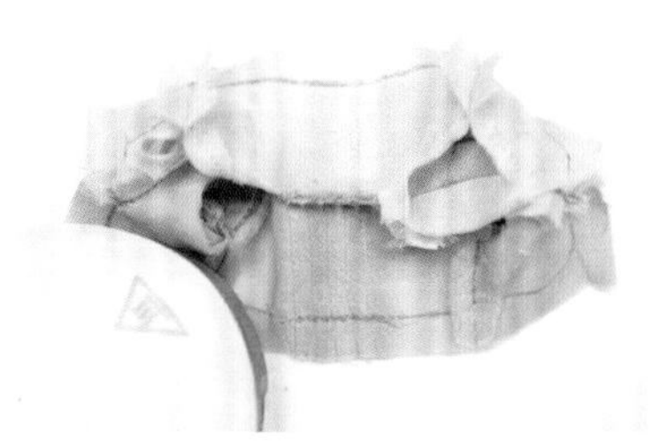

23 翻至正面后，将表、里布的侧缝缝份分开并烫平。

24 按纸样裁好裙片后，在面料正面画出塔克线。标出裙片中心线，并在左右两边1cm处标出记号。

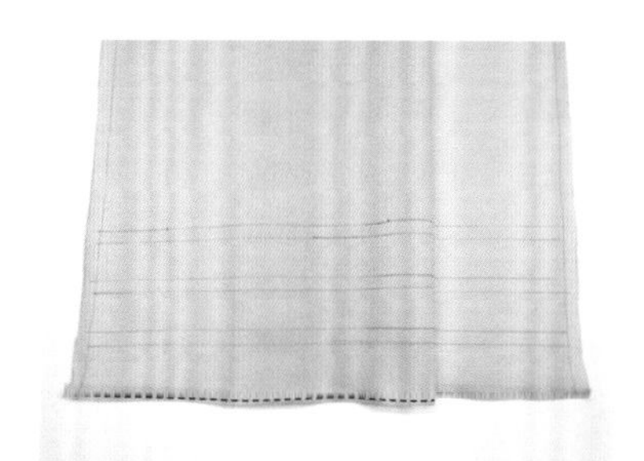

25 给底边缝份涂上锁边液，然后内折缲缝。

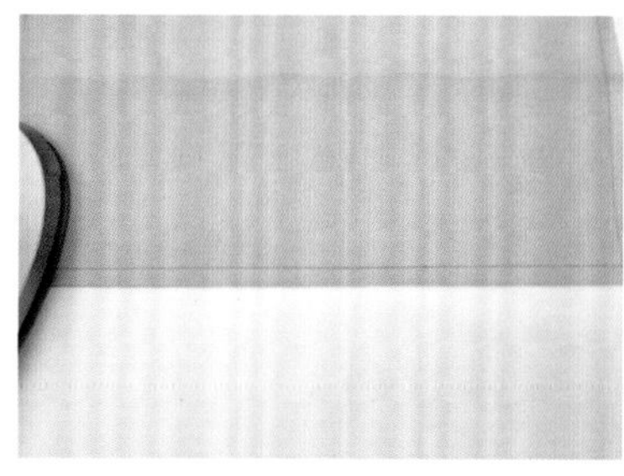

26 沿着最上面的塔克线向反面翻折并烫平。

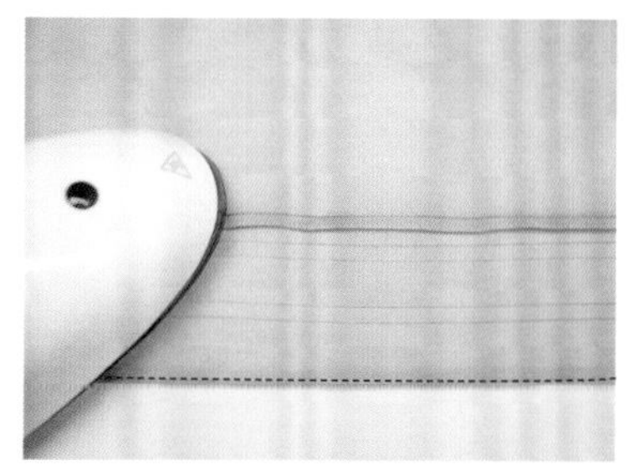

27 接着沿线缲缝塔克褶，将折起来的布料打开。将缝好的塔克褶倒向底边方向并烫平。

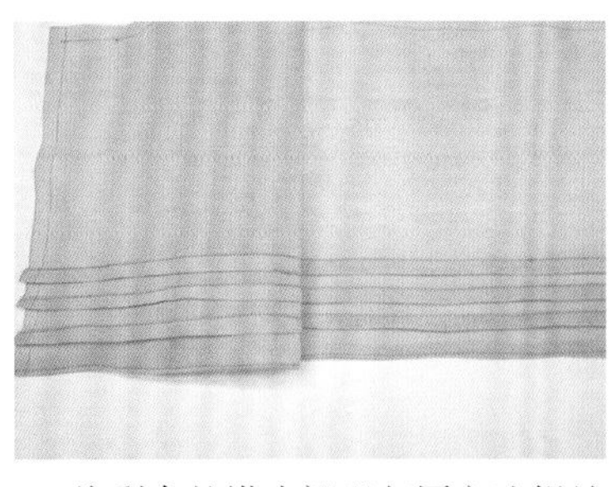

28 将剩余的塔克褶以相同方法缉缝并烫平。

29 将裙片的后中缝缝份内折并缉缝。

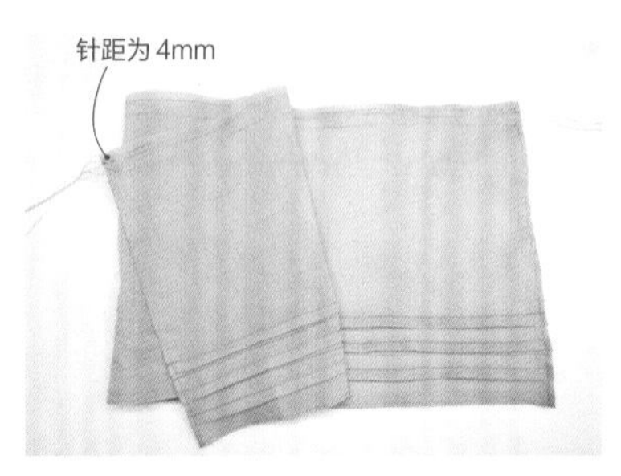

30 在裙片的腰围缝合线上下两边各缝一条线迹。

31 除中心线左右标记的 2cm 以外，抽缩缝线做出碎褶。

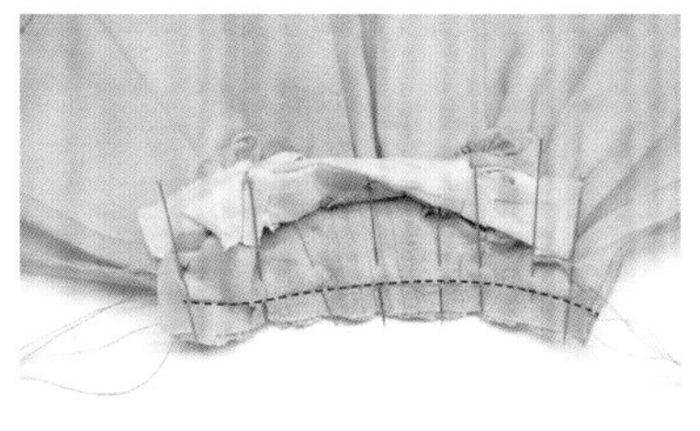

32 将上衣和裙片的腰围正面贴合对齐，用珠针固定后缝合。

诀窍 这时一定要对齐上衣和裙子的后门襟。

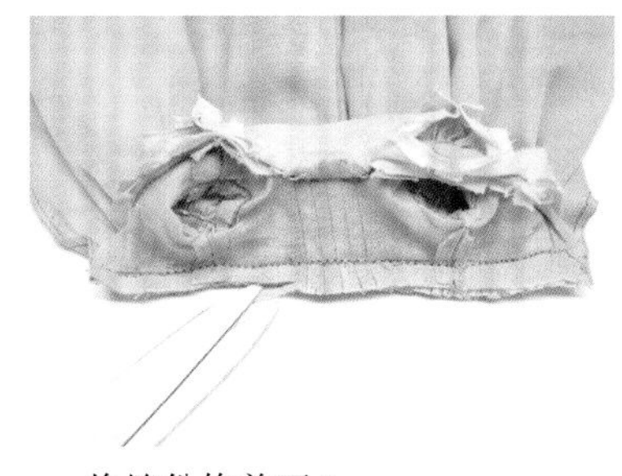

33 将缝份修剪至 3mm。

34 将缝份倒向上衣方向，然后从上衣正面沿腰围线缉缝。

35 将上衣表、里布的后门襟缝份及里布底边缝份折好并整理，表、里布侧缝用对接（藏针）缝、里布底边用缭缝缝合。

36 将表、里布的袖窿正面贴合对齐，用缭缝缝合。

37 缉缝上衣的后门襟缝份。

38 用金属线或绣线在上衣正面领口位置绣上锁链绣，将缎带做成长尾蝴蝶结固定在腰围中心上作为装饰。

39 将裙子的后中缝正面贴合对齐，用珠针固定后缝合。

40 在上衣后门襟钉缝珠扣和线襻，整件裙子即完成。

Dress 7

露肩小礼服

一款性感又可爱的小礼服。
如果使用淡雅柔和色调的面料，还可以做出风格可爱的连衣裙！
用珠珠装饰领口和裙衩，展现出小礼服的华丽和性感，采用蓬蓬的泡泡袖又平添了可爱的感觉。

原尺寸纸样：P213

·S码

面料：60支棉布
胸前蕾丝（宽1cm）：4cm 2条
袖口蕾丝（宽1cm）：9cm
门襟珠扣（2.5mm）：3粒
装饰用极小珠珠：适量
缎带蝴蝶结（宽4mm）：2个

·M码

面料：60支棉布
胸前蕾丝（宽1cm）：5cm 2条
袖口蕾丝（宽1cm）：10cm
门襟珠扣（2.5mm）：3粒
装饰用极小珠珠：适量
缎带蝴蝶结（宽4mm）：2个

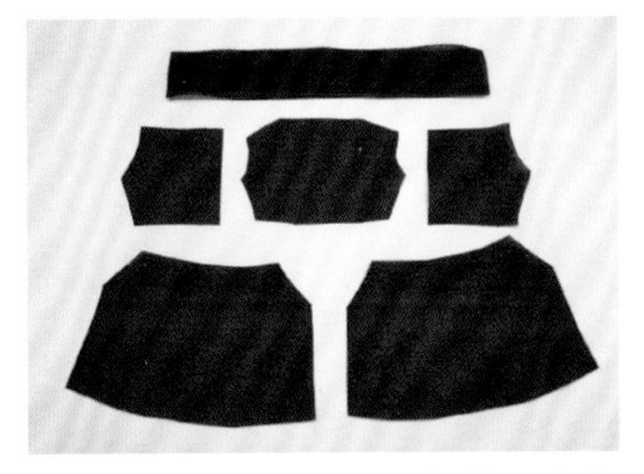

1 按照纸样裁剪好连衣裙的上衣各部位，涂好锁边液。在上衣前片正面画上中心线。

2 将上衣前片的尖省折好并缝合。

3 将两条胸前蕾丝重叠1~2mm后缝合在前片中心线上。将蕾丝的上下两端缝合固定在领口及腰围缝份上。

诀窍 如果使用的是宽蕾丝，也可以免去重叠的那条缝线。

4 将袖口缝份折好并烫平。

5 将蕾丝缉缝在袖口上，露出5mm左右的长度。

6 在标示的皱褶线上平行缝两条线迹。

7 抽缩缝线做出碎褶，使袖口宽变为3.5cm（M码为4cm），然后在缝线下方缝一条线固定皱褶。

诀窍 注意袖口宽不包含缝份，为净尺寸。

8 在袖子上边缘缝合线上下两边各缝一条线迹，抽缩缝线做出碎褶，使袖子上边缘宽度变为2cm（M码为2.5cm）。

诀窍 注意袖子上边缘宽度不包含缝份，为净尺寸。

9 将上衣前片和袖子正面贴合对齐并缝合。

10 将上衣后片和袖子正面贴合对齐并缝合。

11 为缝份打剪口。

12 将缝份分开并烫平。

13 将后门襟缝份内折并烫平，然后分别缉两条明线。

14 将领口滚边条的两端缝份内折并烫平。

15 将上衣领口边与领口滚边条的正面贴合对齐，用珠针固定后缝合。

16 修剪缝份至 3mm。

17 将领口滚条内折包住缝份后烫平。

18 沿领口缉缝，然后将袖子上边缘的缩褶线拆除。

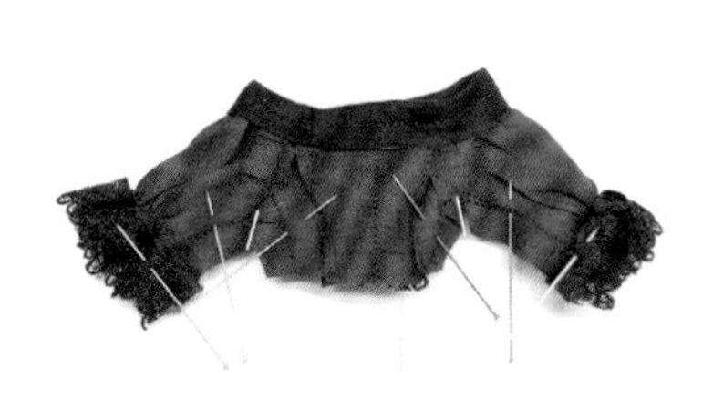

19 将上衣前、后片正面贴合对齐，用珠针固定后缝合侧缝，并为腋下曲线位置打剪口。

20 翻面后将侧缝缝份分开并烫平。

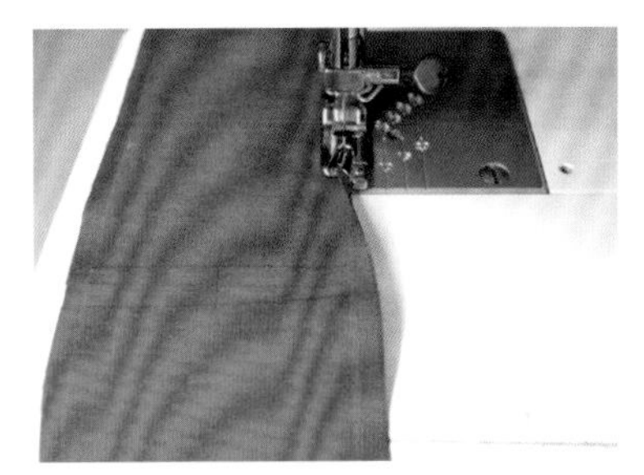

21 将裙底边进行卷边缝。

诀窍 可以给缝份涂上锁边液后内折并烫平，然后再进行缉缝。

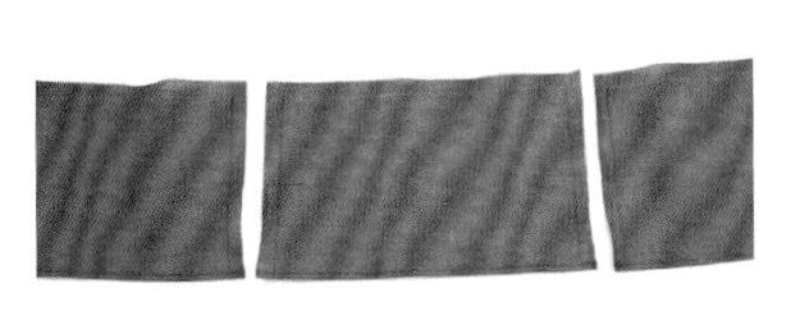

22 将裙片沿裁剪线剪开，然后涂好锁边液。

23 将裙片正面贴合对齐，将开衩处以外的其他部分缝合。

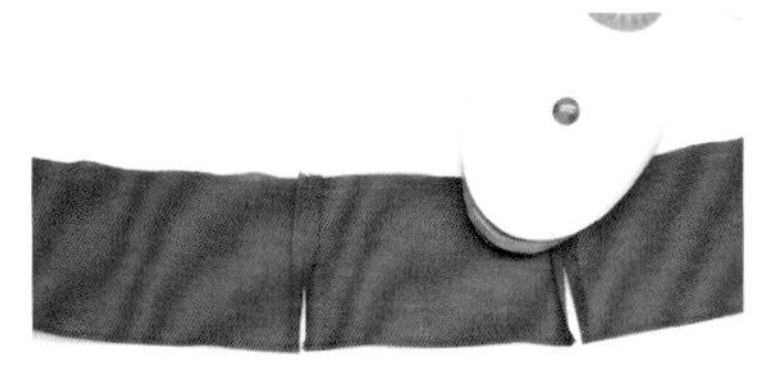

24 将缝份分开并烫平。

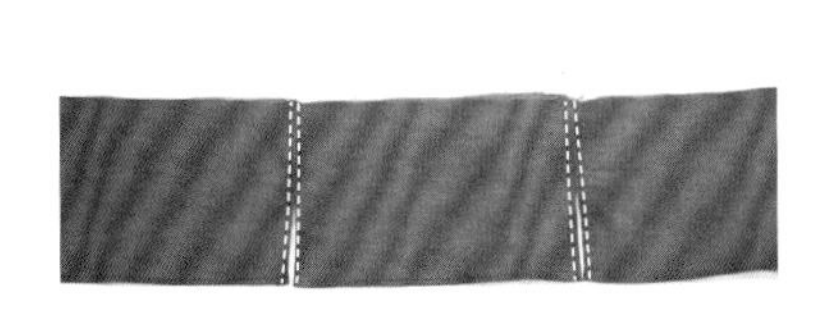

25 翻到裙片正面，在裙衩两侧缉明线。

26 将裙片的后中缝缝份内折并缉缝。

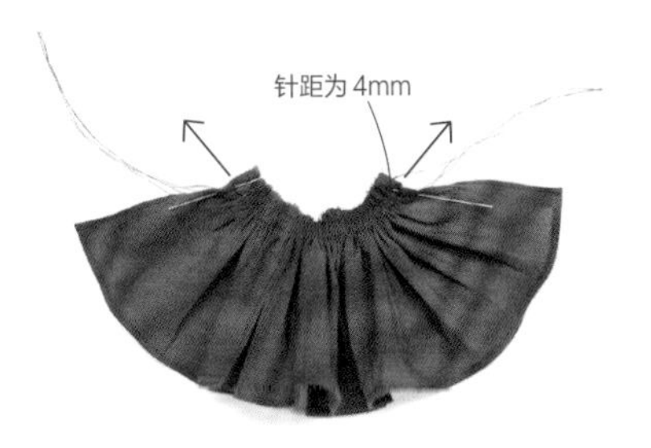

27 在裙片的腰围缝合线上下两边各缝一条线迹。根据上衣腰围长度抽缩缝线做出碎褶。这时裙片两侧缝份要分别内折 5mm，然后用珠针固定。

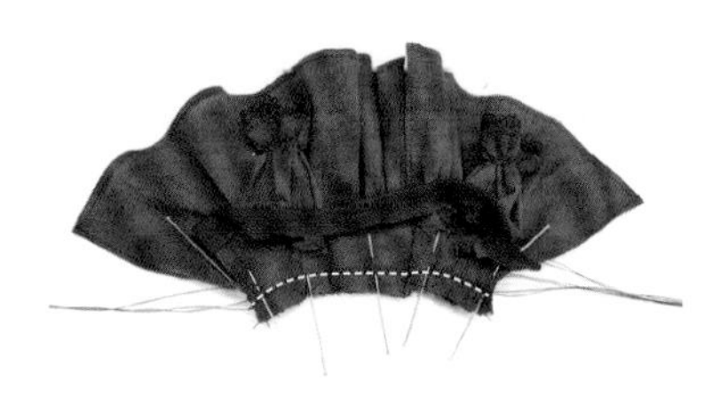

28 将上衣和裙片的腰围线正面贴合对齐，用珠针固定后缝合。

29 将缝份修剪至3mm，涂上锁边液，然后将缝份倒向上衣方向并烫平。

30 从上衣正面沿腰线缉缝。

31 将小珠珠钉缝到上衣的前领口及裙衩两侧，然后在裙衩上方装饰蝴蝶结。

32 将裙片后中缝正面贴合，用珠针固定后缝合。

33 为上衣后门襟钉缝上珠扣和线襻，整件礼裙即完成。

Dress 8

蓬蓬纱裙礼服

像棉花糖般轻盈又兼具优雅感的连衣裙。因整件衣服全部使用网纱面料而突显其轻盈感。
用珠珠沿胸线作为装饰，增添了华丽感，胸部上方用网纱勾勒出朦胧感，使衣服不会有沉闷感。

原尺寸纸样：P217

·S码

面料：网纱、60支棉布（里布）

衬裙底边蕾丝（宽1~1.5cm）：26cm

装饰用珠珠：适量

门襟珠扣（2.5mm）：4粒

装饰用缎带（宽7mm）：24cm

·M码

面料：网纱、60支棉布（里布）

衬裙底边蕾丝（宽1~1.5cm）：30cm

装饰用珠珠：适量

门襟珠扣（2.5mm）：4粒

装饰用缎带（宽7mm）：28cm

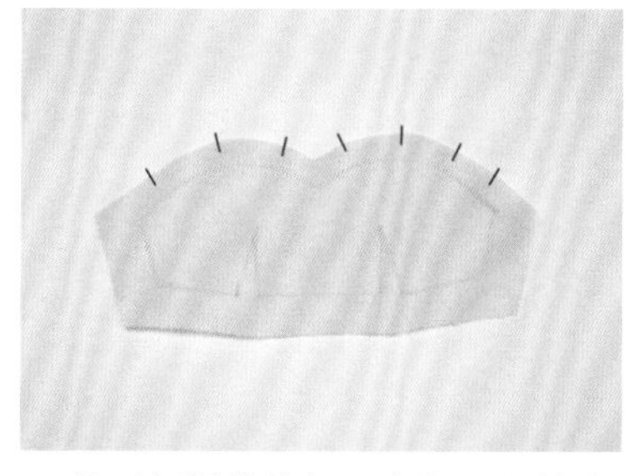

1 按照纸样裁剪好里布的上衣前片，在胸线曲线缝份上打剪口并涂好锁边液。

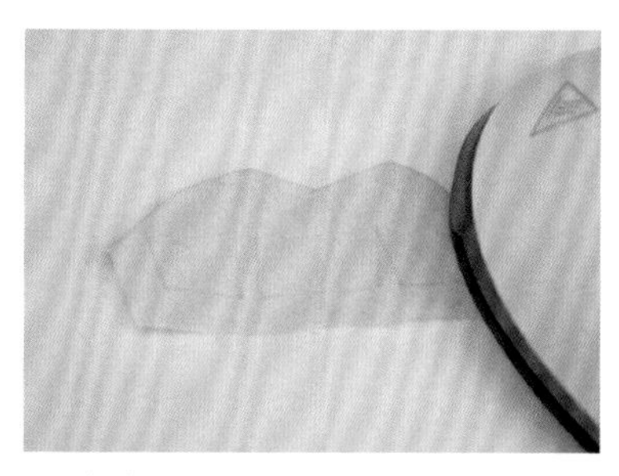

2 将胸线缝份向正面折好并烫平。

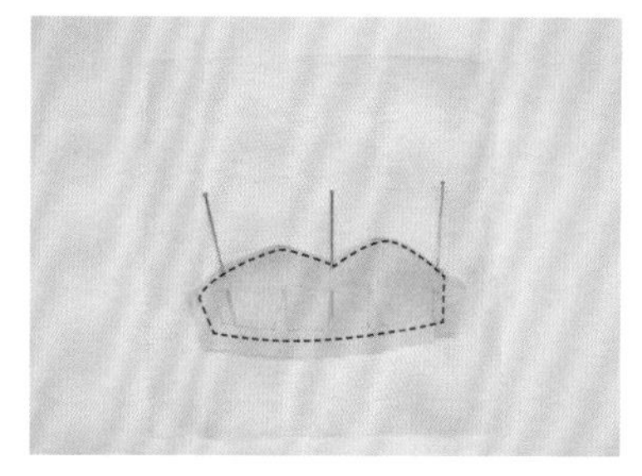

3 将比上衣前片大些的网纱和步骤 2 中的里布正面贴合，用珠针固定后沿胸线、侧缝、下边缘做缝合。

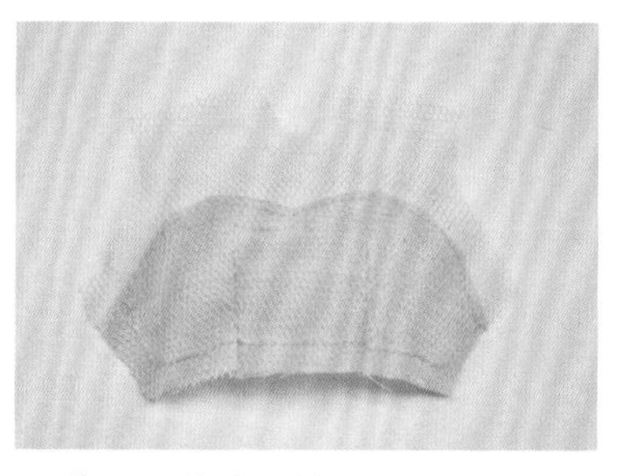

4 将上衣前片纸样画在网纱上，接着将腰省折好并缝合。

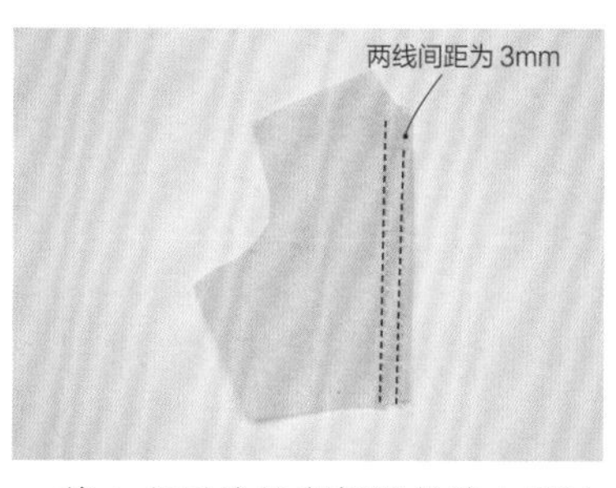

5 将上衣后片的肩部缝份涂上锁边液，并将后门襟翻折两次后缉两条线。

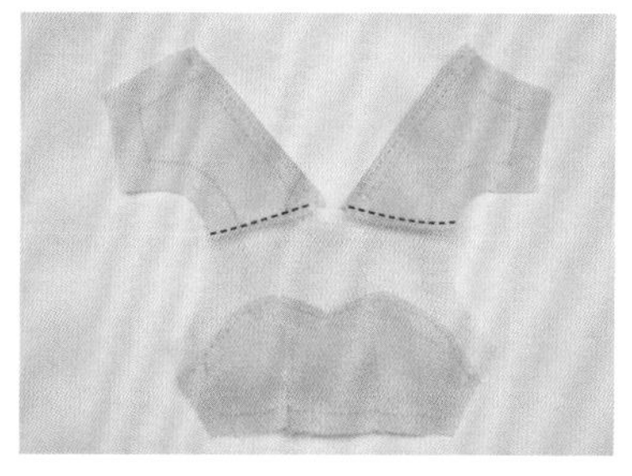

6 将上衣前、后片的肩缝正面贴合对齐并缝合，再将缝份倒向后片并从后片正面缉缝。

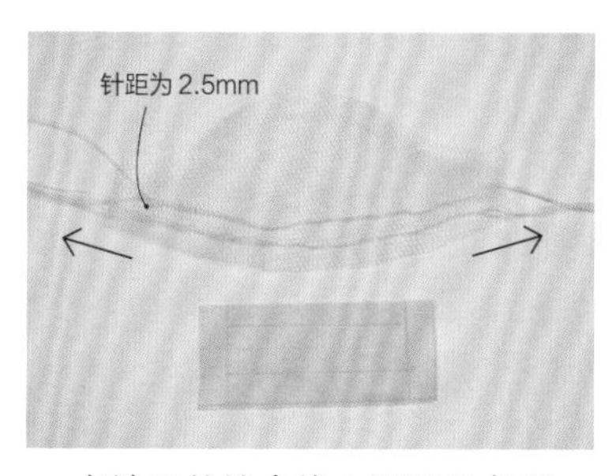

7 在袖口的缝合线上下两边各缝一条线迹，再配合袖头的长度抽缩缝线做出碎褶。

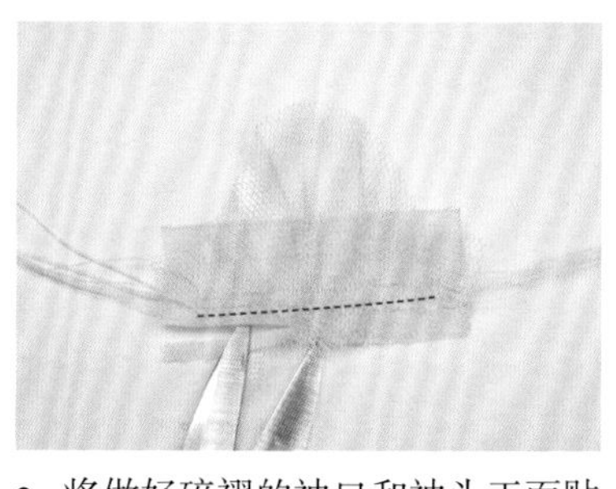

8 将做好碎褶的袖口和袖头正面贴合对齐并缝合，然后将缝份修剪至 3mm。

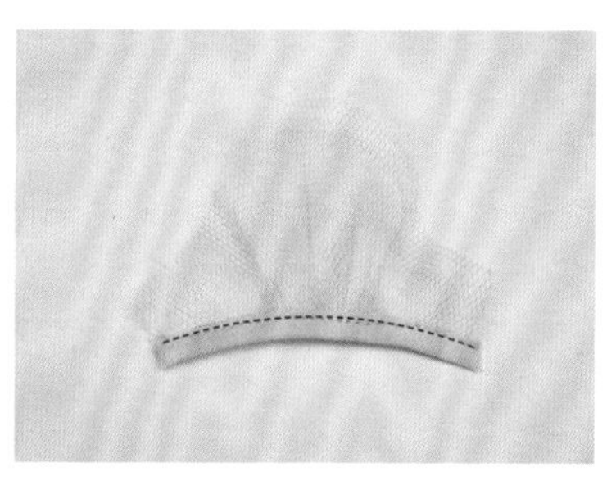

9 将袖头翻折两次包住缝份后烫平缝合。

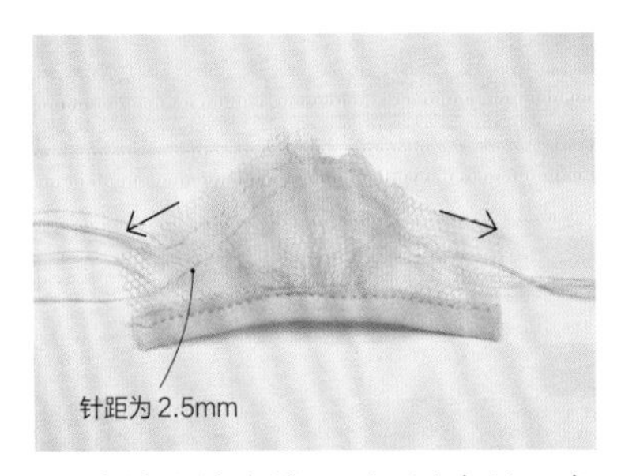

10 在袖山缝合线上下两边各缝一条线迹，抽缩缝线做出碎褶。

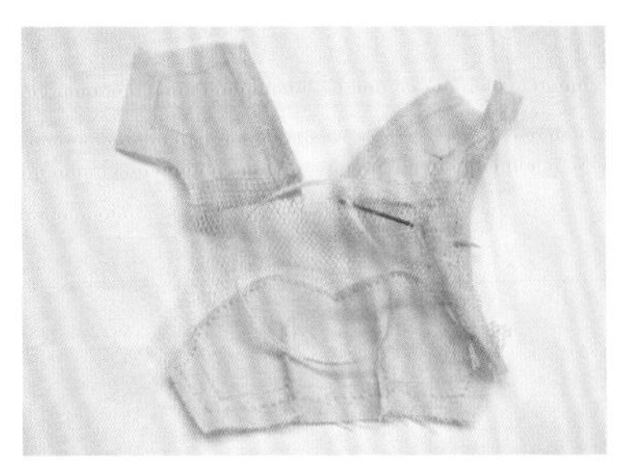

11 将上衣袖窿与袖山正面贴合对齐，在缝合线以内 1mm 处用绷缝固定。

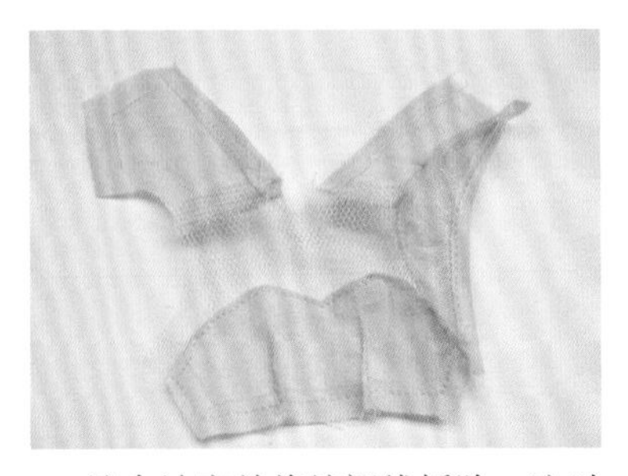

12 缝合袖窿并将缩褶线拆除。这时针距为 2.5mm。

诀窍 因使用网纱的原因，如果第一遍缝合针距太密的话，之后不好修正。

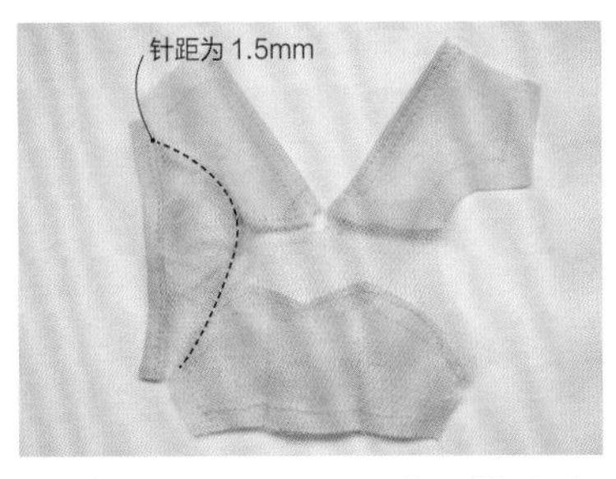

13 修剪缝份至 3mm，涂上锁边液，再将缝份倒向上衣方向，接着从正面沿袖窿缉缝。另一侧袖子的做法相同。

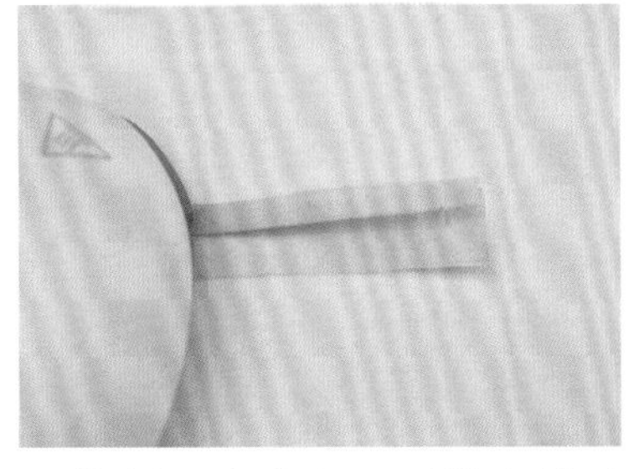

14 将领口滚边条正面沿虚线对折，并将较窄的一边缝份外折并烫平。

诀窍 领口滚边条的缝份一边较窄，一边较宽，剪裁时请留意。

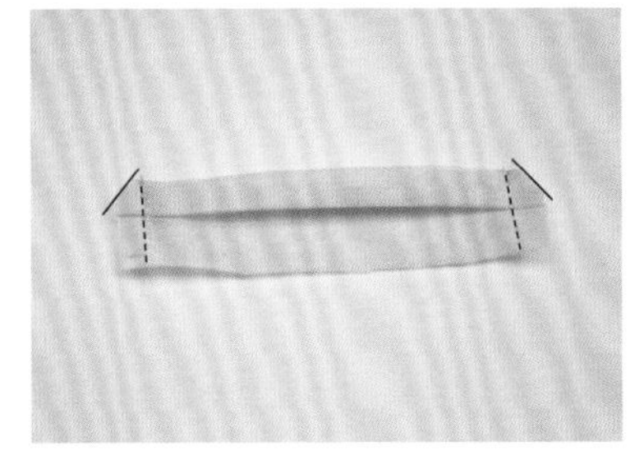

15 缉缝滚边条两端，并修剪缝份至 3mm，以斜线剪切其边角。

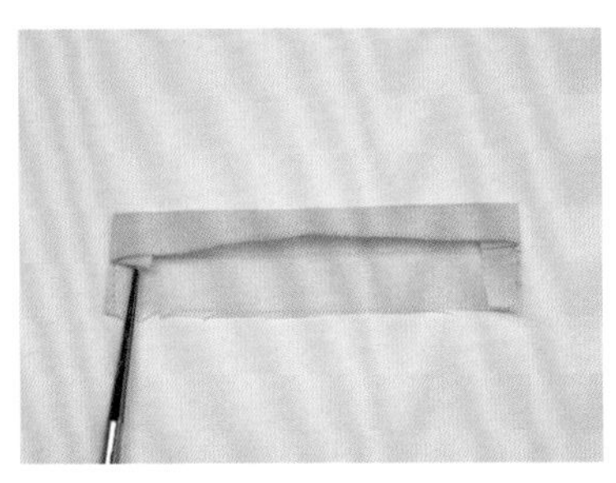

16 将滚边条翻面后，利用锥子之类的工具整理棱角并烫平。

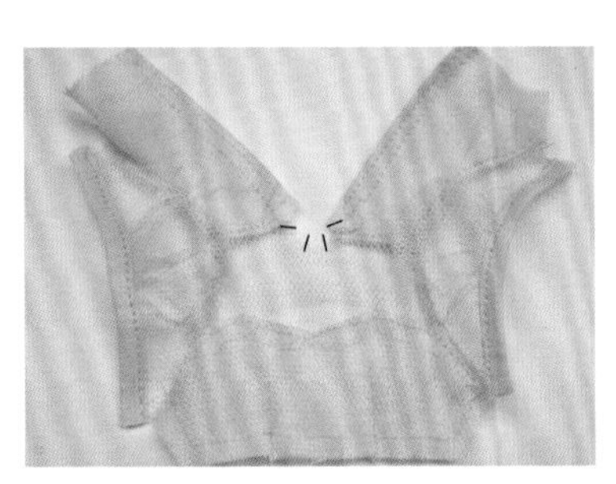

17 沿领口缝份打剪口。

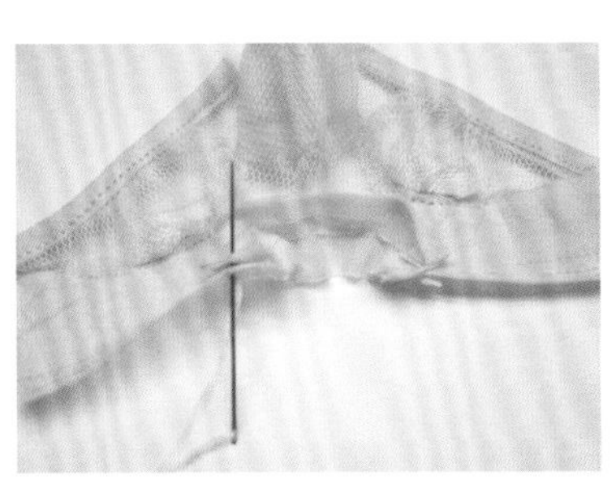

18 将领口缝份与滚边条正面贴合对齐，并绷缝固定。

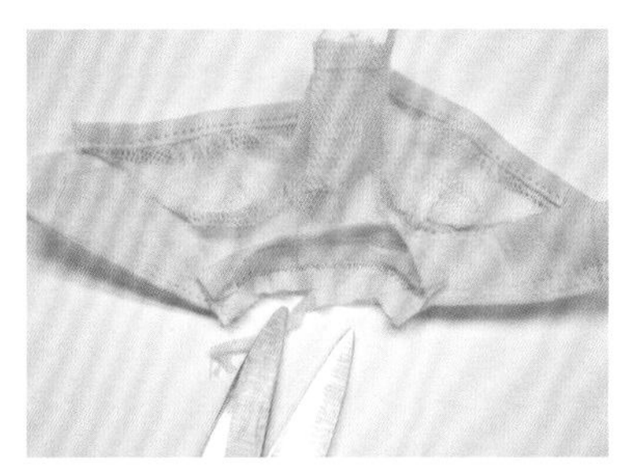

19 沿领口缝合后，将绷缝线拆掉，并修剪缝份至3mm。

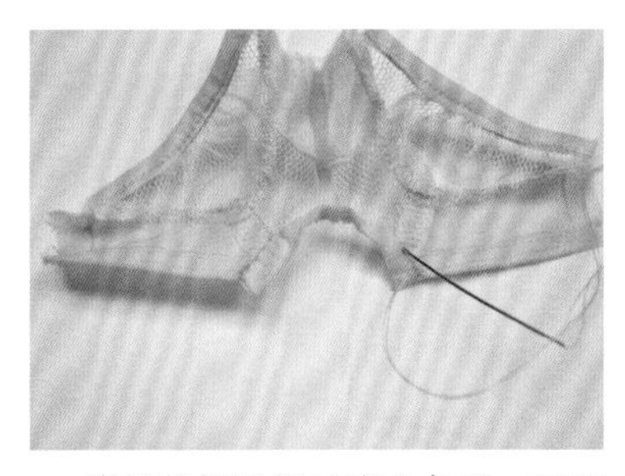

20 将缝份折进领口滚边条里，再用缭缝缝合领口。

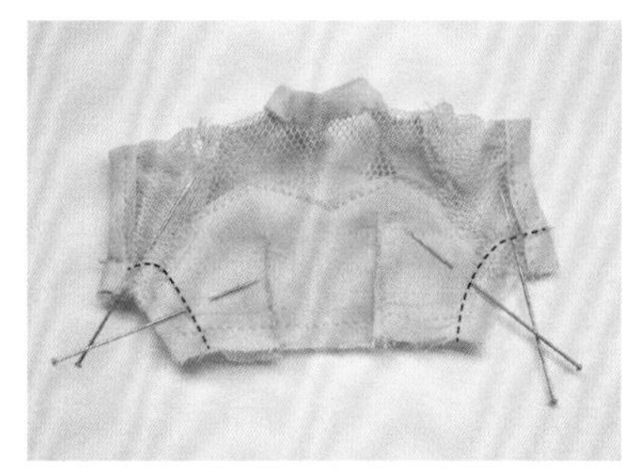

21 将上衣前、后片正面贴合对齐，用珠针固定后缝合侧缝。

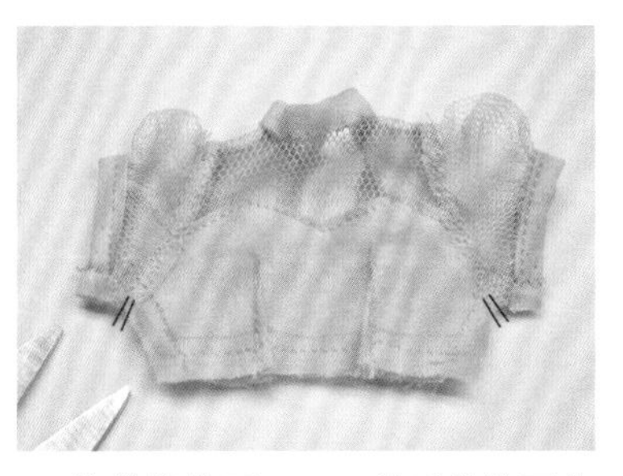

22 修剪缝份至3mm，然后将腋下曲线位置打剪口，并涂上锁边液。

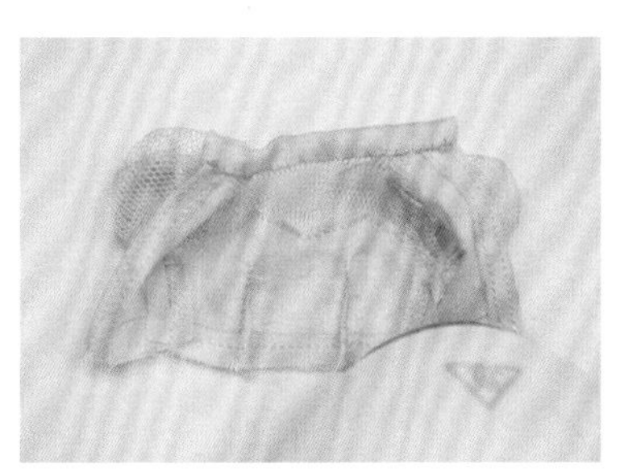

23 翻面后，将侧缝缝份分开并烫平。

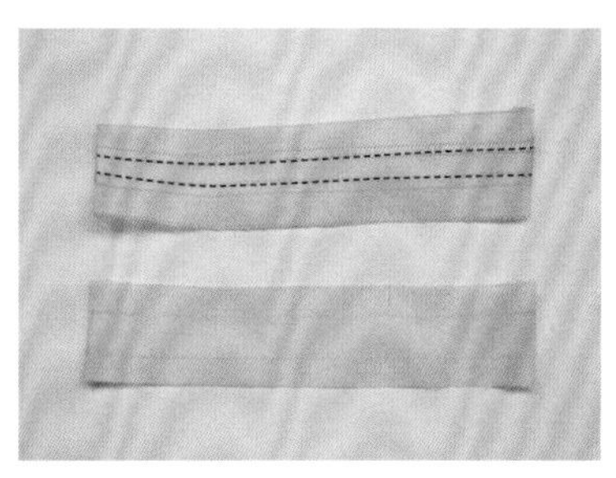

24 将腰带的表、里布按纸样裁好。在表布上缉两条明线，然后将表、里布的两侧缝份向内折并烫平。

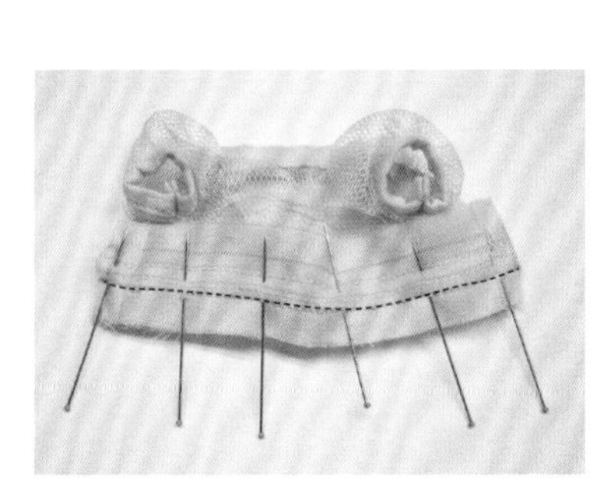

25 将上衣与腰带表布的腰围正面贴合对齐，用珠针固定后缝合。

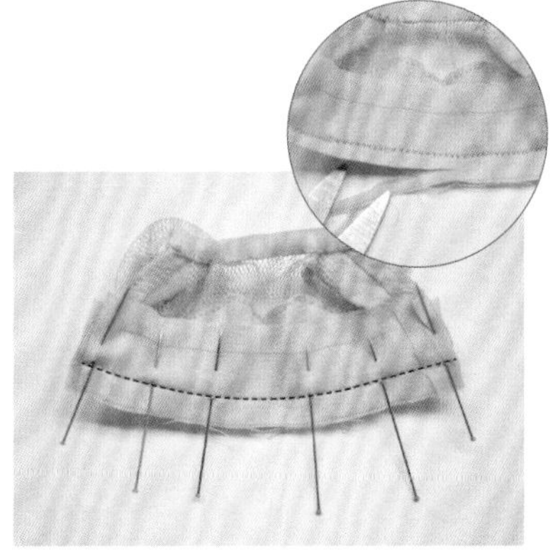

26 将上衣反面与腰带里布的正面贴合对齐，用珠针固定后缝合。修剪缝份至3mm。

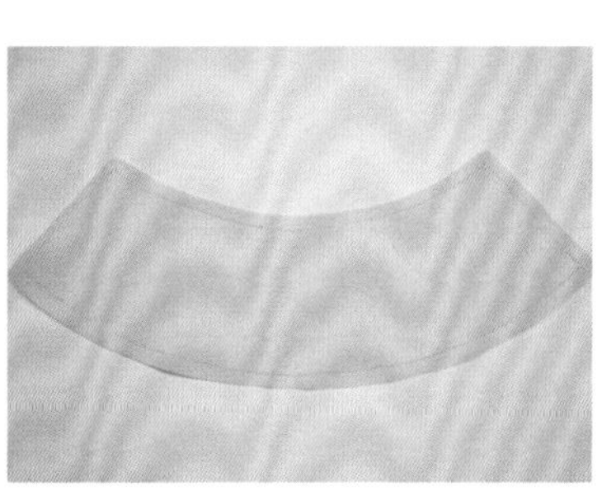

27 将衬裙按纸样剪好，再将底边缝份涂上锁边液。

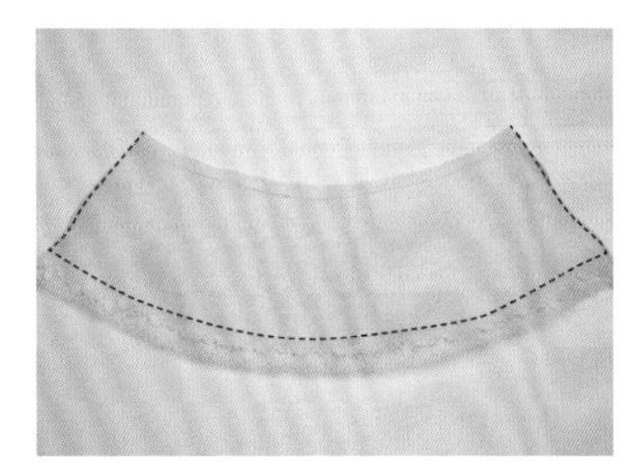

28 将蕾丝沿裙底边缝合线缝合，再将两侧缝份内折并缉缝。

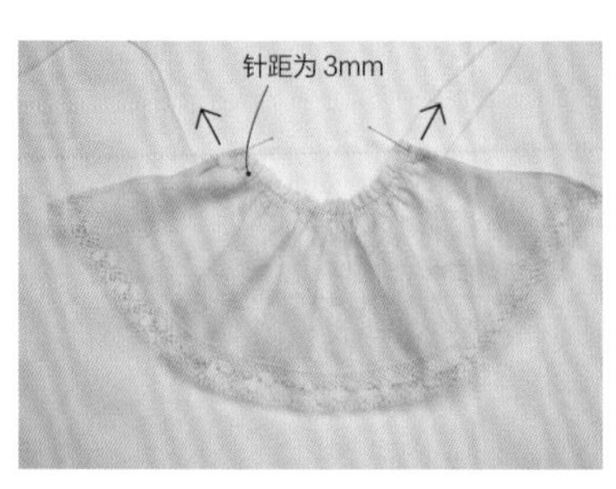

29 在裙片腰围的缝合线上下两边各缝一条线迹，根据上衣腰围长度抽缩缝线做出碎褶。这时裙片的两侧缝份要分别向内折 5mm，并用珠针固定。

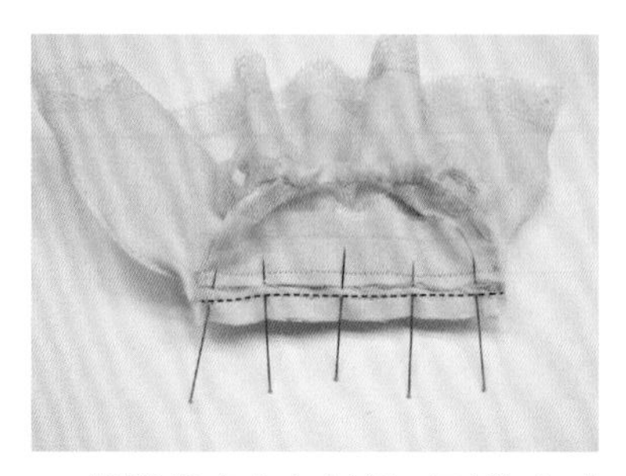

30 将腰带表布与衬裙正面贴合对齐，并用珠针固定后缝合。

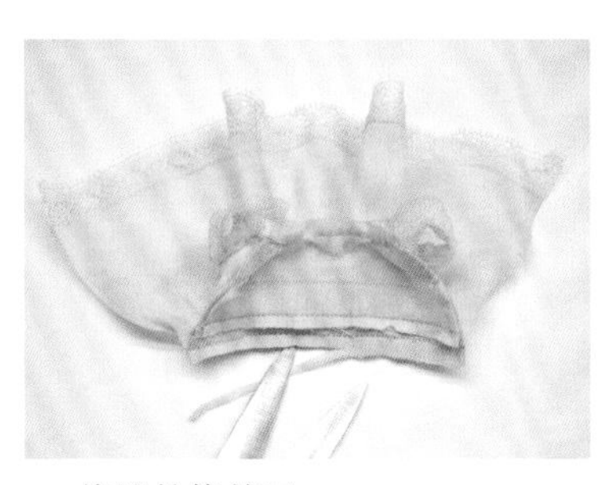

31 将缝份修剪至 3mm。

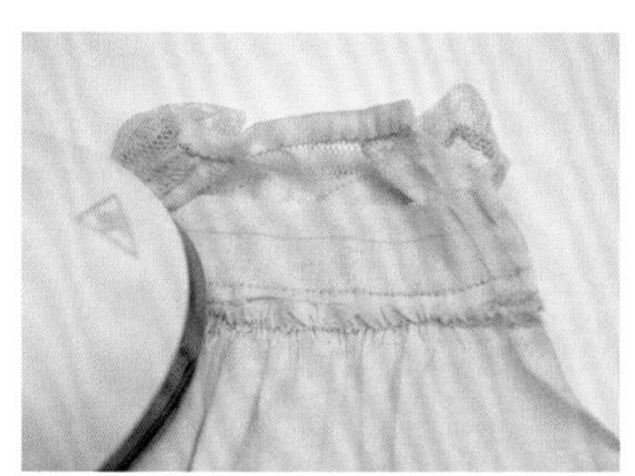

32 将缝份倒向上衣方向并烫平。

33 裁好裙片的网纱表布，画出横向中心线。

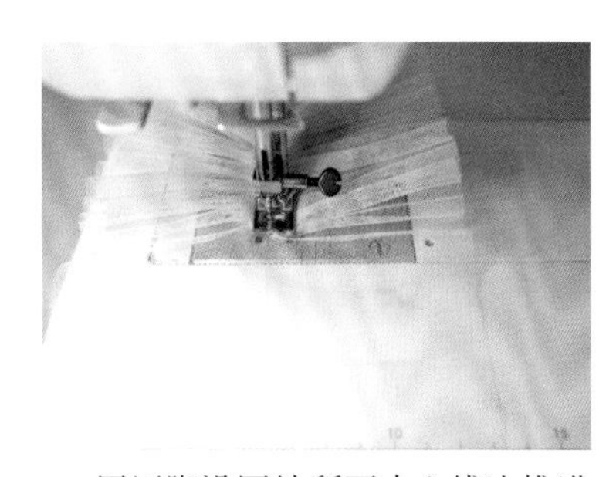

34 用压脚沿网纱所画中心线边推进边车缝做出皱褶。

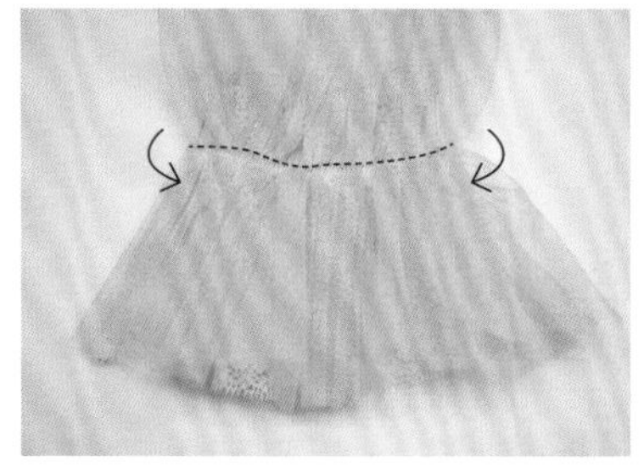

35 将上衣的腰围与裙片的中心线对齐，用珠针固定，再将裙片两侧多余部分内折，用珠针固定后沿中心线缝合。

诀窍 腰带和裙子连接的位置就是腰带的下边缘，因此必须缝合。

36 将腰带里布的缝份折好，沿腰围用缭缝缝合。

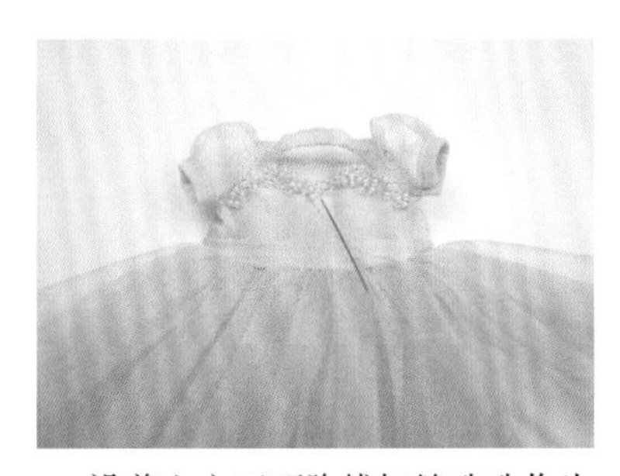

37 沿着上衣正面胸线钉缝珠珠作为装饰，使缝份不要显露出来。

38 将衬裙的后中缝正面贴合对齐，用珠针固定后缝合，只需缝到照片中所示的虚线位置。

39 将双层网纱裙的下层和衬裙的后中缝贴合对齐，缝两针将其固定。

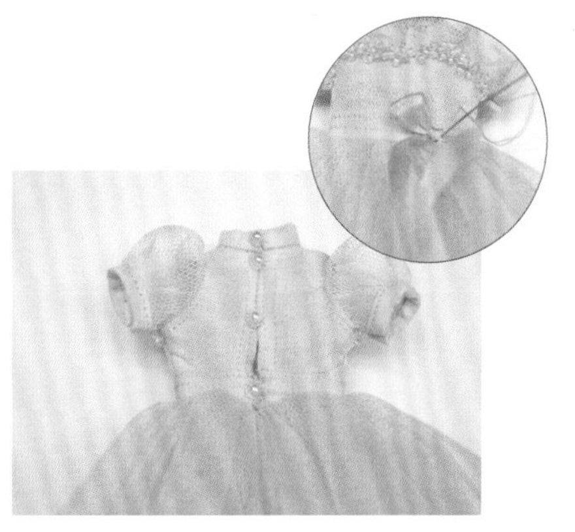

40 在上衣后门襟钉缝珠扣和线襻。将缎带打成长尾蝴蝶结后缝在正面的腰带上作为装饰。

Dress 9

欧式田园风连衣裙

一款将裙摆皱褶作为亮点的连衣裙，充满了浪漫的少女气息。如果搭配围裙则更加突显田园风。
也可以尝试改变裙子的长度，或是将袖子和领子改成喜欢的样式！
不同的变化，可以搭配出不同风格感觉的服装。

原尺寸纸样：P221

·S码

面料：60支花棉布、80支棉布（上衣里布）

裙底边蕾丝（宽1~1.5cm）：39cm

按扣（5mm）：2对

·M码

面料：60支花棉布、80支棉布（上衣里布）

裙底边蕾丝（宽1~1.5cm）：41cm

按扣（5mm）：2对

《制作方法》

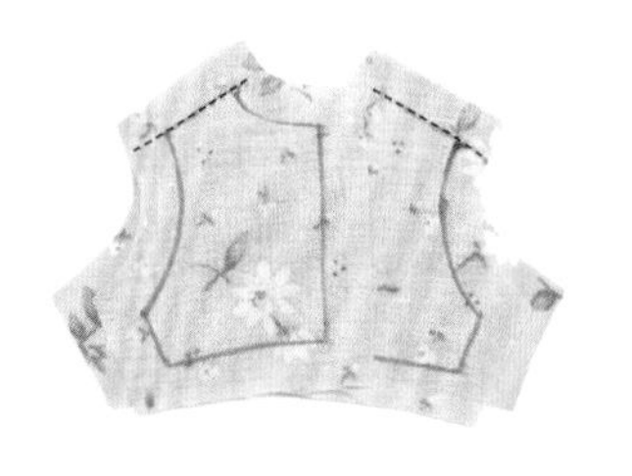

1 将前、后衣片的正面相对贴合，并缝合肩缝。

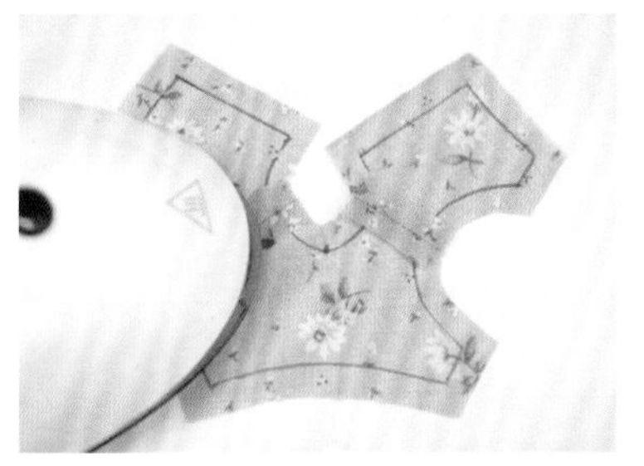

2 将缝份分开并烫平。

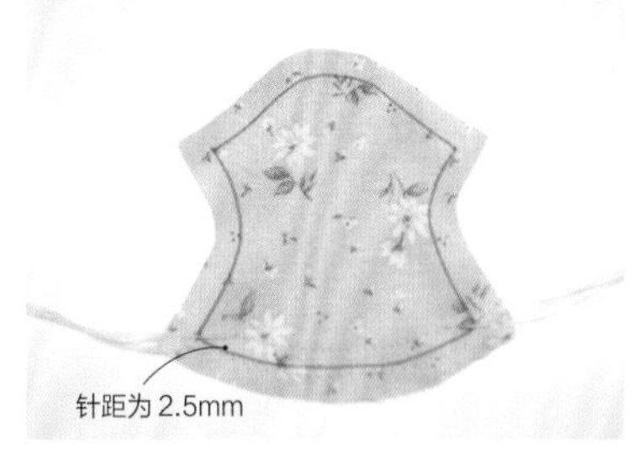

3 按纸样剪好袖片，在袖口边的缝合线上下两边分别缝一条线迹。

4 依据袖头的长度抽缩缝线做出碎褶，然后把袖头与袖口边正面贴合对齐并缝合。修剪缝份至3mm。

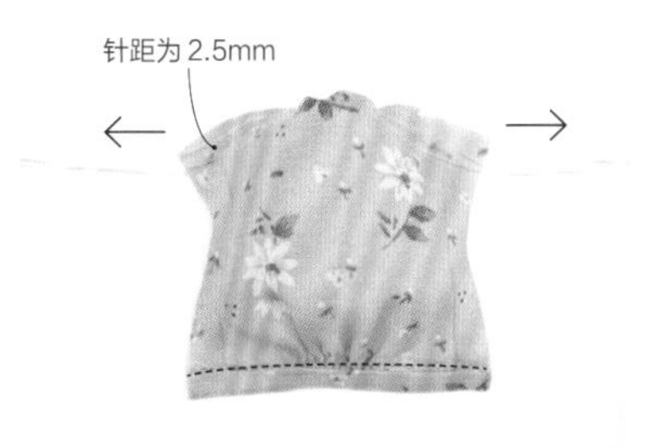

5 将袖头内折两次包住缝份，并在袖头上方缝合。在袖山的缝合线上下两边各缝一条线迹，并抽缩袖山做缩褶。

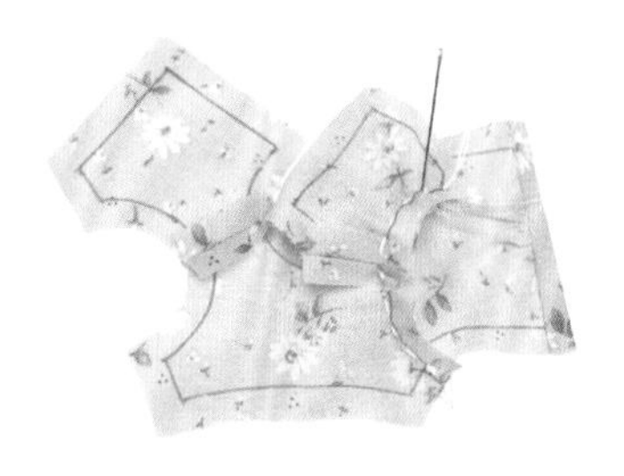

6 将上衣袖窿与袖山正面贴合对齐，用绷缝在缝合线内1~2mm处固定。

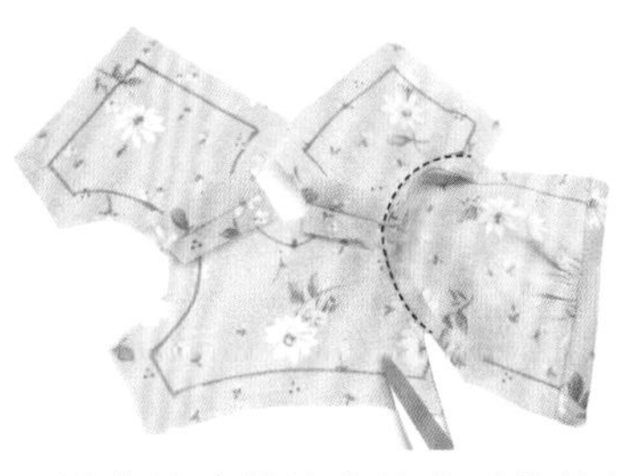

7 沿着缝合线缝合袖窿后将缩褶线及绷缝线拆除，修剪缝份至3mm，并涂上锁边液。另一侧袖子用相同方法缝制。

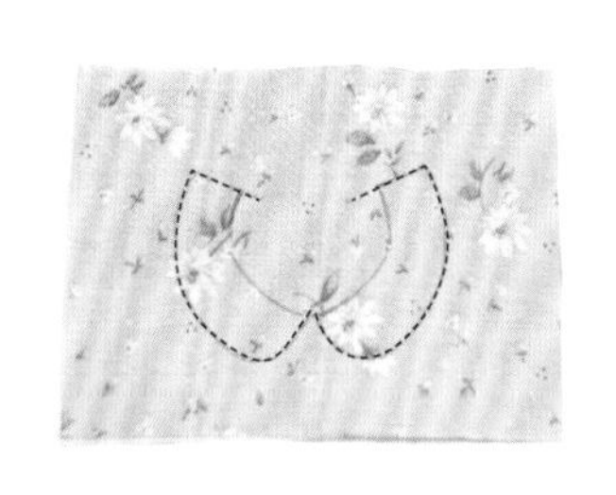

8 将领子按纸样裁剪出表、里布，然后将表、里布正面贴合对齐，并缝合领子边缘（照片中的虚线位置）。

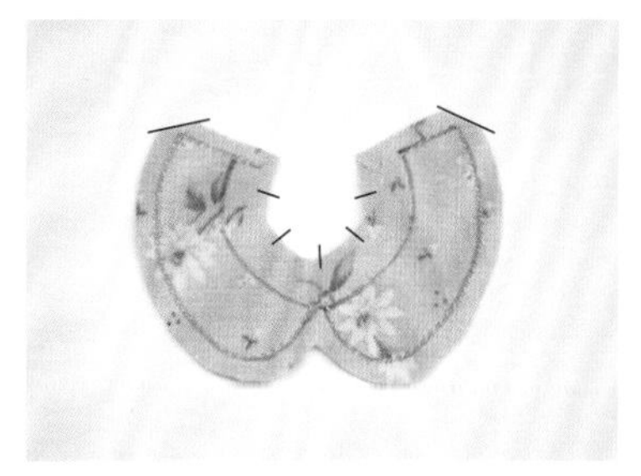

9 沿着领子缝份裁剪好后，将领口缝份打剪口，并将缝份边角以斜线剪切掉。

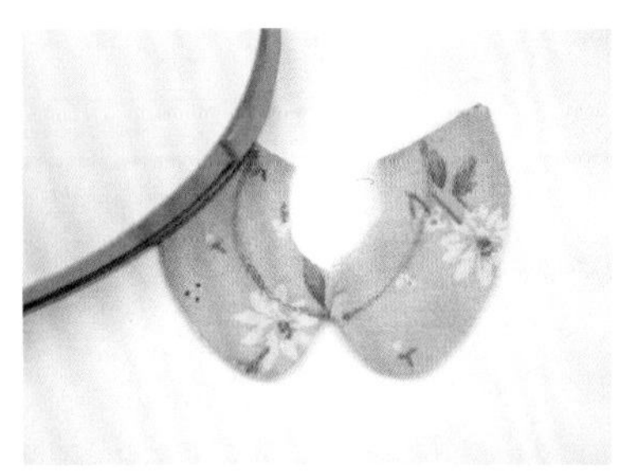

10 翻到正面烫平。

11 从正面沿着领子边缘缉明线（照片中的虚线部分）。

12 将上衣的正面与领子的领口边对齐并用绷缝固定领口。沿着缝合线缝合后将绷缝线拆掉。

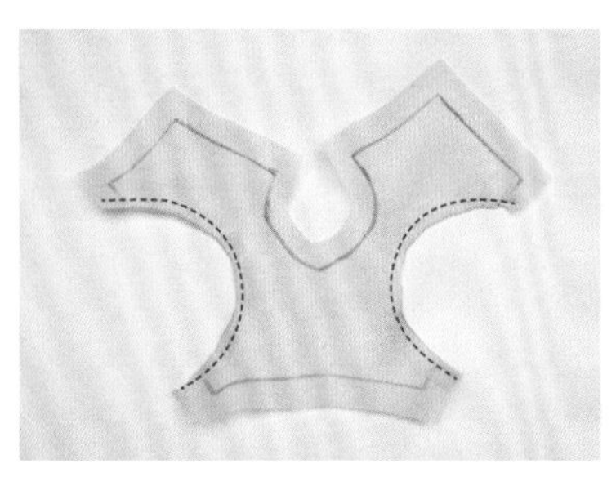

13 上衣里布按纸样剪好，袖窿缝份打剪口内折后缉缝。

14 将上衣表、里布正面贴合对齐，用珠针固定，然后将后门襟和领口缝合。在领口缝份上打剪口并将边角以斜线剪切掉。

诀窍 后门襟只缝到虚线所示的位置即可。

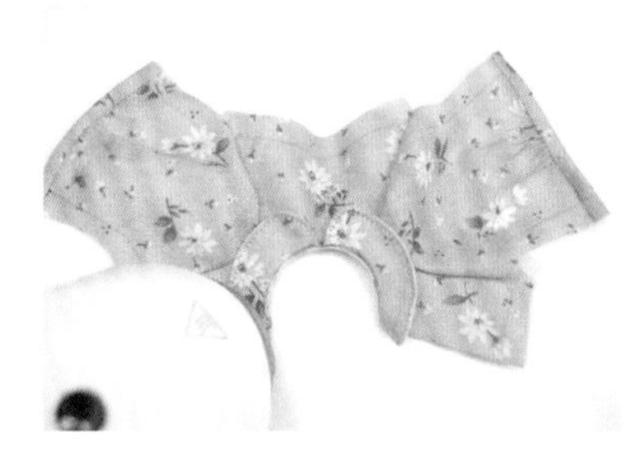

15 翻到正面烫平后稍作整理。

16 将里布的侧缝正面贴合对齐，用珠针固定后缝合。

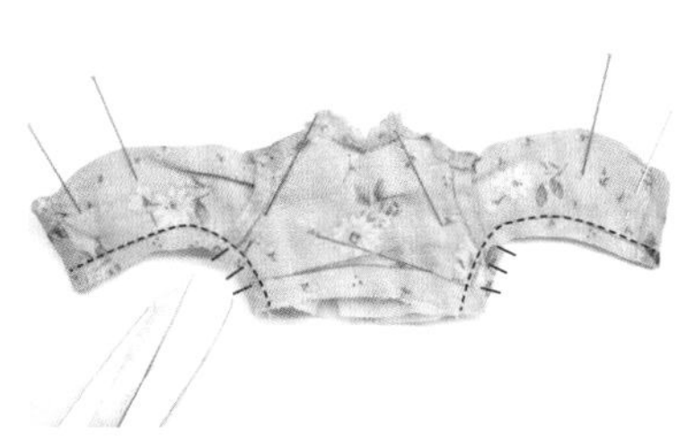

17 将上衣前、后片正面贴合对齐，用珠针固定后缝合侧缝。修剪缝份至3mm，涂上锁边液，然后在腋下缝份曲线位置上打剪口。

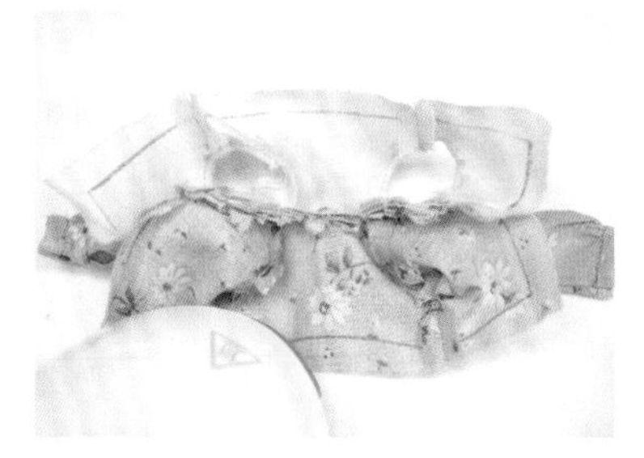

18 翻面后，将表、里布的侧缝缝份分开并烫平。

19 将裙底边缝份内折并烫平。

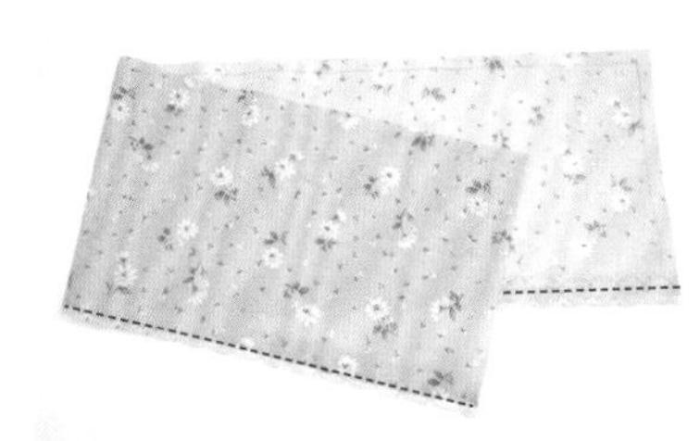

20 将蕾丝露出 2mm 缉缝到裙片底边上。

21 将裙片两侧的后中缝内折并缉缝。

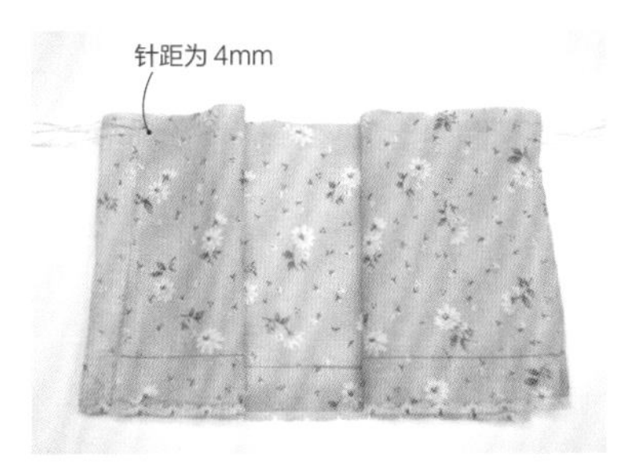

22 在裙片腰围的缝合线上下两边各缝一道线迹，然后在裙片下摆处画出缩褶线。

23 用打褶压脚沿裙片下摆缩褶线车缝做出碎褶，然后用普通压脚沿缩褶线再车缝一次固定。

诀窍 将上线张力调紧。

24 根据上衣腰围长度抽缩皱褶。

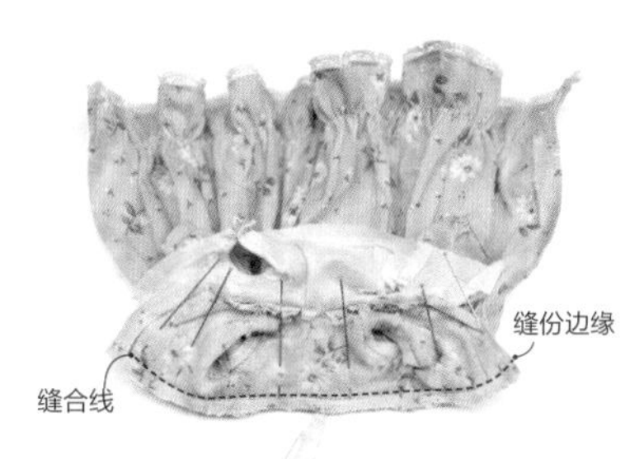

25 接着将上衣和裙片的腰围正面贴合对齐，用珠针固定后缝合。如照片所示这时裙片的左后中缝要对齐上衣后门襟的缝合线，右后中缝要对齐上衣后门襟的缝份边缘。缝份修剪至 3mm。

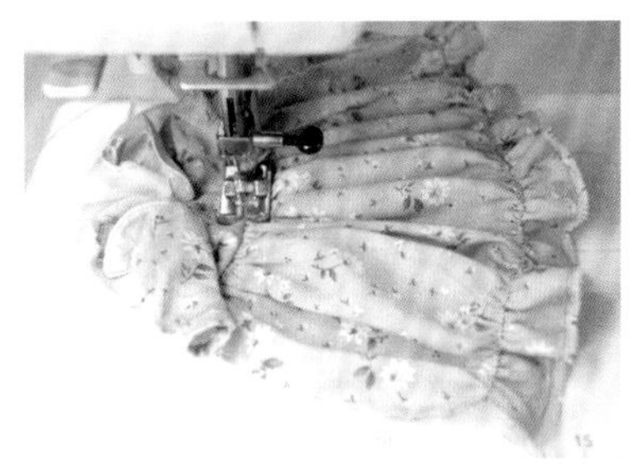

26 将缝份倒向上衣方向并烫平，然后从衣片正面沿腰缝缉缝，接着将裙片腰围的缩褶线拆除。

27 将上衣表、里布的后门襟缝份、里布底边缝份折好并用珠针固定，表、里布两侧缝份用对接（藏针）缝、底边用缭缝收尾。

28 将里布和表布的袖窿正面贴合对齐，用缭缝缝合。

29 将上衣的后门襟缝份缉缝。

30 将裙片后中缝正面贴合对齐，用珠针固定后缝合。

31 在上衣的后门襟位置钉缝按扣，整件连衣裙即完成。

Dress 10

欧式田园风背心裙

这款背心裙同连衣裙搭配，更能展示出浪漫的田园风。
尝试不同的颜色，可以做出不同的感觉。

原尺寸纸样：P225

· S码

面料：60支棉布

网纱：6cm×6cm 3块

装饰用珠珠：2粒

门襟珠扣（2.5mm）：2粒

· M码

面料：60支棉布

网纱：8cm×8cm 3块

装饰用珠珠：2粒

门襟珠扣（2.5mm）：2粒

1 按照纸样裁剪好各部件，将裙片侧缝、裙底边、上衣后门襟缝份涂好锁边液。

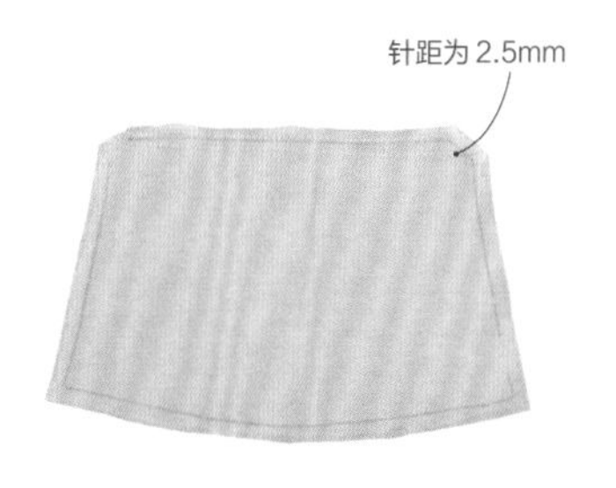

2 在前裙片的上边缘缝合线的上下两边分别缝一条线迹。

3 根据上衣胸围长度抽缩缝线做出碎褶。

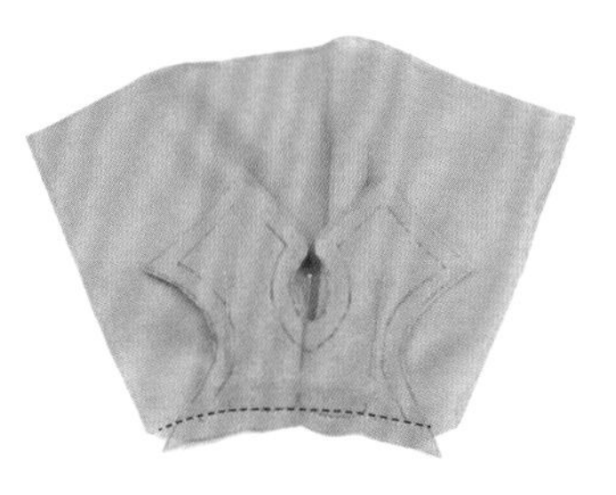

4 将前裙片与上衣前片正面贴合对齐，用珠针固定后缝合。

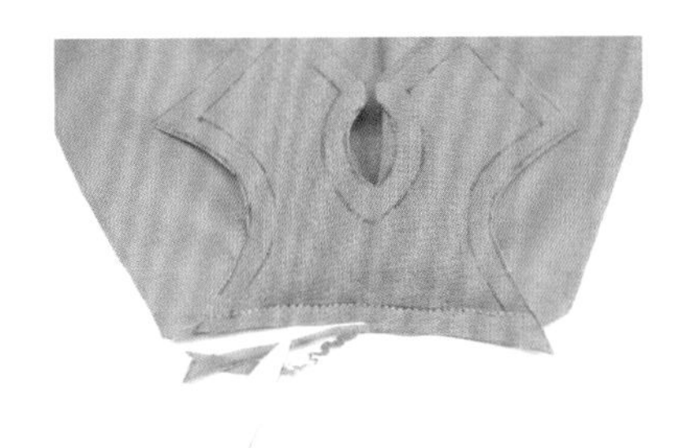

5 修剪缝份至 3mm，涂上锁边液并拆除缩褶线。

6 将缝份倒向上衣片，然后从衣片正面沿胸围缝合线缉缝。

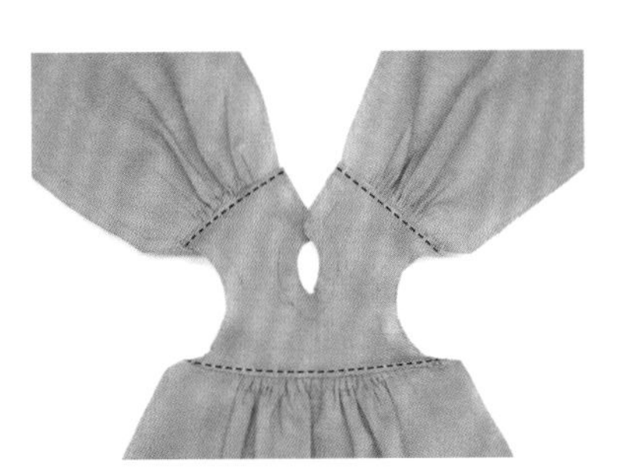

7 后裙片以相同方法缝制。

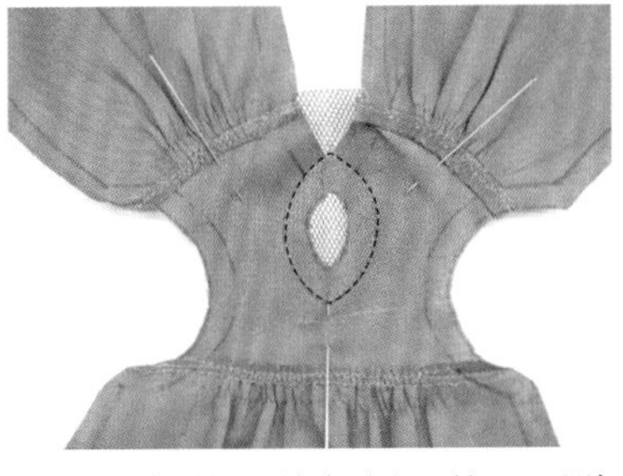

8 将剪好的网纱与领口的正面贴合，用珠针固定后沿领口缝合线缉缝。

9 沿领口将网纱裁剪好，给上衣的领口缝份打剪口。

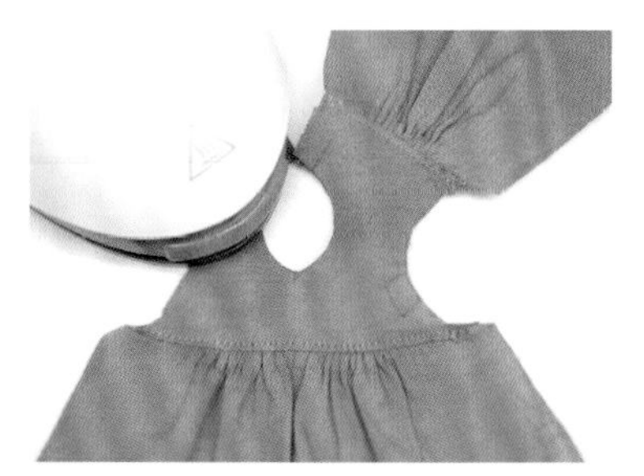

10 将缝份内折并烫平。

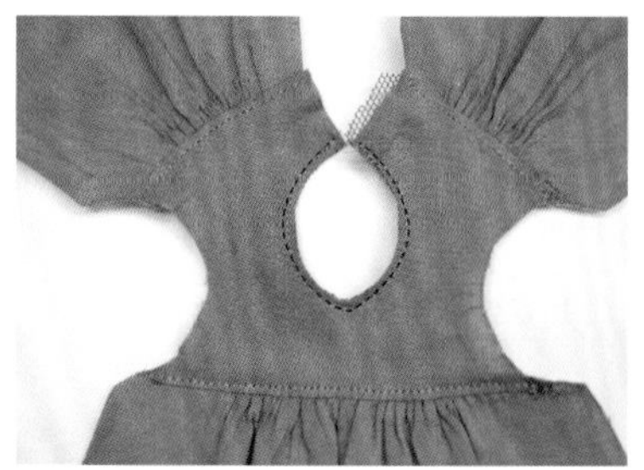

11 从上衣的正面沿领口缉缝。

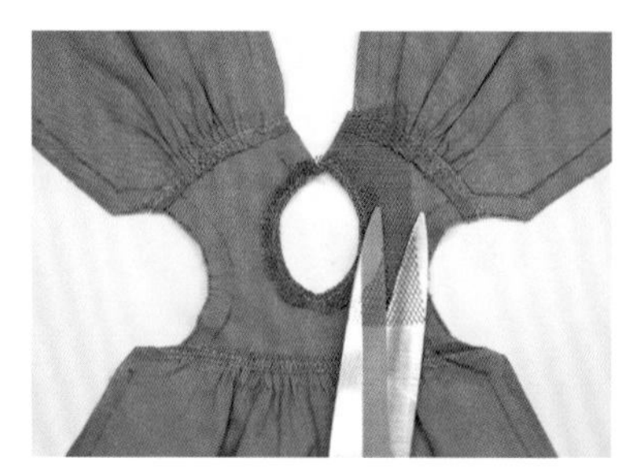

12 将网纱和领口缝份修剪至3mm。

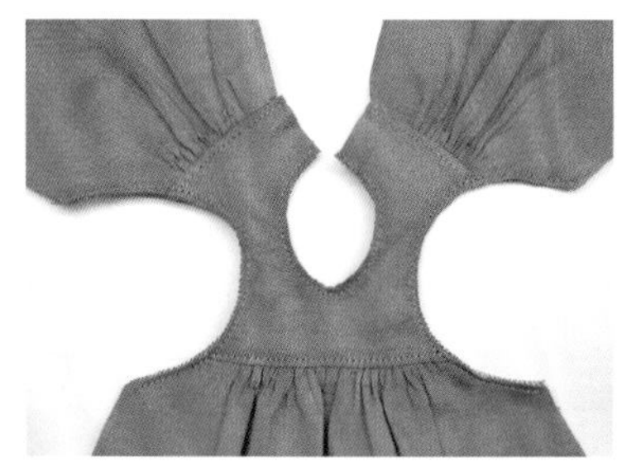

13 将剪好的网纱分别与两侧袖窿正面贴合，用与领口相同的方法缝制。

14 将上衣和裙片的后中缝缝份内折并直线缉缝。

15 将前、后裙片正面贴合对齐后缝合两边侧缝。

16 将侧缝缝份分开并烫平。裙片底边缝份向内折并烫平。

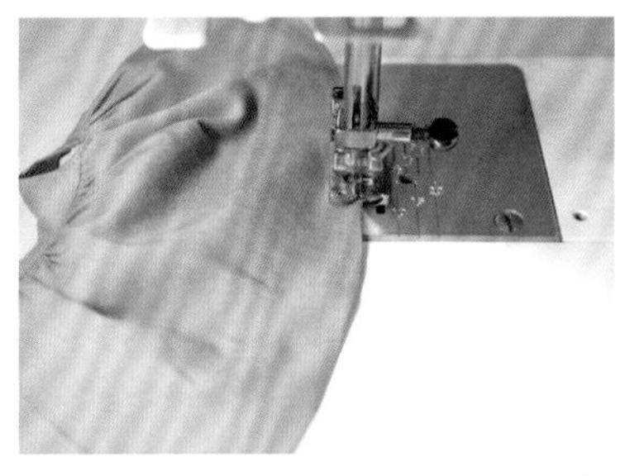

17 从正面在裙片底边缝份上缉明线。

18 在上衣前片的中心位置采用珠珠或蝴蝶结作为装饰。

19 在上衣后门襟上钉缝珠扣和线襻，整件背心裙即完成。

Dress 11-1

洛可可式连衣裙
（连衣裙）

在华丽精致的洛可可式连衣裙上拼接棉布，既有古朴的感觉，又可展现出洛可可风格的独有魅力。如果想要更华丽细腻，也可以用更薄一些的缎面面料来制作。

原尺寸纸样：P227

·S码

面料：60支棉布、80支棉布（里布）、40支平纹布（前门襟表布）、网纱（前门襟里布）

领口蕾丝（宽0.8~1 cm）：22cm

袖口蕾丝（宽2cm）：13cm 2条

绣线（DMC）：分成股使用

装饰用极小珠珠：适量

门襟珠扣（2.5mm）：4粒

·M码

面料：60支棉布、80支棉布（里布）、40支平纹布（前门襟表布）、网纱（前门襟里布）

领口蕾丝（宽0.8~1 cm）：25cm

袖口蕾丝（宽2cm）：15cm 2条

绣线（DMC）：分成股使用

装饰用极小珠珠：适量

门襟珠扣（2.5mm）：4粒

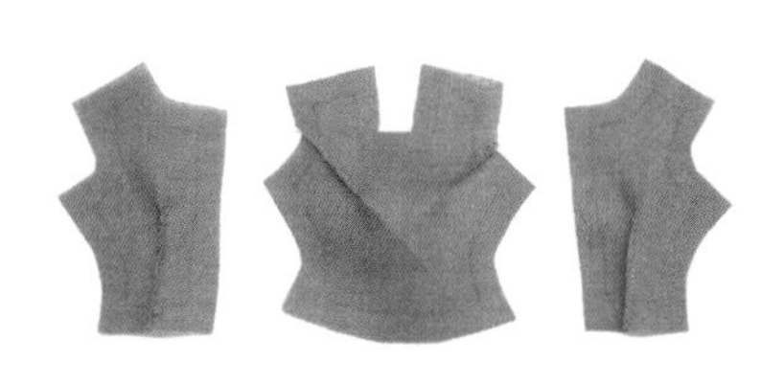

1 将前、后衣片按纸样裁剪好后，把前、后衣片的袖窿省和腰省分别折好并缝合。

2 将前、后衣片正面贴合对齐并缝合肩缝。

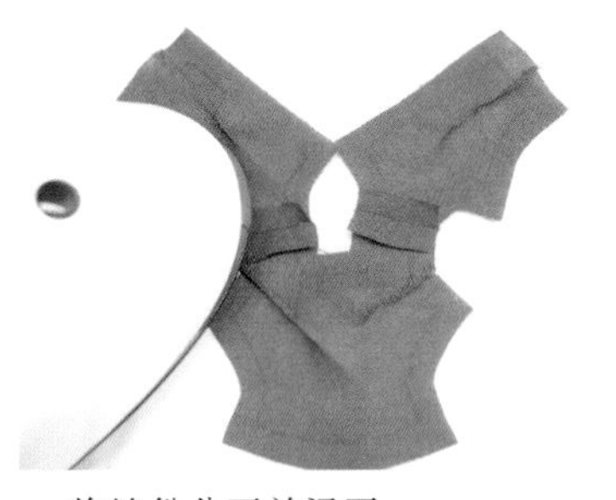

3 将缝份分开并烫平。

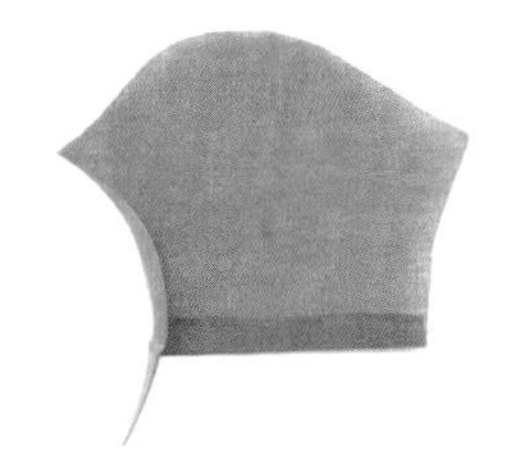

4 将袖片按纸样裁剪好。袖口边涂上锁边液，然后将缝份外折并烫平。

5 缝合缝份。

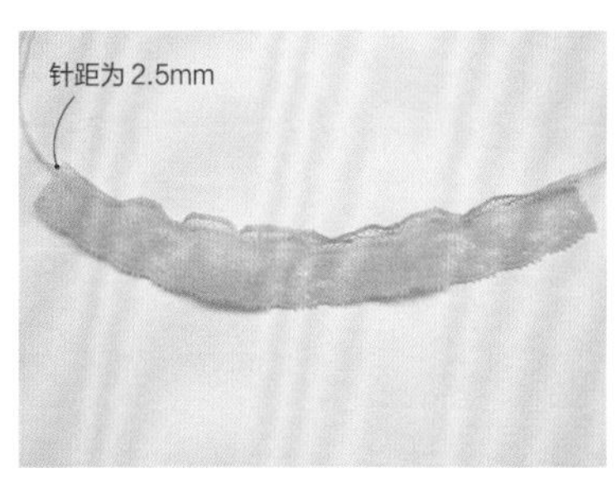

6 在袖口蕾丝的边缘平针缝两条线迹。

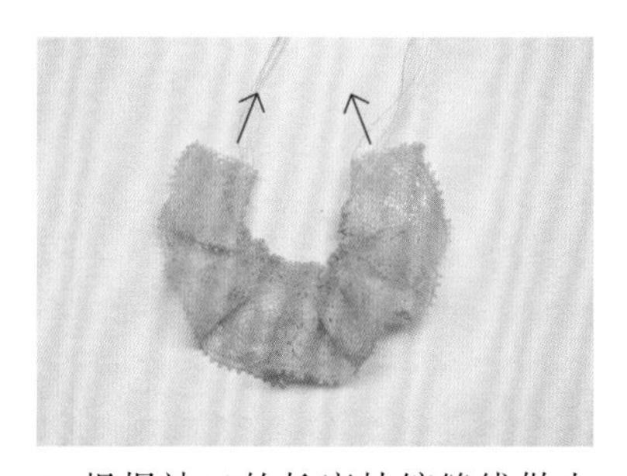

7 根据袖口的长度抽缩缝线做出碎褶。

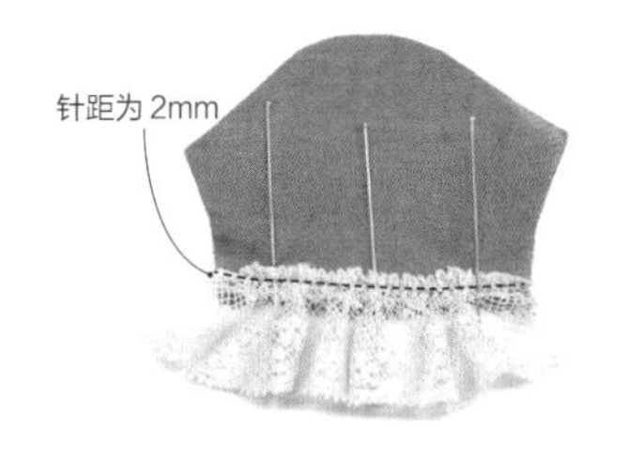

8 将蕾丝贴合在袖口边正面，用珠针固定后缝合，然后拆除蕾丝上的缩褶线。

诀窍 如果针距太密，蕾丝容易破损，需多加注意。

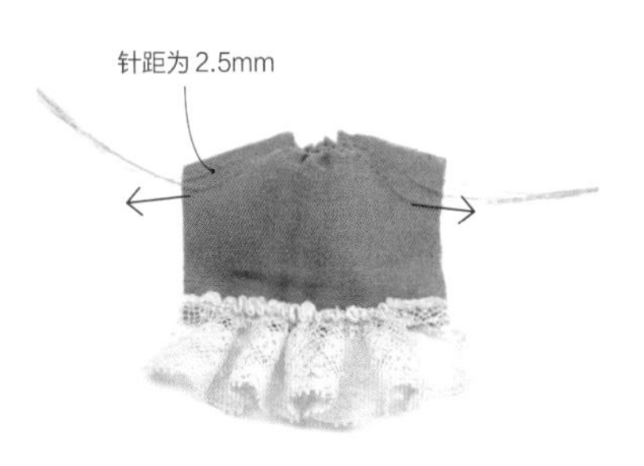

9 在袖山的缝合线上下两边各平针缝一条线迹，抽缩缝线做出袖山碎褶。

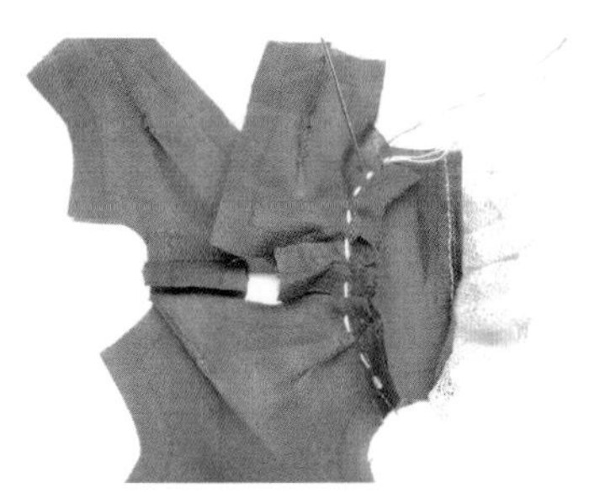

10 将上衣袖窿与袖山正面贴合对齐，沿缝合线向内1mm处用绷缝固定。

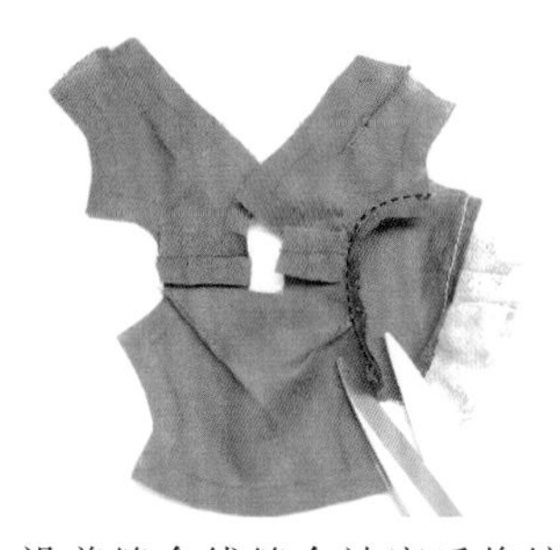

11 沿着缝合线缝合袖窿后将缩褶线及绷缝线拆除，修剪缝份至3mm，并涂上锁边液。另一侧袖子采用相同方法缝制。

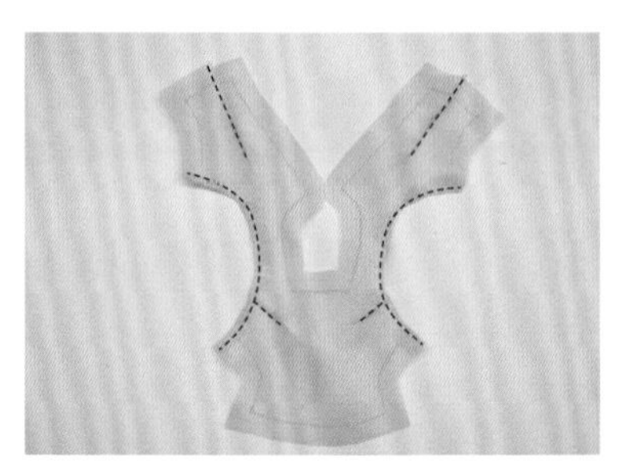

12 上衣里布按纸样裁剪好，将前、后衣片的袖窿省和腰省折好并缝合。在袖窿缝份上打剪口并内折后缝合。

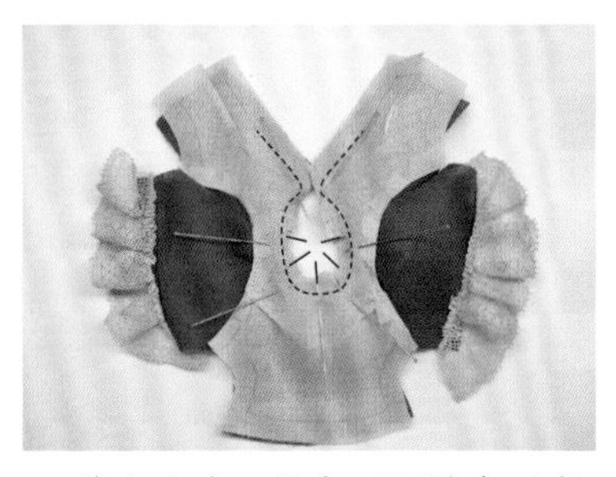

13 将上衣表、里布正面贴合对齐，用珠针固定，将后门襟和领口缝合。在领口缝份上打剪口。

诀窍 后门襟缝到虚线所示位置即可。

14 翻到正面，烫平后稍作整理。

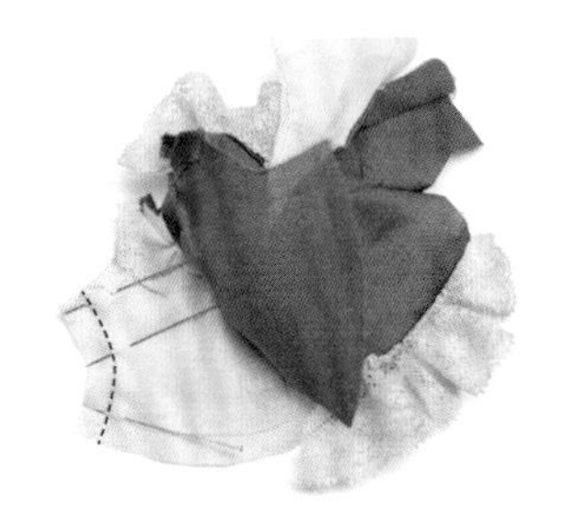

15 将里布的侧缝正面贴合对齐，用珠针固定后缝合。

16 将上衣前、后片正面贴合对齐，用珠针固定后缝合侧缝。修剪缝份至3mm，涂上锁边液，并在腋下曲线缝份上打剪口。

17 翻面后，将表、里布的侧缝缝份分开并烫平。

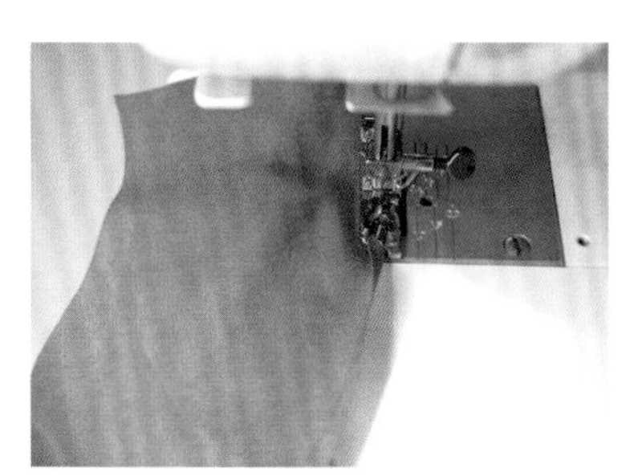

18 左、右裙片按纸样裁剪好后，将裙底边进行卷边缝。

19 将裙片中心线缝份和后中缝缝份内折并缉缝。

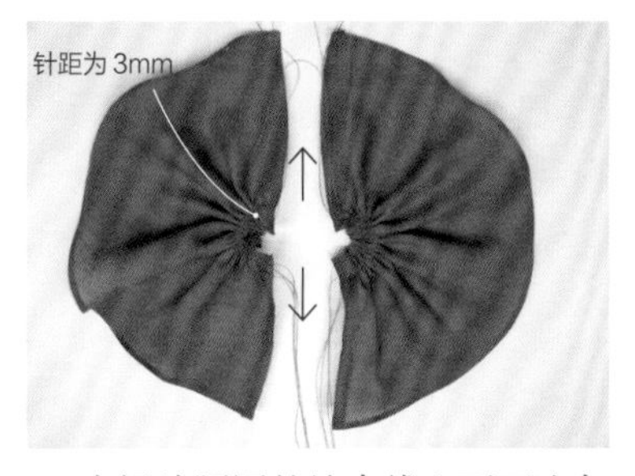

20 在裙片腰围的缝合线上下两边各缝一道线迹，根据上衣腰围长度抽缩出碎褶。

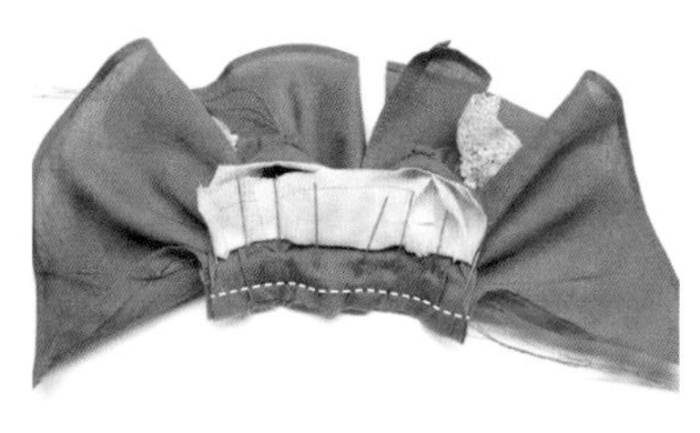

21 接着将上衣和裙片的腰围正面贴合对齐，用珠针固定后缝合，然后拆除缩褶线。这时裙片的后中缝要与缝份两端对齐。

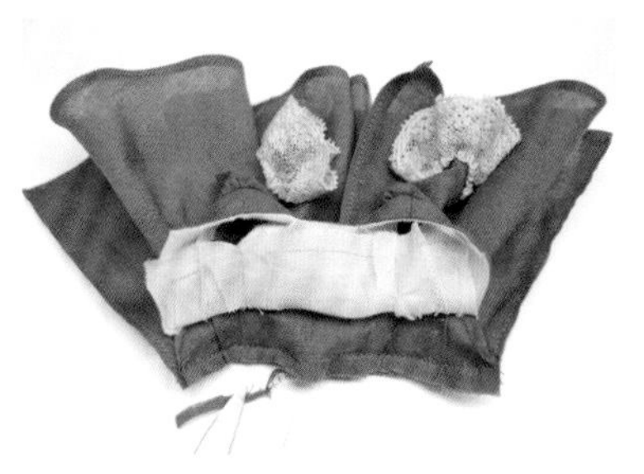

22 将缝份修剪至 3mm。

23 将缝份倒向上衣方向并烫平，然后从上衣的正面沿腰缝缉缝。

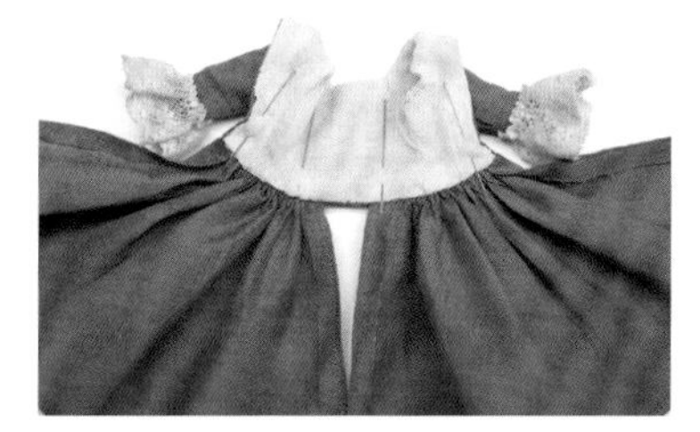

24 将上衣表、里布的后门襟缝份、腰围缝份折好后用珠针固定，表、里布侧缝用对接（藏针）缝、腰围用缭缝收尾。

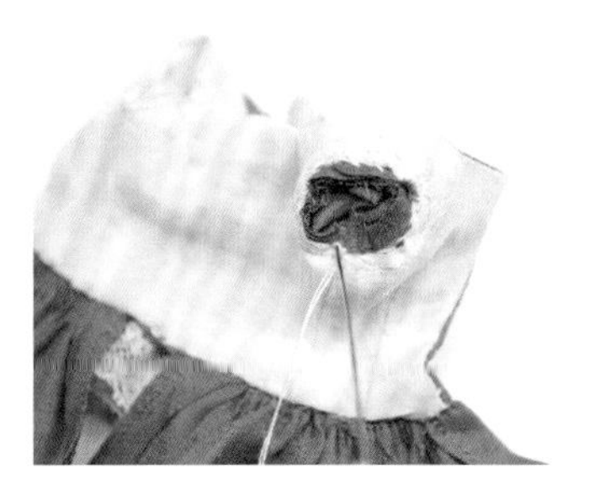

25 将里布与表布的袖窿正面贴合对齐，用缭缝缝合。

诀窍 请注意不要在表布正面露出线迹。

26 准备适合做前门襟的花面料，并裁剪好表、里布。

诀窍 也可以用刺绣作为装饰。

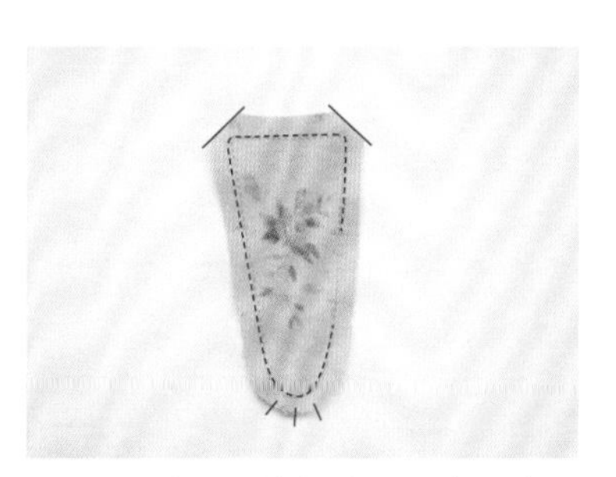

27 按纸样画出前门襟片，将网纱贴合在花面料的正面，再将除开口处以外的边缘缝合。将缝份边角剪掉，并在曲线部位打剪口。

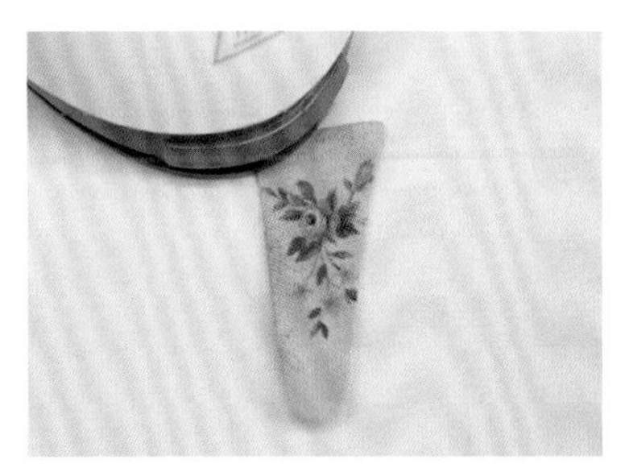

28 从开口处翻出正面后熨烫。

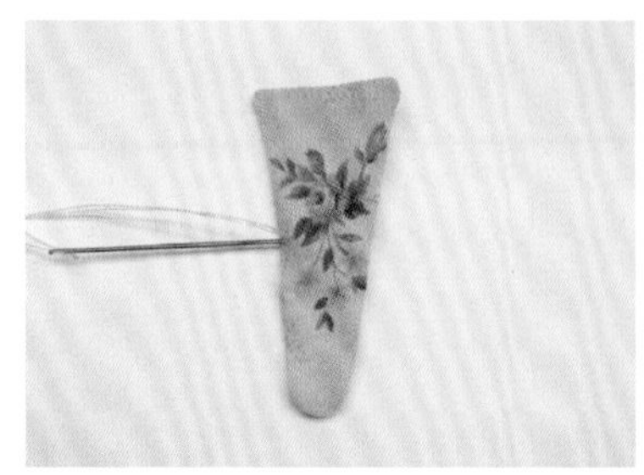

29 用对接（藏针）缝缝合开口。

30 将前门襟与上衣前片中心位置贴合对齐，用珠针固定后缝合。

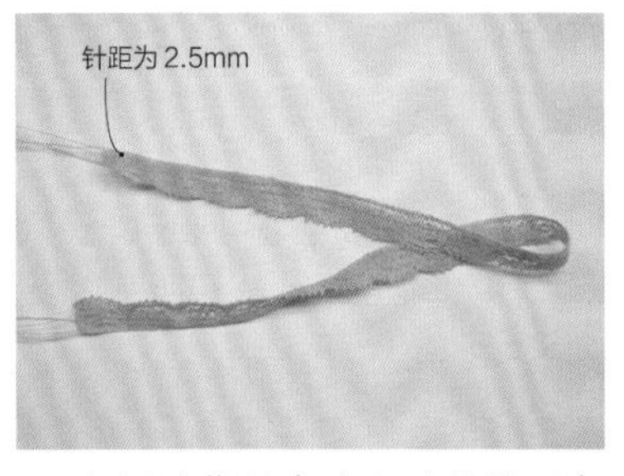

31 在领子蕾丝直边上平针缝两条线迹。

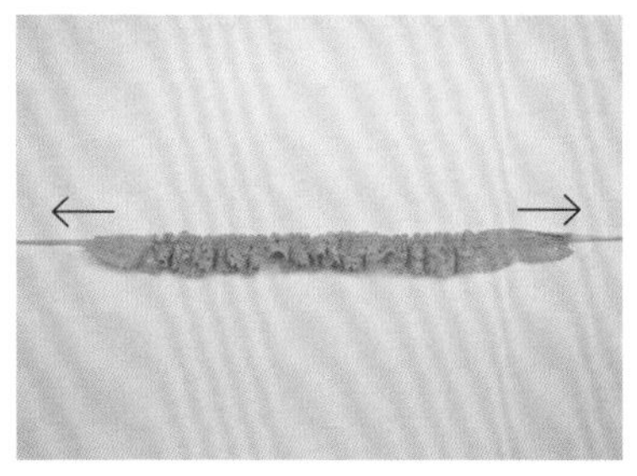

32 根据领口长度抽缩缝线做出碎褶。

33 将蕾丝与领口贴合固定并缝合。

诀窍 请注意不要在蕾丝的正面露出线迹。

34 将上衣后门襟缝份缉缝。

35 沿裙片中心线绣羽毛绣。

36 将小珠珠钉缝在前门襟上作为装饰。

37 将裙片后中缝正面对齐，用珠针固定后缝合。

38 在上衣的后门襟位置钉缝珠扣和线襻，整件连衣裙即完成。

Dress 11-2

洛可可式连衣裙（衬裙、衬裤）

衬裙

·S码

面料：80支棉布

中段蕾丝（宽0.8~1 cm）：39cm

裙底边蕾丝（宽1~1.5 cm）：39cm 2条

松紧带（宽2mm）：20~25cm

·M码

面料：80支棉布

中段蕾丝（宽0.8~1 cm）：41cm

裙底边蕾丝（宽1~1.5 cm）：41cm 2条

松紧带（宽2mm）：20~25cm

衬裤

·S码

面料：80支棉布

裤腿蕾丝（宽0.8~1 cm）：11cm 2条

裤脚口蕾丝（宽1~1.5 cm）：10cm 2条

松紧带（宽2mm）：20~25cm1条、10cm2条

·M码

面料：80支棉布

裤腿蕾丝（宽0.8~1 cm）：12cm 2条

裤脚口蕾丝（宽1~1.5 cm）：11cm 2条

松紧带（宽2mm）：20~25cm1条、10cm2条

1 将裙片各段按纸样裁剪好并涂上锁边液。

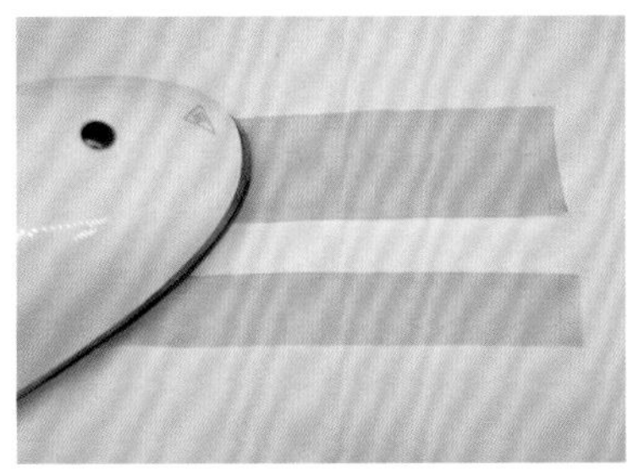

2 将裙片中段的下边缘和裙片下段的上边缘缝份向内折并烫平。

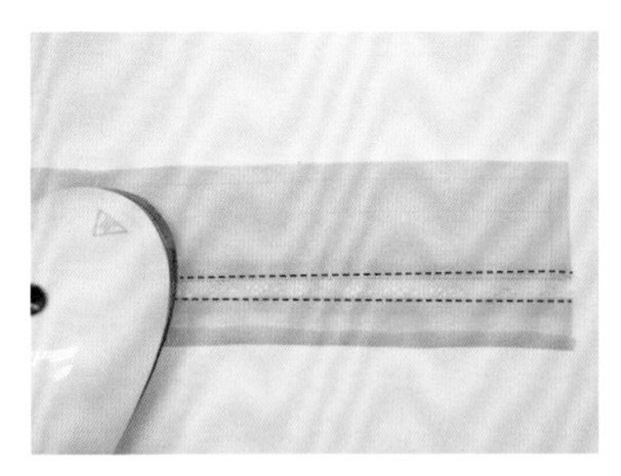

3 在烫平的缝份之间缝上蕾丝，并将蕾丝露出 5mm 左右。将裙底边缝份外折并烫平。

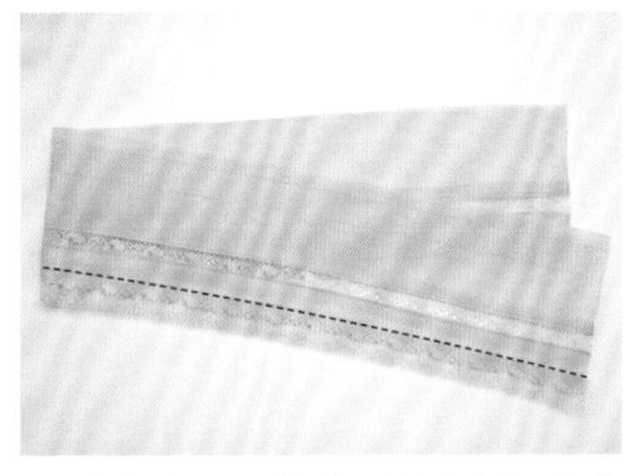

4 将宽约 1cm 的蕾丝缝合在裙底边的缝份上。

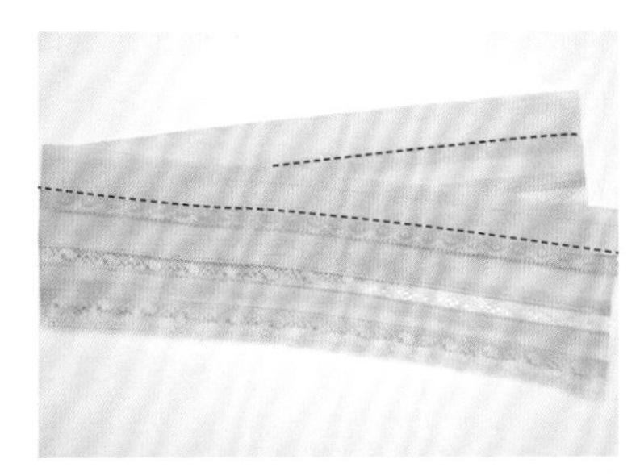

5 将中段蕾丝对齐蕾丝标示线缝合。

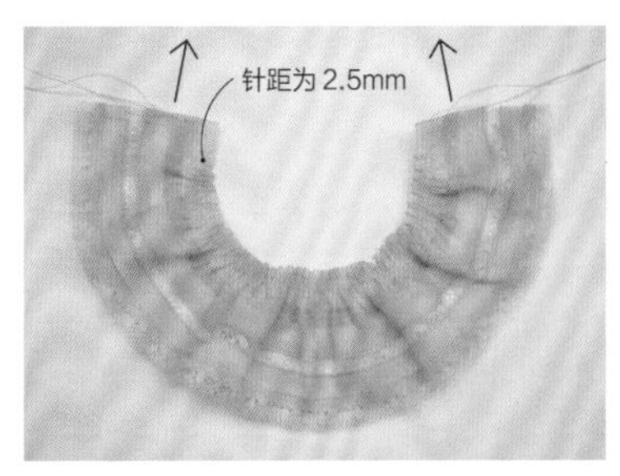

6 在裙片中段的上边缘缝合线上下两边各平针缝一道线迹。根据裙片上段长度抽缩出碎褶。

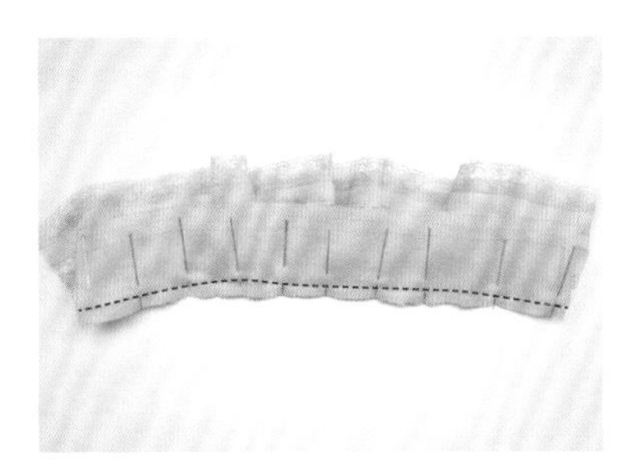

7 将裙片上段与裙片中段正面贴合对齐，用珠针固定后缝合。

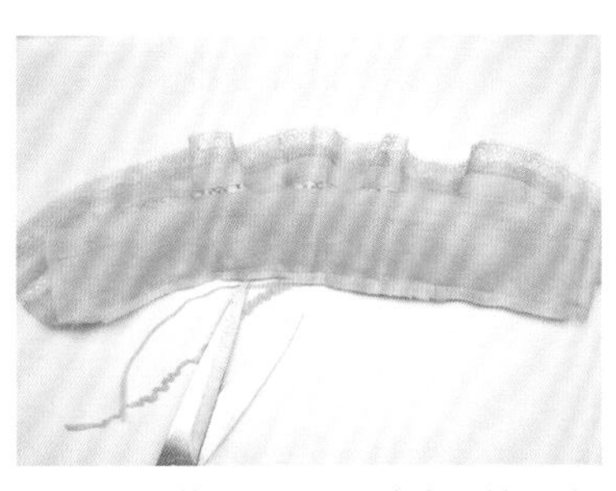

8 将缝份修剪至 3mm 并涂上锁边液。

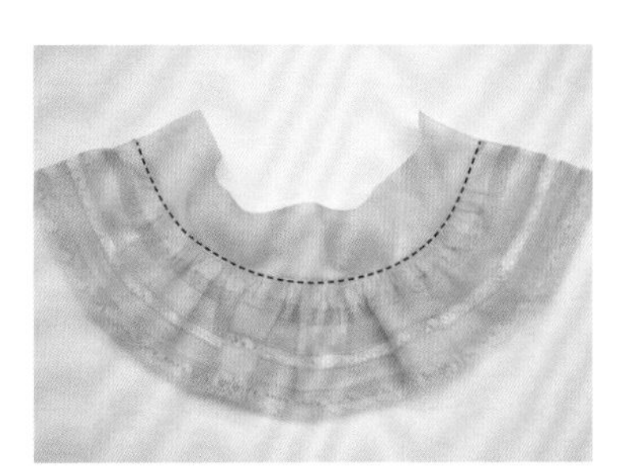

9 将缝份向上倒，然后从裙片上段的正面缉明线。

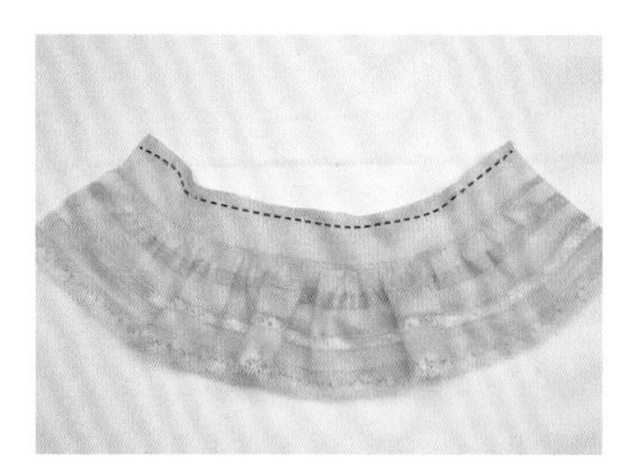

10 沿着虚线折好腰围缝份，烫平后沿缝合线缉缝。

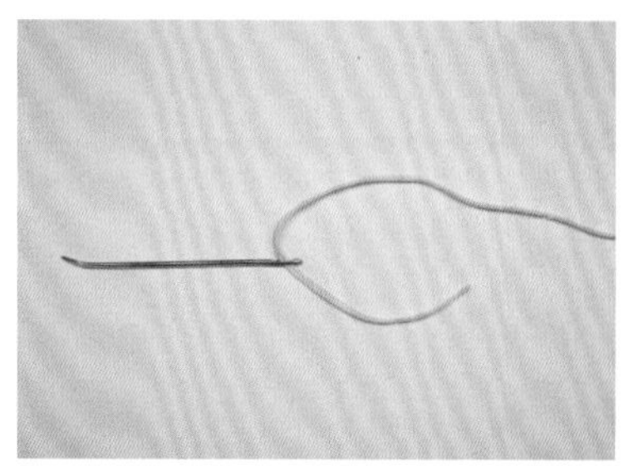

11 将松紧带穿入穿带器或毛线缝针备用。

诀窍 松紧带要预留出足够长度。

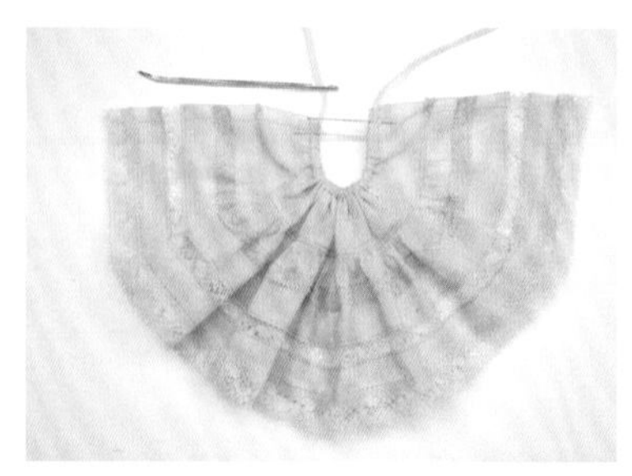

12 将松紧带穿入抽带管，然后将腰围做成6cm（M码7cm）的松紧腰褶，此长度为净长不包含缝份，并用珠针固定。

13 将衬裙的后中缝正面贴合对齐，用珠针固定后缝合。将多余的松紧带剪掉，并用打火机燎边固定，确保边缘不会散开。

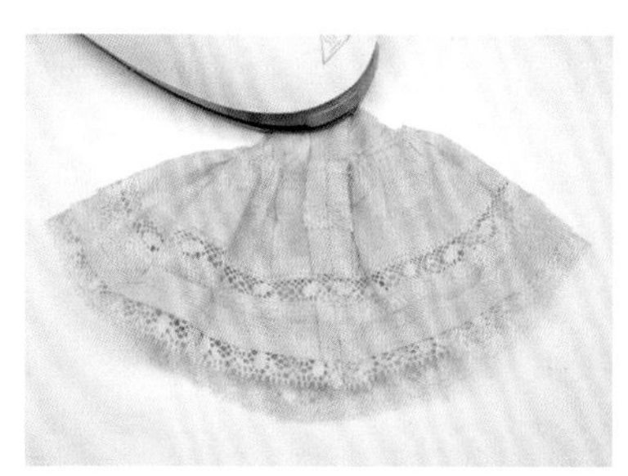

14 将后中缝缝份分开并烫平。

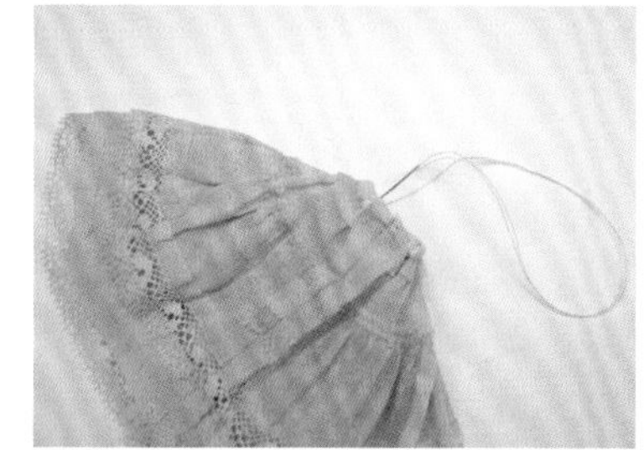

15 将腰部后中缝缝份倒向两边并用卷边缝缝合。

16 翻面后，用喷雾器喷水2~3次，再用手抓住裙子上下两端用力拧干，做出自然的皱褶。

1 在裁剪成 25cm × 15cm 的面料下方三分之一处，画出 3 条间距为 7mm 的塔克线。

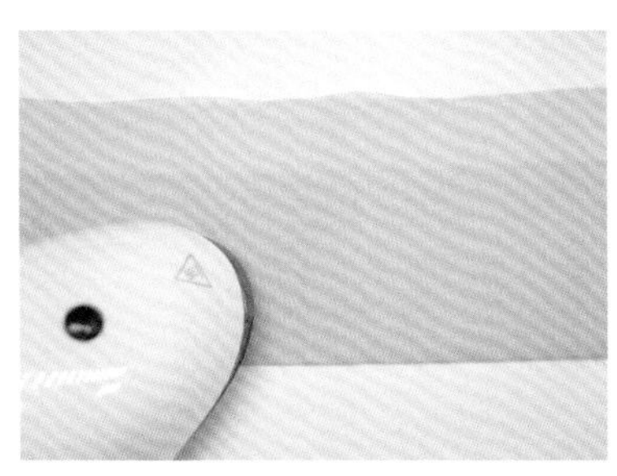

2 沿最上方的塔克线向反面翻折并熨烫。

3 在折叠位置向内 1mm 处缉缝。

4 将折起来的面料打开，将缉缝好的塔克褶向上折并烫平。以相同方法制作出 3 条塔克褶。

5 重新将塔克褶向下折并烫平。

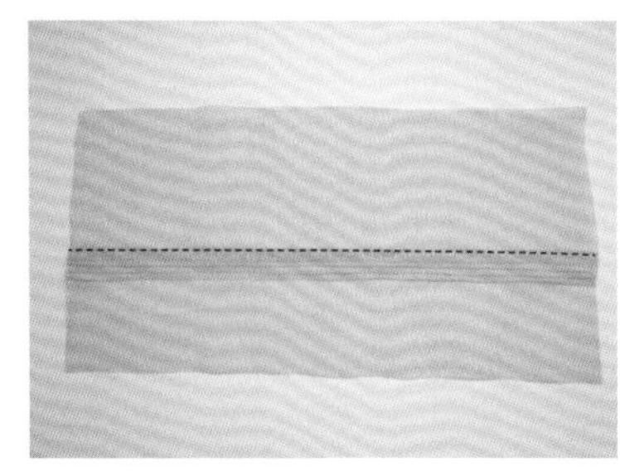

6 将裤腿蕾丝贴合在塔克褶上方并缝合。

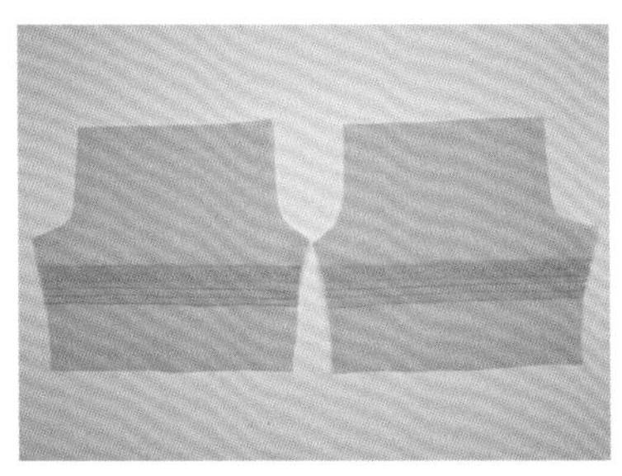

7 对齐塔克褶和蕾丝位置并按衬裤纸样裁剪，然后将缝份涂上锁边液。

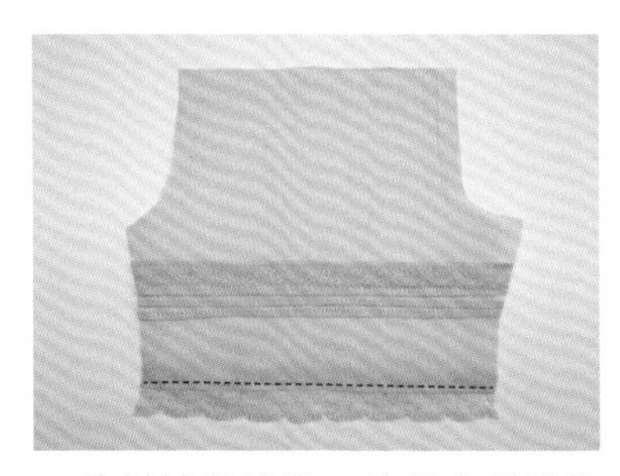

8 将衬裤的裤脚口缝份内折并烫平，然后将蕾丝缝合到裤脚口上，蕾丝露出 5mm 左右的长度即可。

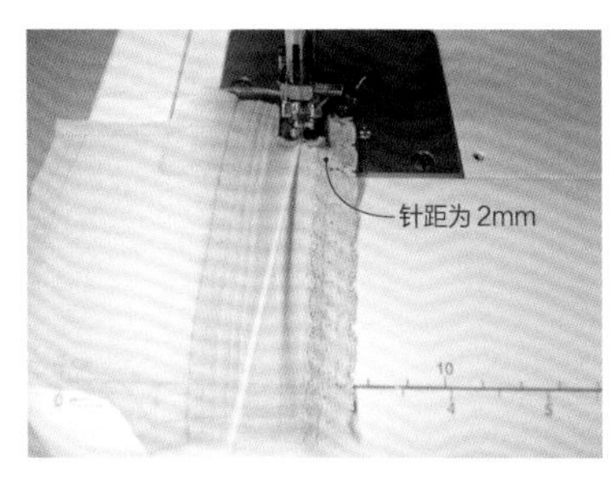

9 将 10cm 的松紧带车缝到裤片标示位置，倒回车 1~2 针固定后，边拉紧边缝合。

诀窍 将缝纫机的上、下线往缝纫机后面拉，再进行缝合。

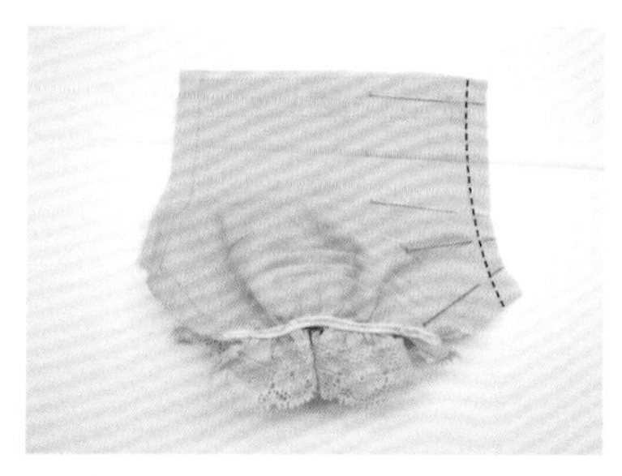

10 将衬裤的前裆正面贴合对齐，用珠针固定后缝合。

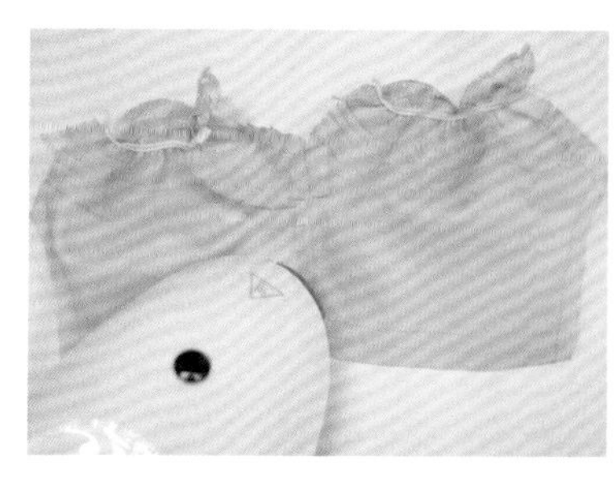

11 在前裆曲线部位的缝份上打剪口，将缝份分开并烫平。

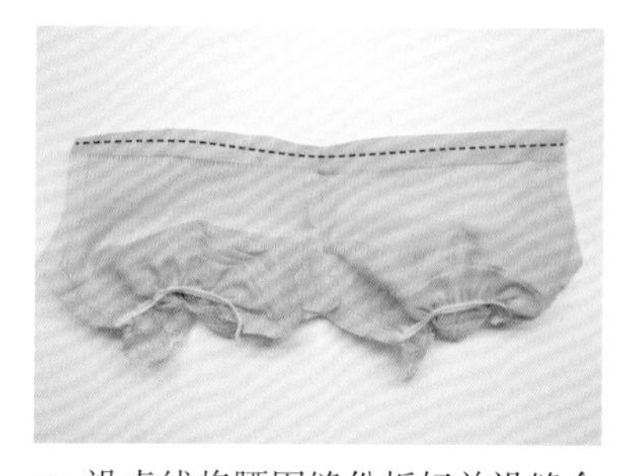

12 沿虚线将腰围缝份折好并沿缝合线缝合。

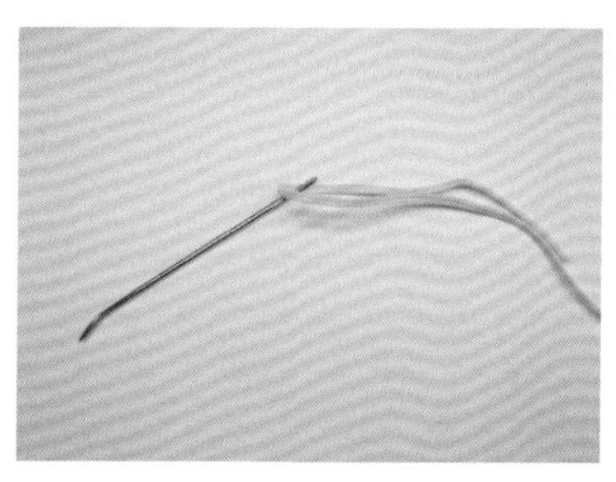

13 将20~25cm的松紧带穿入穿带器或毛线缝针备用。

14 将松紧带穿入抽带管，然后将腰围做成6cm（M码7cm）的松紧腰褶，此长度为净长不包含缝份，并用珠针固定。

15 将衬裤的后裆正面贴合对齐，用珠针固定后缝合。将多余的松紧带剪掉，并用打火机燎边固定，确保边缘不会散开。

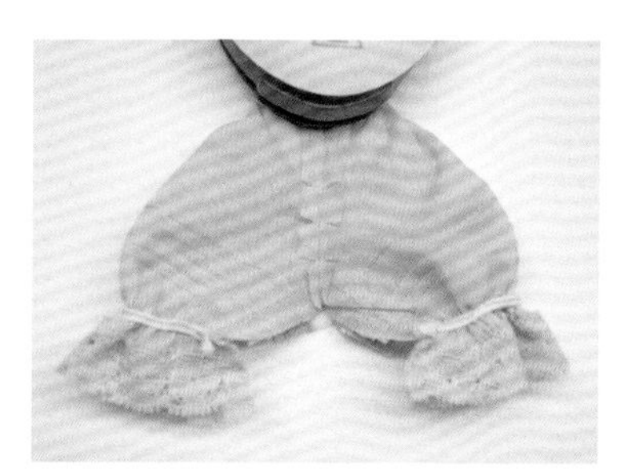

16 在后裆曲线部位的缝份上打剪口，然后将缝份分开并烫平。

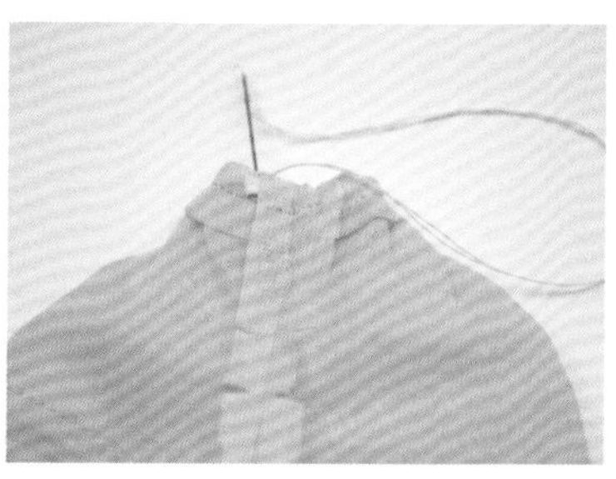

17 将腰部的后裆缝份向两边分开并用卷边缝缝合。

18 将衬裤的前、后片正面贴合对齐，用珠针固定后缝合下裆线。

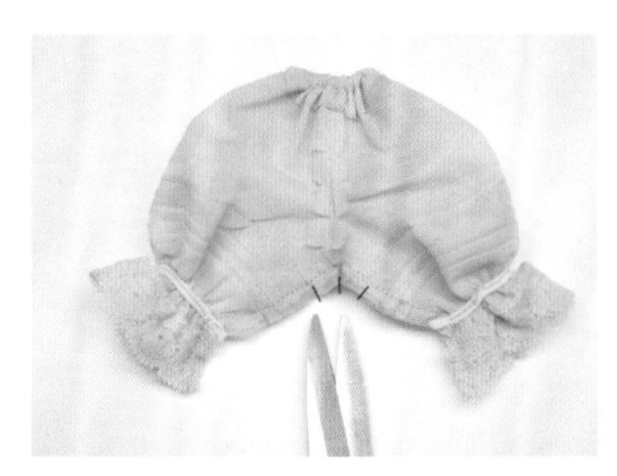

19 将缝份修剪至3mm并涂上锁边液。在下裆曲线部位的缝份上打剪口，将衬裤翻至正面就完成了。

Dress 12

无袖上衣

具有活力女孩魅力的可爱服装，很好地展现出了活泼感。
如果加长下摆荷叶边的长度，就可以变成连衣裙来穿了。

原尺寸纸样：P235

·S码

面料：亚麻混纺
网纱：6cm×6cm 3块
按扣（5mm）：2对
装饰用纽扣（4mm）：3粒

·M码

面料：亚麻混纺
网纱：6cm×6cm 3块
按扣（5mm）：2对
装饰用纽扣（4mm）：3粒

1 按纸样裁剪好各部件后，将领口和袖窿以外的缝份涂上锁边液。

2 将上衣前、后片正面贴合对齐并缝合肩缝。

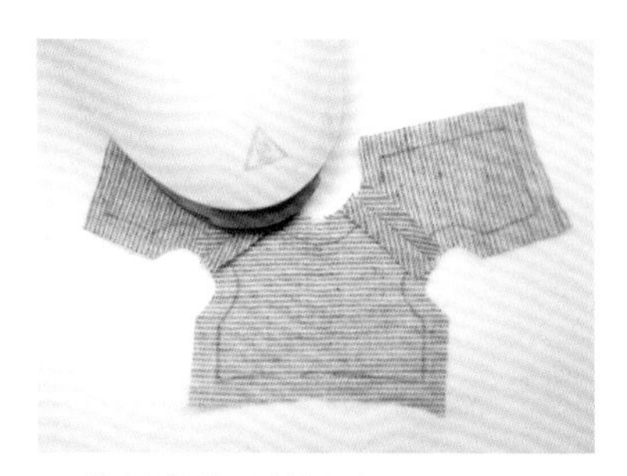

3 将缝份分开并烫平。

4 将剪好的网纱与衣片领口的正面贴合并缉缝。

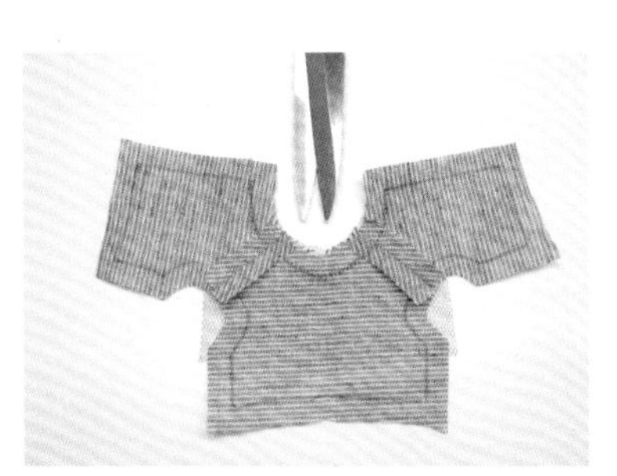

5 沿领口将网纱裁剪好，在领口缝份上打剪口。

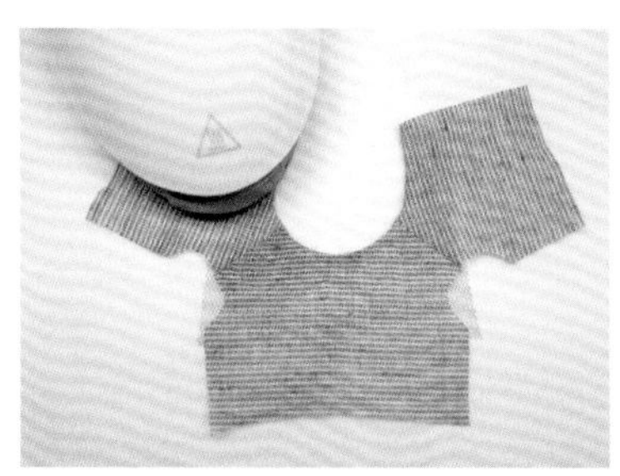

6 将缝份向内折并烫平。

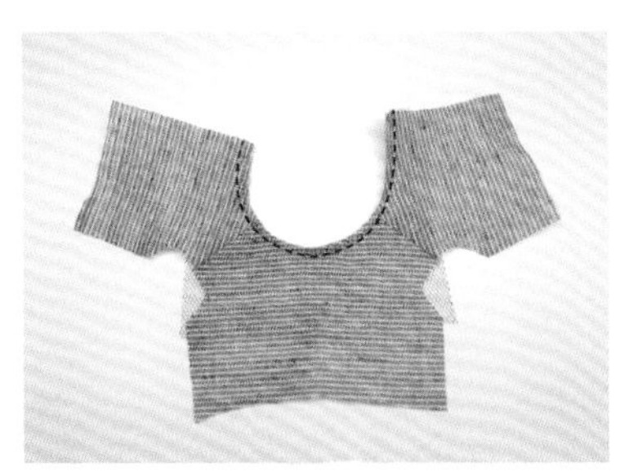

7 沿着领口缉缝。

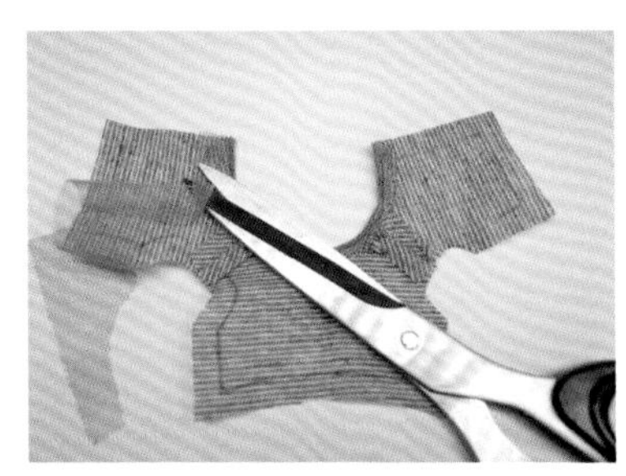

8 将网纱和领口缝份修剪至 3mm。

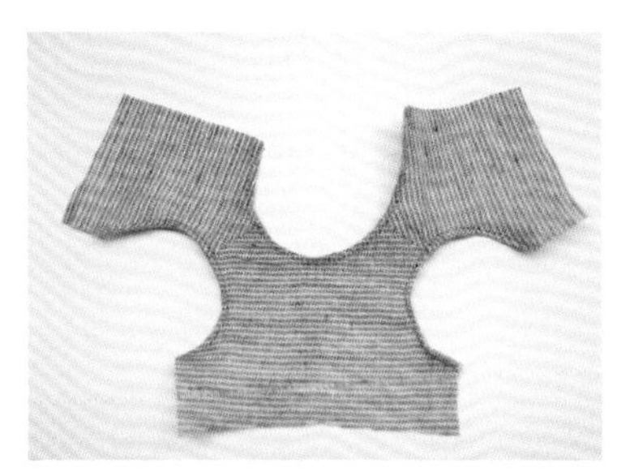

9 将两侧袖窿用与领口相同的方法缝制。

10 将上衣前、后片正面贴合对齐，用珠针固定后缝合两边侧缝。

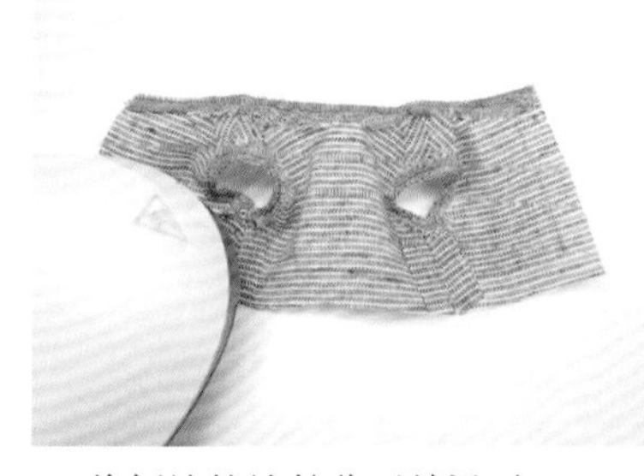

11 将侧缝的缝份分开并烫平。

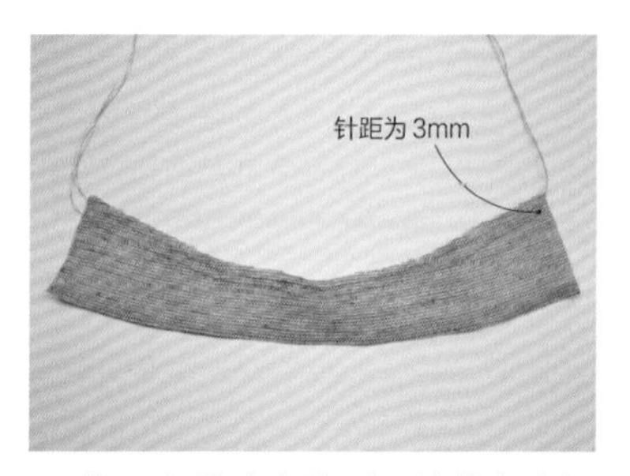

12 将上衣荷叶边的下口缝份向内折好并缉缝，在腰围缝合线上下两边各缝一条线迹。

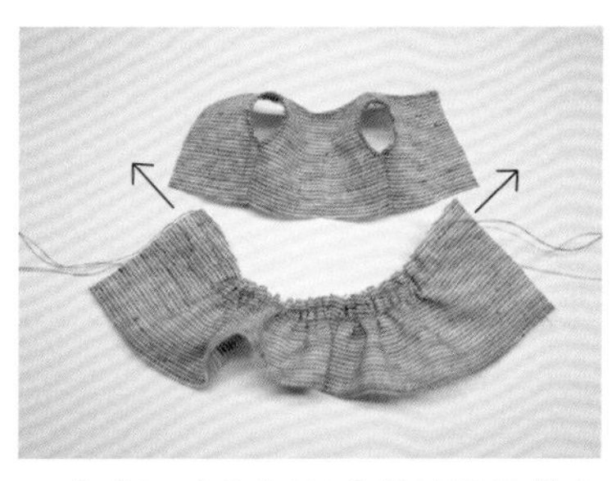

13 根据上衣腰围长度抽缩缝线做出碎褶。

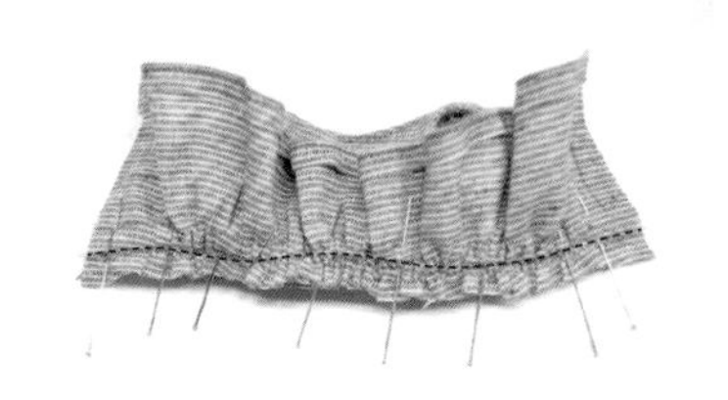

14 将上衣与荷叶边正面贴合对齐，用珠针固定后缝合。

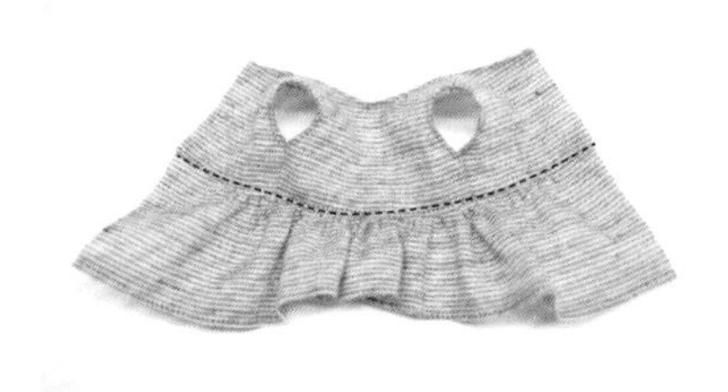

15 将缝份倒向上衣，然后从上衣的正面沿腰围缉缝。

16 将后门襟缝份内折，分别缉缝。

17 将纽扣（4mm）固定在腰围左侧作为装饰。

18 在上衣的后门襟上钉缝按扣，整件上衣即完成。

Dress 13

垮裤（低裆裤）

具有男孩风格又带点可爱感的裤装。与无袖上衣搭配，会显得更加活泼可爱。
如果做腻了裙子，可以尝试制作垮裤。
可以感受到另一种独特的个性风格。

原尺寸纸样：P237

·S码

面料：30支亚麻（补丁直径1.5cm）

按扣（5mm）：1对

·M码

面料：30支亚麻（补丁直径1.8cm）

按扣（5mm）：1对

1 按纸样裁剪好各部件后，将腰头和裤片腰围以外部位的缝份涂上锁边液。

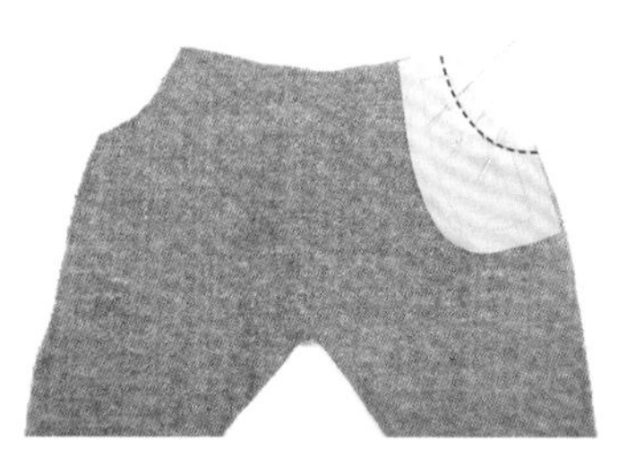

2 将口袋里布与裤前片正面的口袋开口处贴合对齐，用珠针固定后缝合开口。

诀窍 口袋里布使用80支或100支的薄面料。

3 在口袋开口处的缝份上打剪口。

4 将口袋里布向后翻折烫平。沿口袋开口处缉明线固定。

5 将口袋表布的正面与口袋里布贴合对齐，用珠针固定后缝合。

6 将裤子前、后片正面贴合对齐，用珠针固定后缝合侧缝。

7 将侧缝缝份分开后烫平。

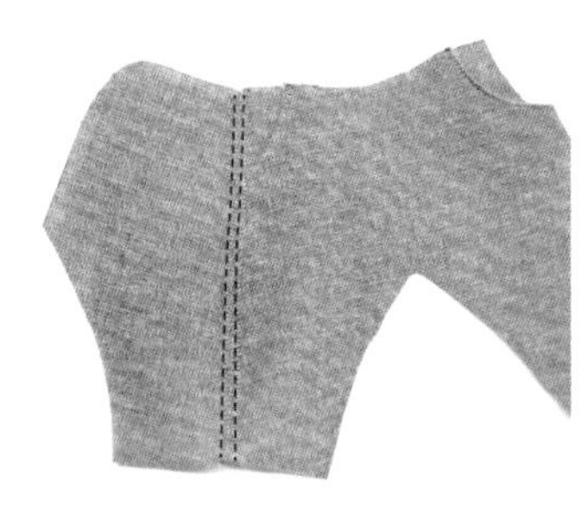

8 翻至正面后，以侧缝为中心线，在左右两边各缉一条明线。

9 将裤脚口缝份内折，用珠针固定后缉缝。

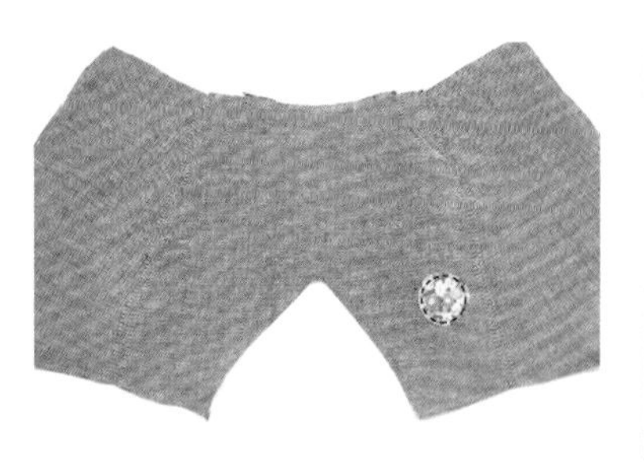

10 将补丁在标示位置贴缝一圈。

11 将腰头两端缝份内折并烫平。

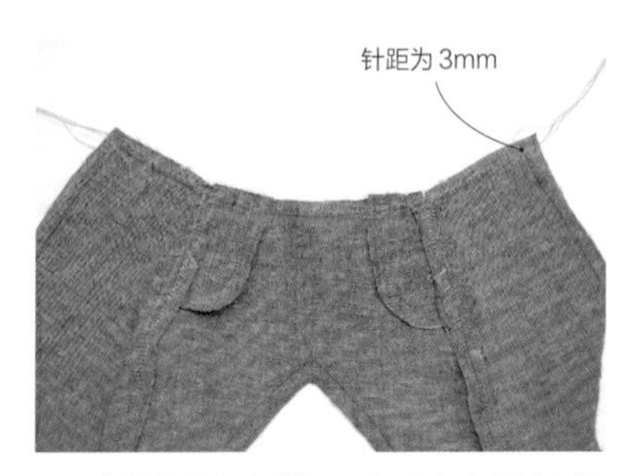

12 在腰围缝合线上下两边各平针缝一条线迹。

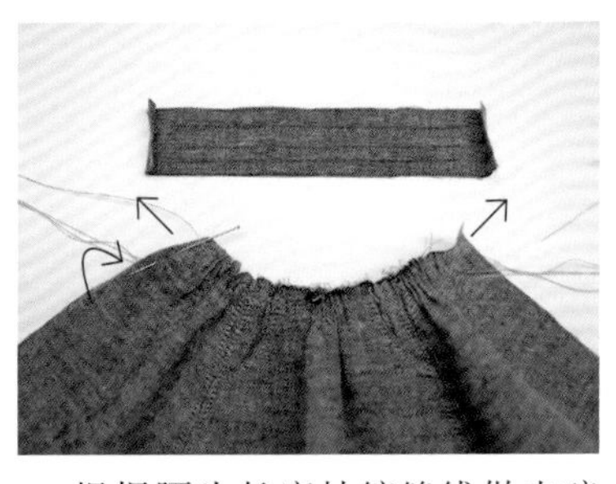

13 根据腰头长度抽缩缝线做出碎褶。这时从正面看的左侧，缝份需内折约 5mm 左右，并用珠针固定。

14 将裤片与腰头正面贴合对齐，并用珠针固定后缝合。

15 修剪缝份至 3mm。

16 将腰头向上折，并将腰头缝份涂上锁边液。

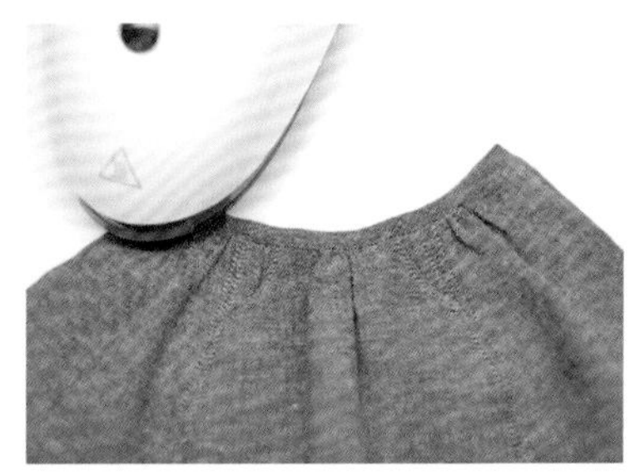

17 用腰头将缝份包覆住后熨烫。

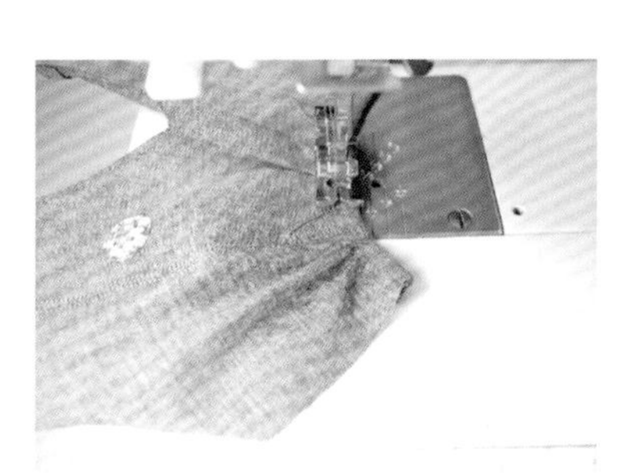

18 在腰头正面的腰缝线下方进行缝合。

19 将后裆开口处的缝份剪开并涂上锁边液。

20 将两裤后片正面贴合对齐，用珠针固定后，从后裆缝合至开口处。注意车缝时一定要倒回针加固，以防开口处线头松开。

21 将裤子前、后片正面贴合对齐，用珠针固定后沿下裆线缝合。

22 将下裆曲线处的缝份打剪口，然后翻至正面。在后门襟的腰头位置钉缝按扣，整条裤子即完成。

Dress 14

大衣

简单又利落的开襟式大衣，可根据不同颜色或材质的面料，
展现春、秋、冬的季节更替。
围上围巾，就是一件帅气的衣服。

原尺寸纸样：P239

· S码

面料：60支棉布（表、里布）

纽扣（4mm）：4粒

· M码

面料：60支棉布（表、里布）

纽扣（4mm）：4粒

1 按纸样裁好上、下后衣片，将其正面贴合对齐并缝合。

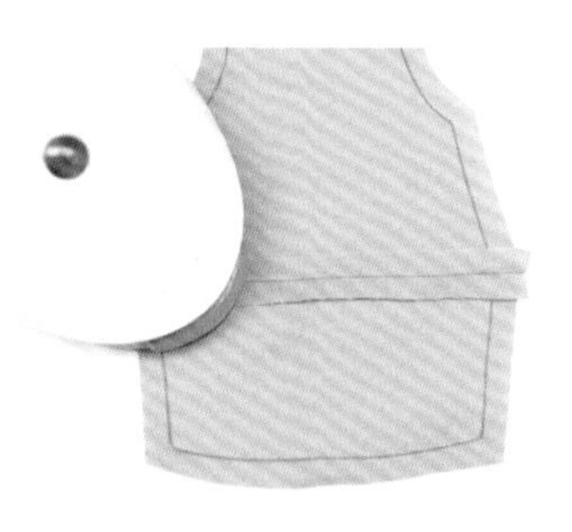

2 将缝份分开并烫平。

3 从后衣片的正面，以缝合线为中心线，在上下两边各距1mm处缉明线。剪掉多余缝份。

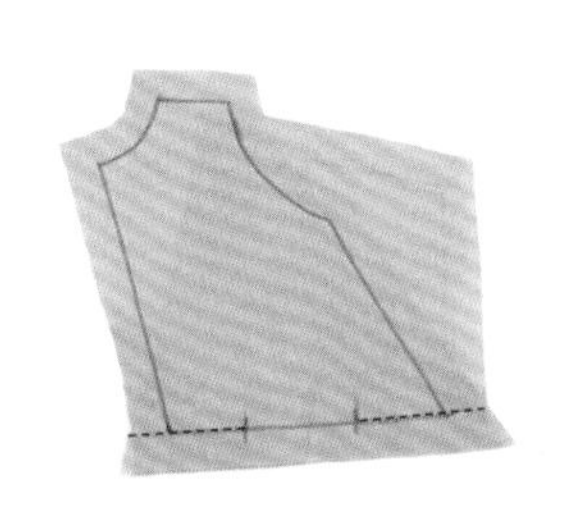

4 按纸样裁好上、下前衣片，将其正面贴合对齐，并缝合口袋开口处以外的部分。

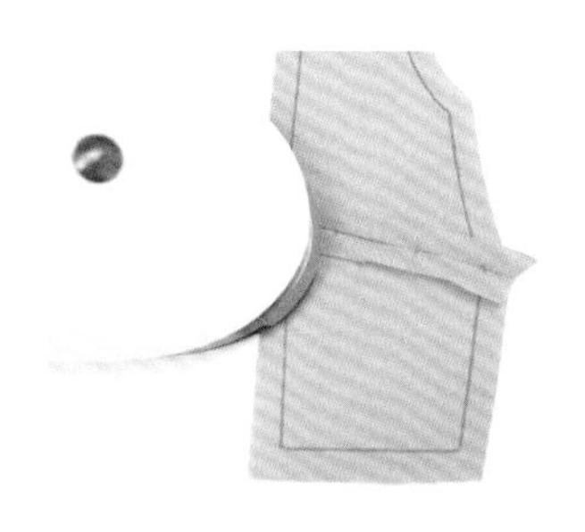

5 将缝份分开并烫平。

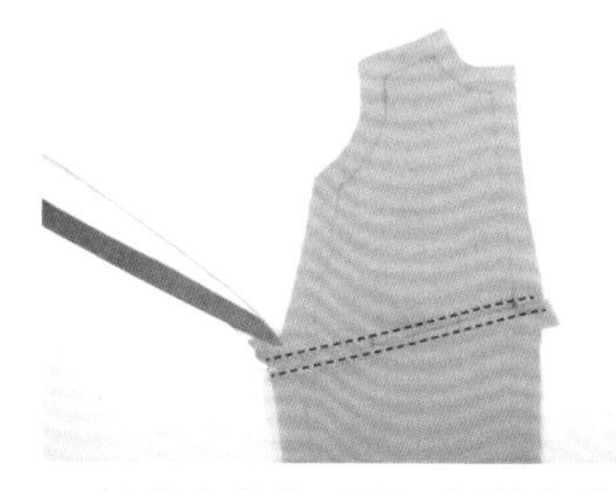

6 从前衣片的正面，以缝合线为中心线，在上下两边各距1mm处缉明线。剪掉多余缝份。

7 将前、后衣片正面贴合对齐，缝合肩缝。

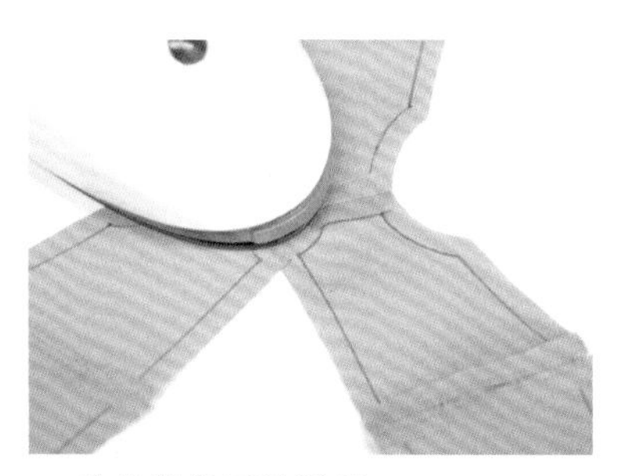

8 将缝份分开并烫平。

9 按纸样裁剪好袖片后，将除袖山外的其余缝份涂上锁边液。

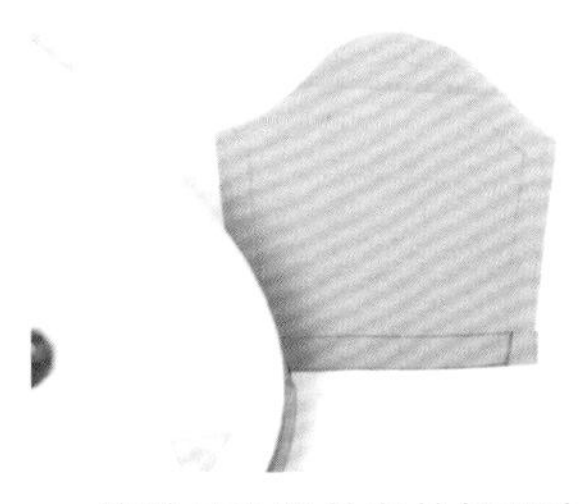

10 将袖口边缝份向外折两次后烫平。

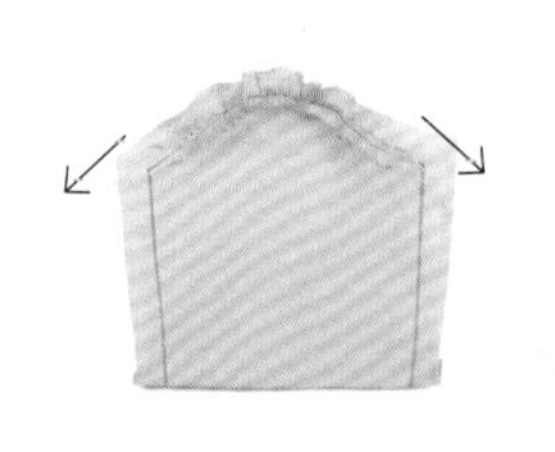

11 在袖山的缝合线上下两边各平针缝一条线迹，根据袖窿的大小抽缩袖山并调整成圆弧形。

诀窍 这时，要注意尽量不要有明显的皱褶。将袖山调整成圆弧形，与袖窿缝合时会更容易。

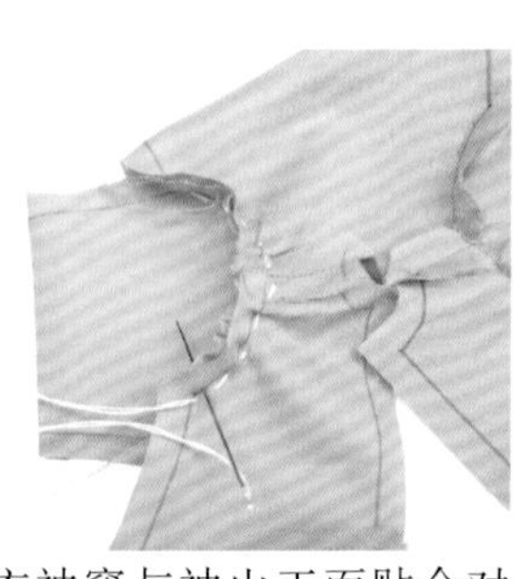

12 将上衣袖窿与袖山正面贴合对齐，用绷缝在缝合线内 2mm 处固定。

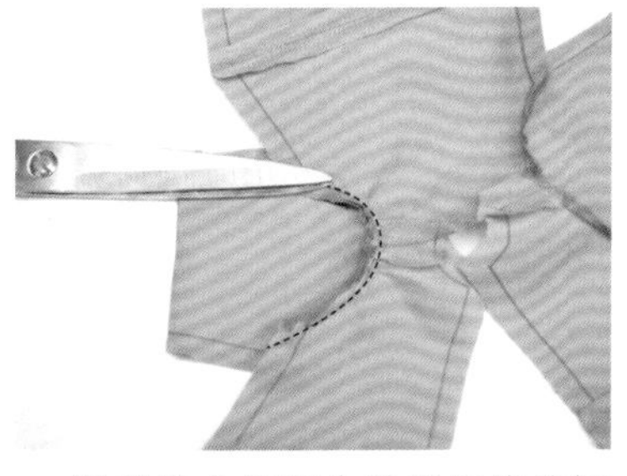

13 沿着缝合线缝合袖窿后将缩褶线及绷缝线拆除。修剪缝份至 3mm，并涂上锁边液。另一侧袖子用相同方法缝制。

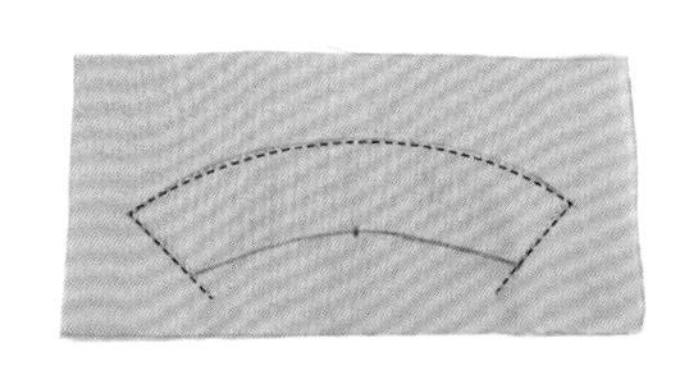

14 将面料正面相对贴合，按纸样画出领子，然后缝合除领口以外的三条边（照片中的虚线处）。

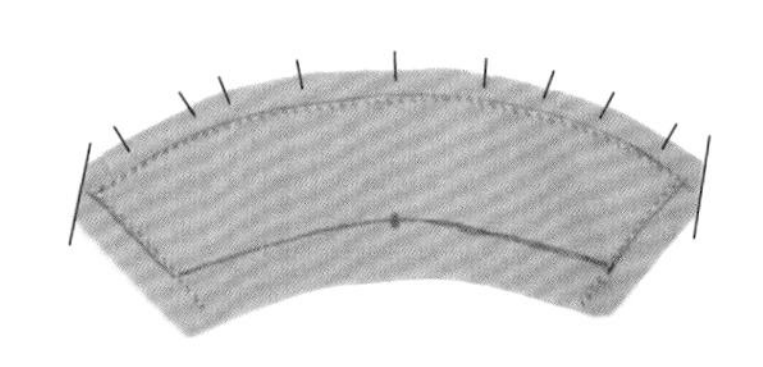

15 修剪缝份，领口缝份留 5mm 左右、其他三边留 3mm 左右。以斜线剪切边角，并将领外口曲线缝份打剪口。

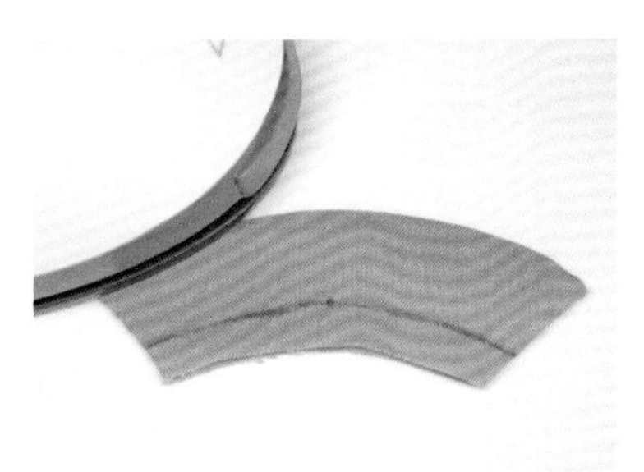

16 将领子翻至正面后仔细熨烫，然后重新画出领口缝合线。

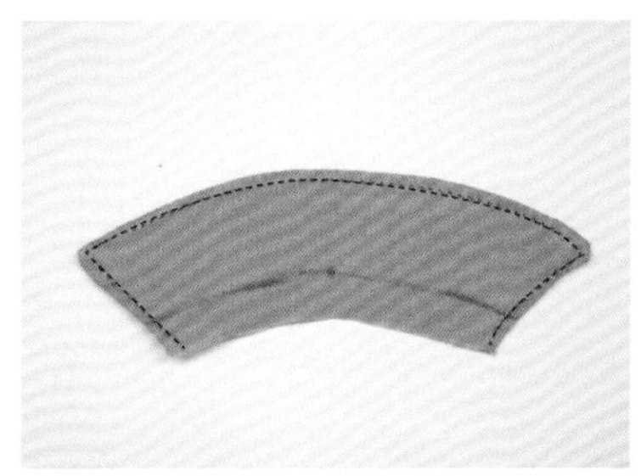

17 沿领子边缘缉明线。

18 在衣片领口缝份上打剪口。

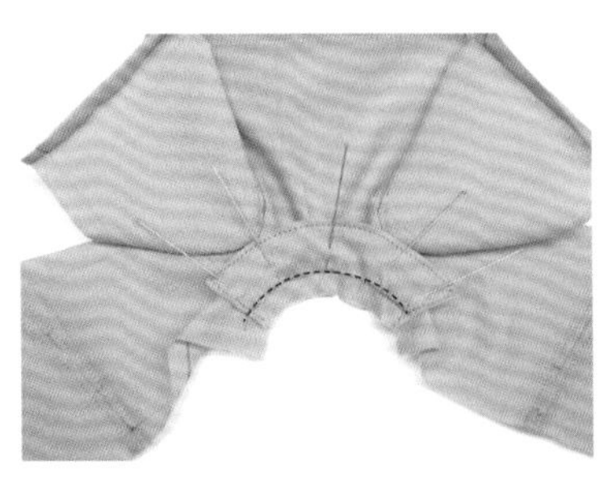

19 将领子与衣片的领口正面对齐贴合，用珠针固定后缝合。

20 按纸样裁好衣片里布，将前、后衣片正面贴合对齐，并缝合肩缝。

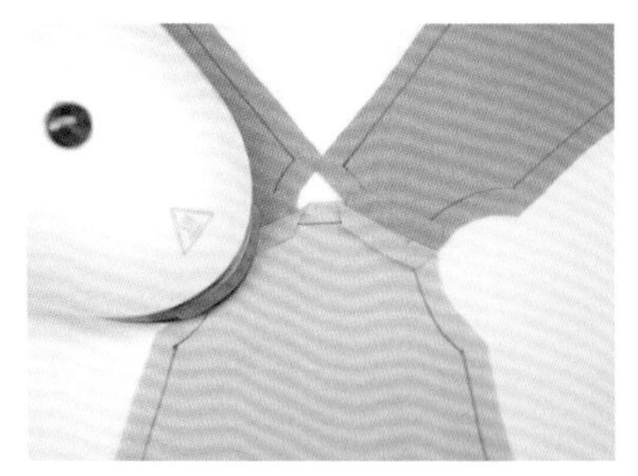

21 将缝份分开并烫平。

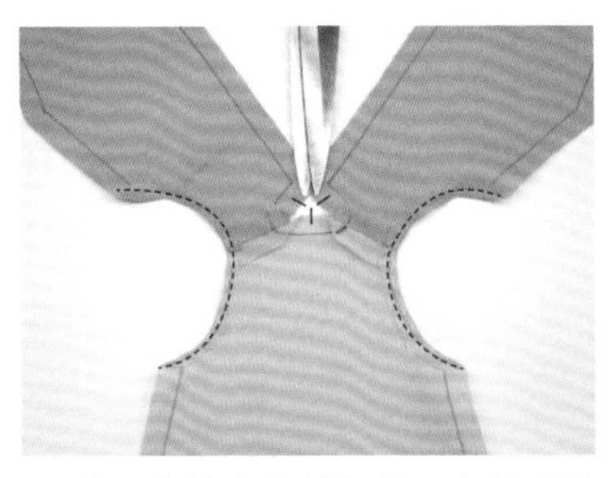

22 将里布袖窿缝份打剪口内折后缉缝。再将领口缝份打剪口。

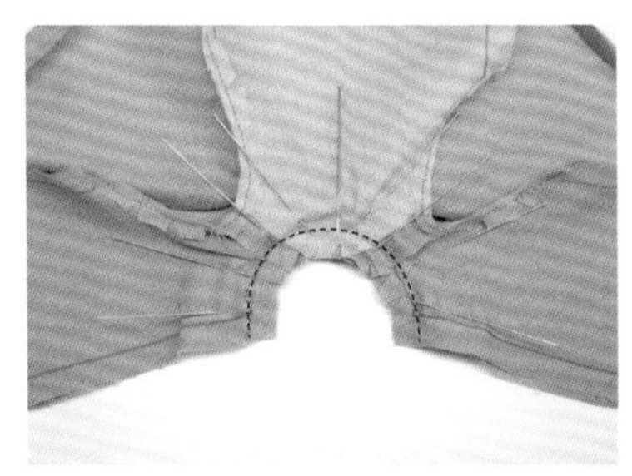

23 将上衣表、里布的领口正面对齐贴合，用珠针固定后缝合。

24 将上衣里布前、后片的侧缝正面贴合对齐，用珠针固定后缝合。

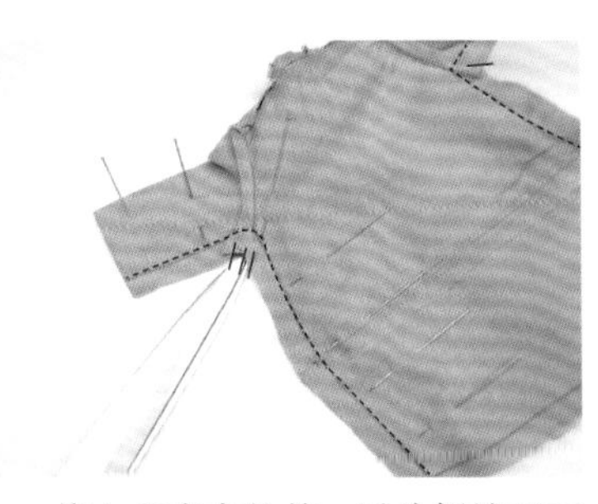

25 将上衣表布的前、后片侧缝正面贴合对齐，用珠针固定后缝合，再将腋下曲线位置的缝份打剪口。

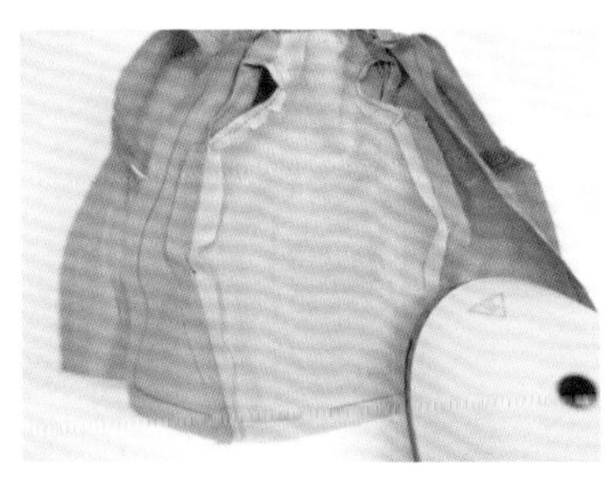

26 将表、里布的侧缝分开并烫平。

27 将表、里布的前门襟和底边正面贴合对齐，用珠针固定后沿缝合线缝合。将缝份边角以斜线剪切掉。

28 用翻里钳从表、里布的袖窿开口处翻面。

29 用翻里钳或锥子将边角整理好后熨烫。

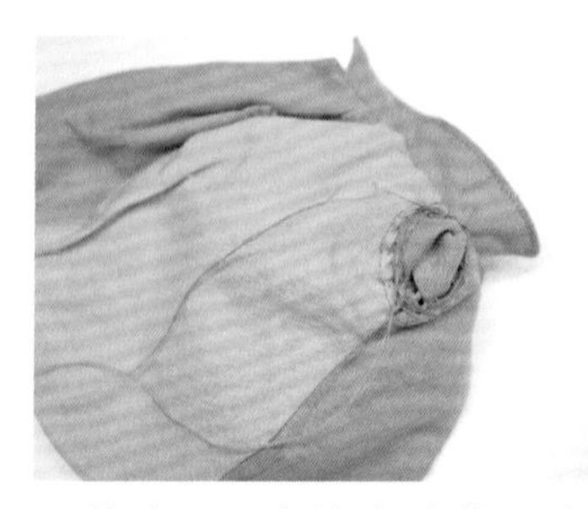

30 将表、里布袖窿缝份用缭缝缝合。

31 从领口开始沿前门襟、底边缉一圈明线。

32 钉缝纽扣作为装饰。

Dress 15

衬衣

可爱又活泼的衬衣。
搭配裙子会充满少女气息，搭配裤子又会拥有男孩的帅气感。

原尺寸纸样：P243

· S码

面料：60支棉布
蕾丝（宽1~1.5cm）：5cm 2条
装饰用极小珠珠：5粒
按扣（5mm）：2对

· M码

面料：60支棉布
蕾丝（宽1~1.5cm）：6cm 2条
装饰用极小珠珠：5粒
按扣（5mm）：2对

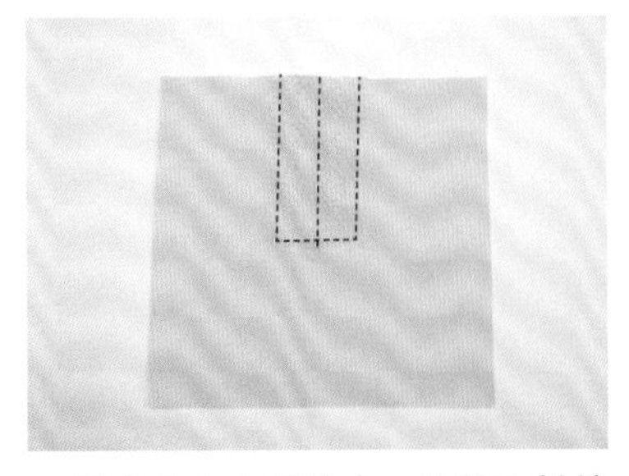

1 准备比上衣前片大一些的面料并标记中心线，将两条宽1~1.5cm的蕾丝重叠1~2mm缉缝在中心线上，然后沿蕾丝边缘缉缝一圈固定。

2 对齐中心线，按纸样裁剪上衣前片。

3 把衬衣的其余部件按纸样裁好，将上衣袖窿和袖山以外位置的缝份涂上锁边液。

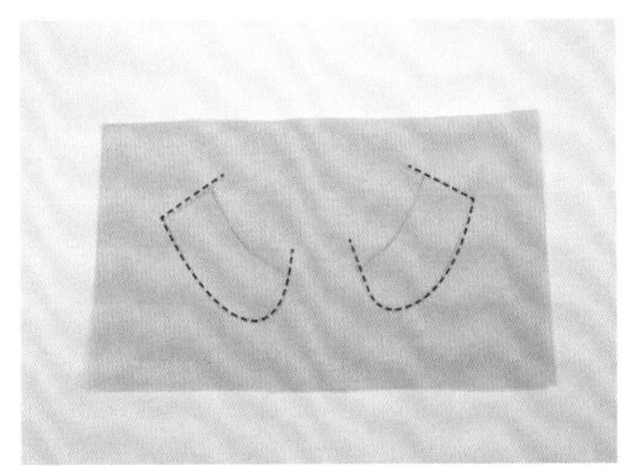

4 领子按面料斜丝方向画在面料上，将表、里布的正面对合，并缝合领子边缘（照片中的虚线所示）。

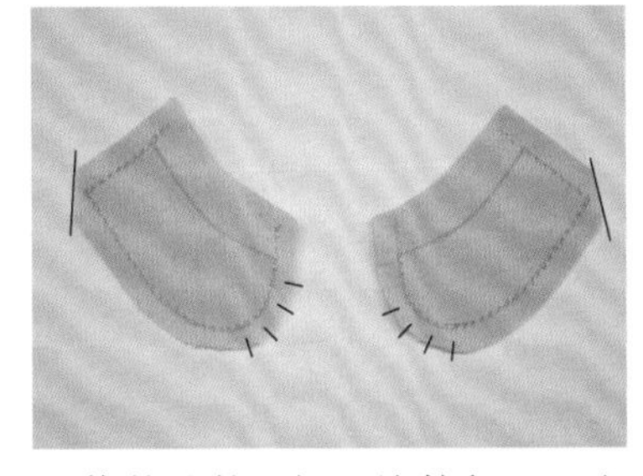

5 修剪缝份，领口缝份留5mm左右、其他三边留3mm左右。以斜线剪切边角，并将领子外口前端曲线缝份打剪口。

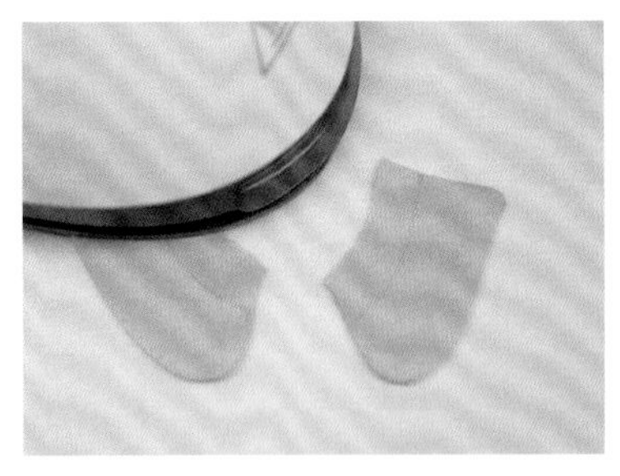

6 将领子翻至正面后熨烫整理。

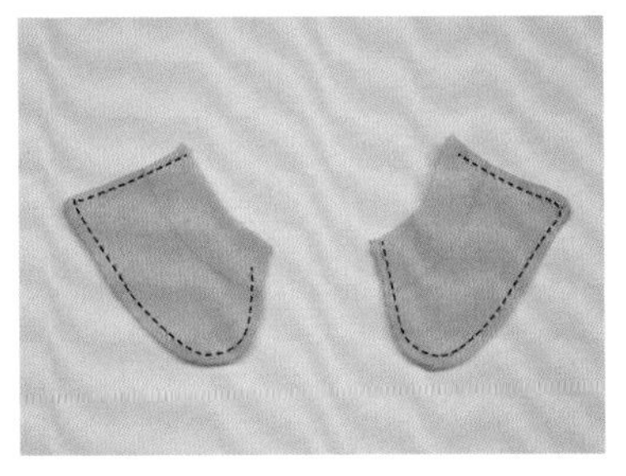

7 在领口缝份涂上锁边液，并沿着领子边缘缉明线。

8 将上衣前、后片正面贴合对齐，并缝合肩缝。

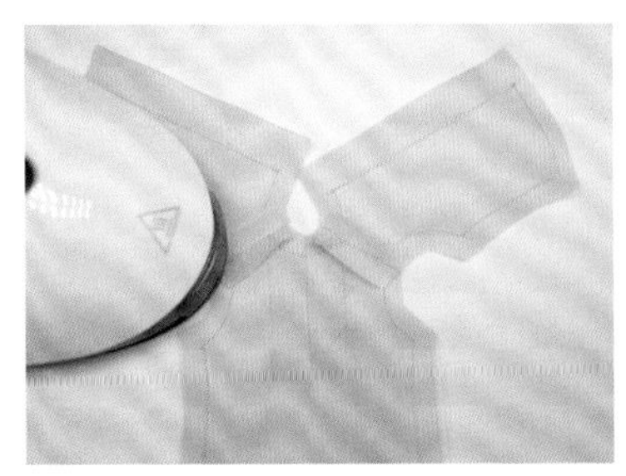

9 将缝份分开并烫平。

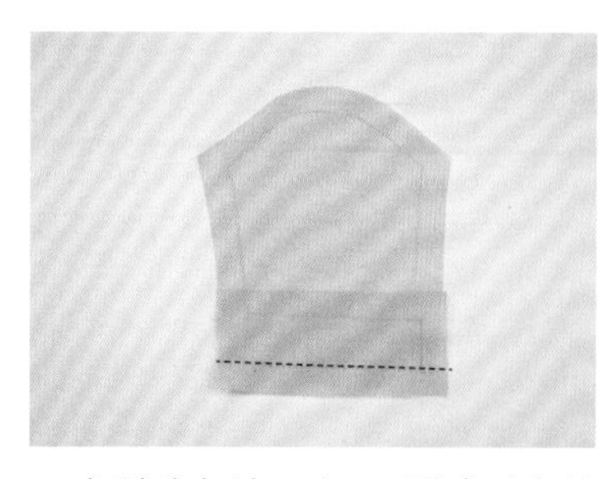

10 把袖头与袖口边正面贴合对齐并缝合。

11 修剪缝份至 3mm。

12 将袖头翻折两次包覆缝份并烫平。

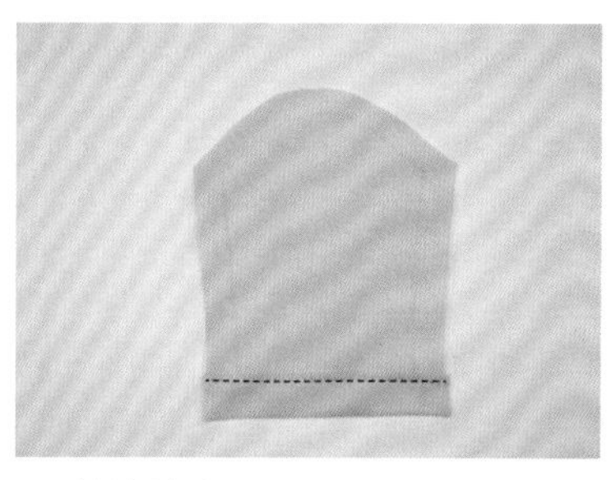

13 缉缝袖头。

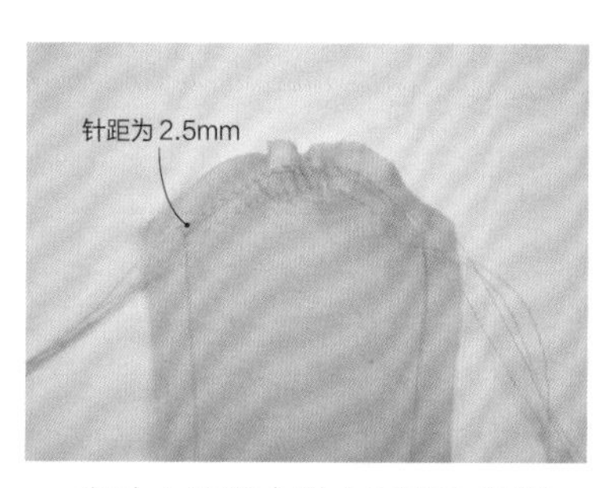

14 在袖山的缝合线上下两边各缝一条线迹。

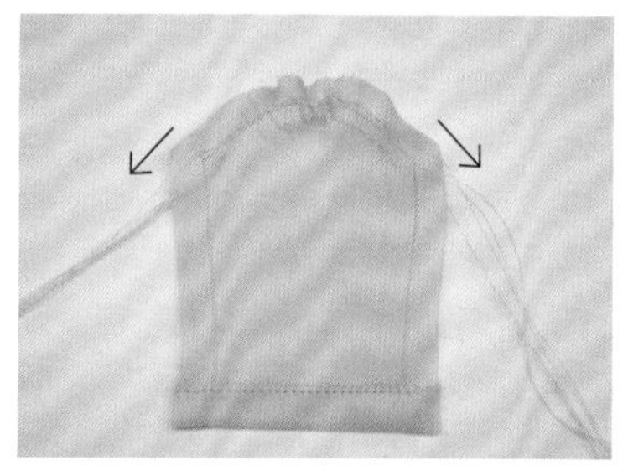

15 根据袖窿的大小抽缩袖山并调整成圆弧形。这时要注意尽量不要有明显的皱褶。

诀窍 将袖山调整成圆弧形，这样与上衣袖窿缝合时会更容易。

16 将上衣袖窿与袖山正面贴合对齐，用绷缝在缝合线向内 1~2mm 处固定。

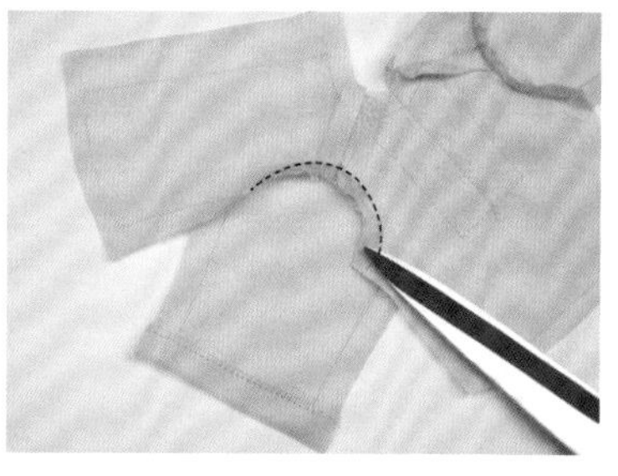

17 沿着缝合线缝合袖窿后将缩褶线及绷缝线拆除。修剪缝份至 3mm，并涂上锁边液。另一侧袖子用相同方法缝制。

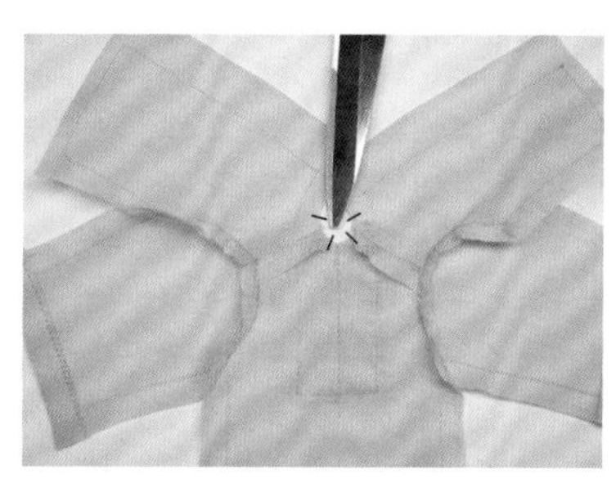

18 将衣片领口缝份打剪口。

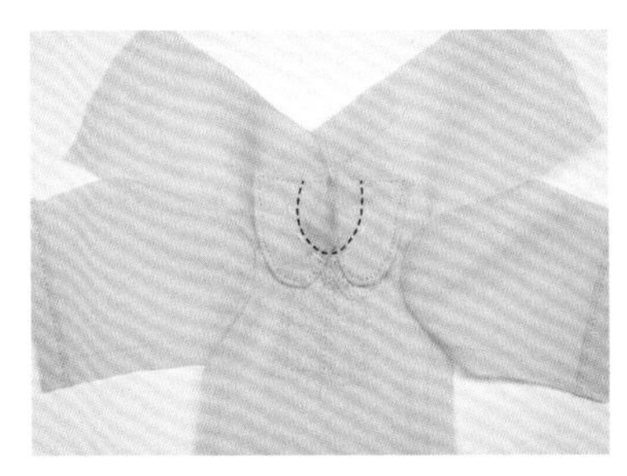

19 将准备好的领子与衣片的领口正面对齐贴合，用绷缝固定后缝合，然后再将绷缝线拆除。

20 将缝份内折后缝合领口。

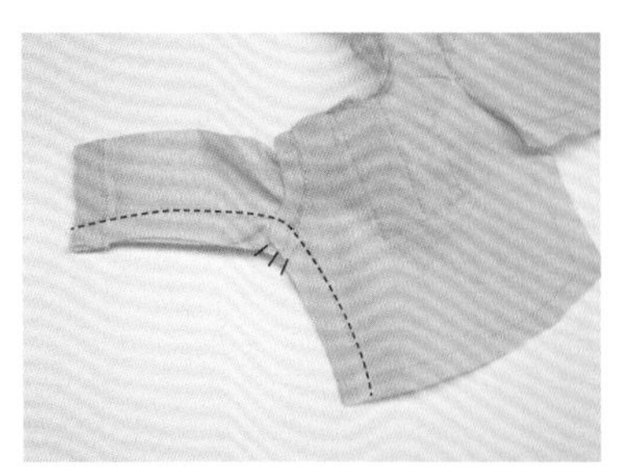

21 将上衣前、后片侧缝正面贴合对齐，并缝合侧缝，再将腋下曲线位置缝份打剪口。

22 翻面后，将侧缝缝份分开并烫平，将底边缝份内折后整理烫平。

23 缉缝底边。

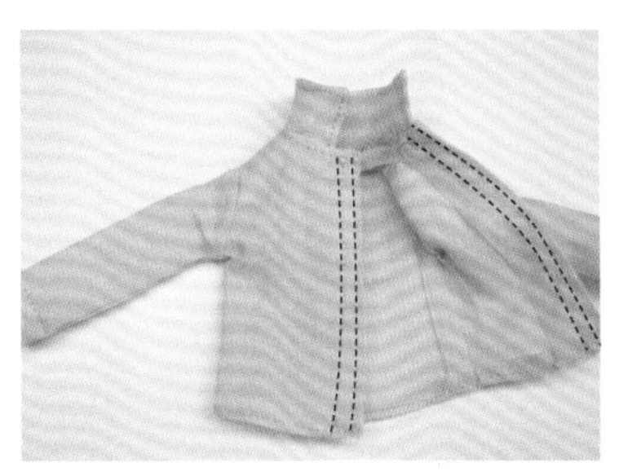

24 将左右后门襟内折，分别缉两条间距 5mm 的明线。

25 将小珠珠钉缝在前中心蕾丝上作为装饰。

26 在后门襟钉缝按扣，整件衬衣即完成。

Dress 16

背带裤

穿搭背带裤单品会显得特别时尚活泼。
无论与哪种衬衣搭配都很适合。
若是再配一件外套，更能展现出很有氛围的造型。

原尺寸纸样：P245

· S码

面料：40支平纹布、60支棉布（上衣里布）

方形环扣（6mm × 5mm）：2个

背带（宽3mm）：6cm 2条

按扣（5mm）：2对

· M码

面料：40支平纹布、60支棉布（上衣里布）

方形环扣（6mm × 5mm）：2个

背带（宽3mm）：6.5cm 2条

按扣（5mm）：2对

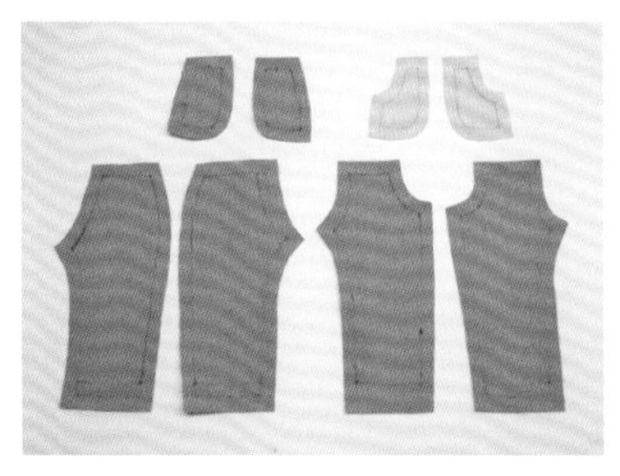

1 按纸样裁剪好各部件后，将缝份涂上锁边液。

2 将前口袋里布与前裤片正面的口袋开口处贴合对齐，并缝合开口处。

诀窍 口袋里布使用80支或100支的薄面料。

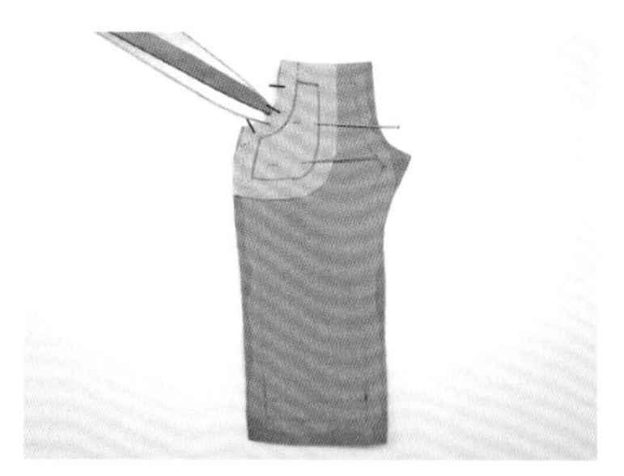

3 将前口袋开口处的缝份打剪口。

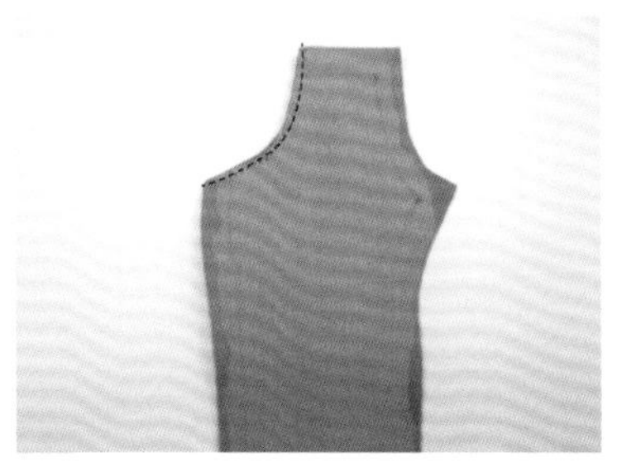

4 将口袋里布向后翻折并烫平。沿口袋开口处缉明线固定。

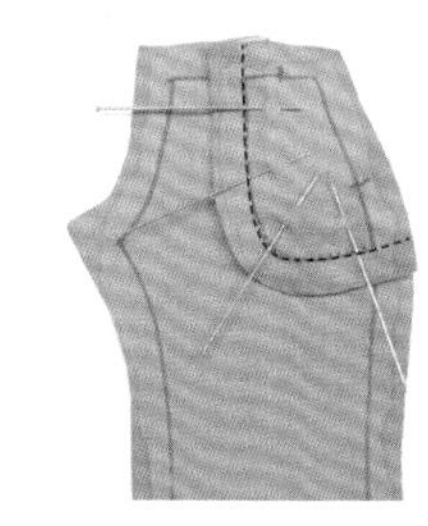

5 将前口袋表布与口袋里布正面贴合对齐，用珠针固定后缝合。

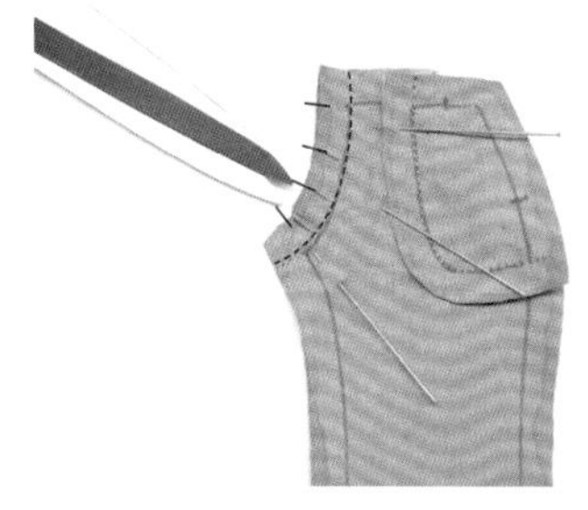

6 将裤子左右前、后片正面贴合对齐，缝合前裆线，并将曲线处缝份打剪口。

7 将缝份分开并烫平。

8 翻到正面，以缝合的前裆线为中心线，在左右两边各缉一条明线，再缉上裤子前门襟样的明线。

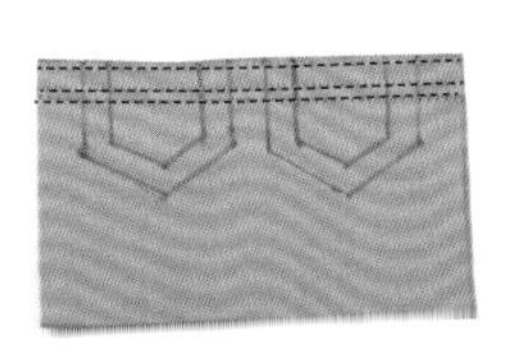

9 将比裤片后口袋还大的面料内折5mm后缉明线，再按纸样画出后口袋，然后缉两条平行直线作为装饰。

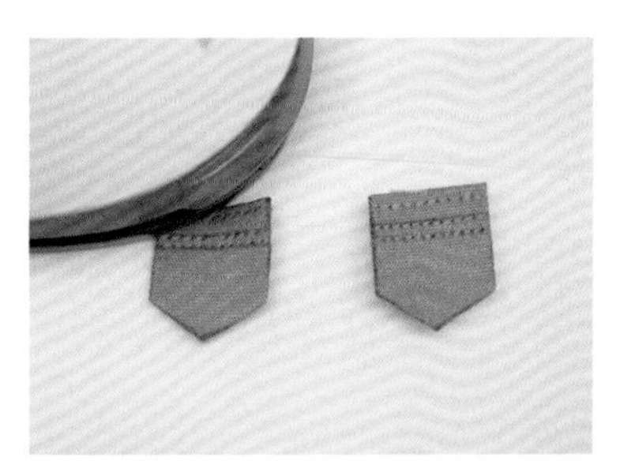

10 裁剪好后口袋，将缝份折好并烫平。

11 用珠针将后口袋固定在后裤片的口袋位置，然后缉缝除袋口以外的四边。

12 将后裤片（左后片缝份较长）的后裆缝份内折并缝合。

13 将裤子前、后片正面贴合对齐，用珠针固定后缝合侧缝。

14 将缝份分开后烫平。

15 翻到正面，以缝合侧缝为中心线，在左右两边各缉一条明线。

16 将裤脚口缝份内折两次并烫平。

17 在裤脚口中心位置缝 1~2 针固定。

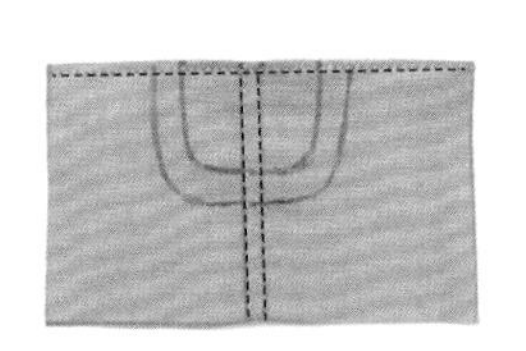

18 在裁得比前胸口袋还大的面料中心线上，缉两条纵向明线作为装饰。将上边缘内折 5mm 后缉明线，再按纸样画出前胸口袋。

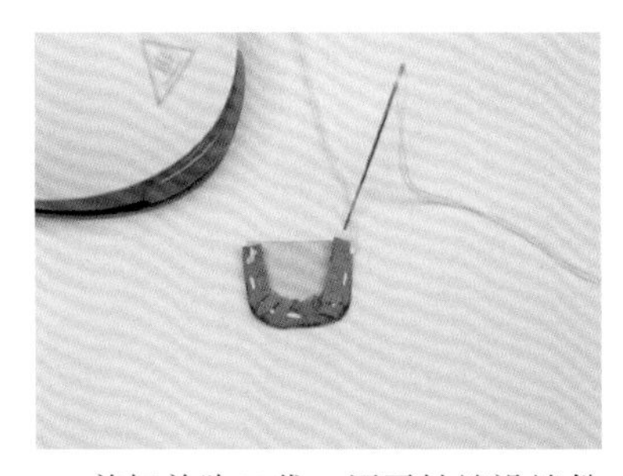

19 剪好前胸口袋。用平针缝沿缝份缝线，并抽缩缝线做出口袋曲线后进行熨烫。

诀窍 将剪好的口袋缝份用平针缝缝好后，中间放一块厚纸板裁出的口袋纸样，让口袋布包裹住纸板后抽缩缝线，就很容易做出想要的口袋形状了。

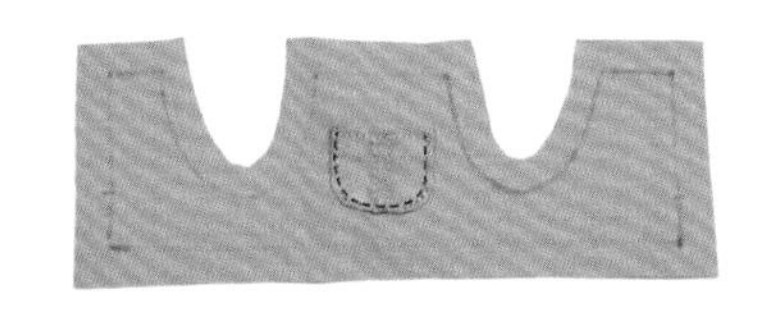

20 背带裤前后上挡片按纸样裁好，用绷缝将口袋固定在标示位置，然后缉明线缝合除袋口以外的部分。

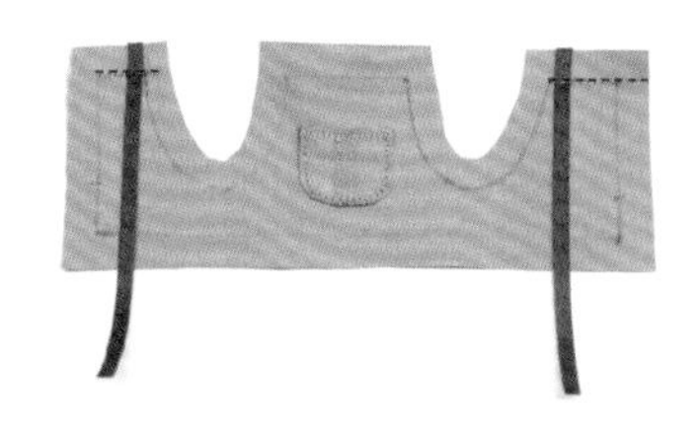

21 将背带固定在标示位置。

诀窍 请预留好背带的足够长度。

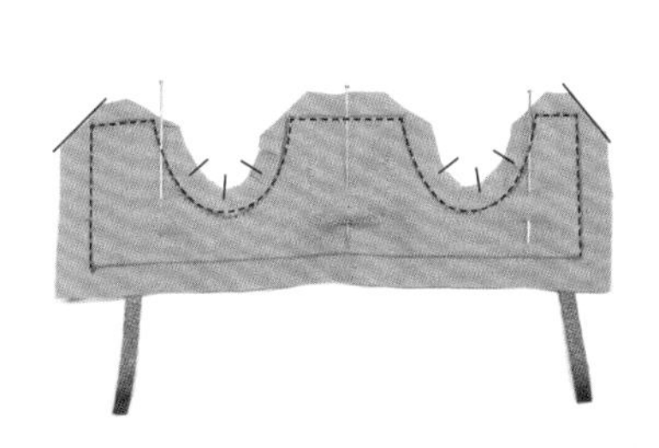

22 将表、里布正面对齐贴合，用珠针固定后，沿照片所示的后门襟及袖窿线缝合。以斜线剪切边角，并将袖窿曲线位置打剪口。

23 翻面后仔细熨烫。

24 将裤子右后片后裆开口处的缝份打剪口，并将上半部分缝份内折后烫平（从正面看是位于左边的后片）。

25 将裤片与前后上挡片的腰围缝份正面贴合，用珠针固定后缝合。这时前后上挡片需要对齐裤片后裆的缝合线。

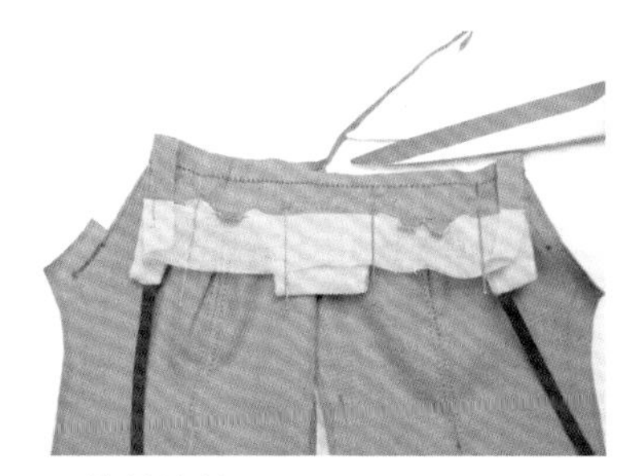

26 修剪缝份至3mm。

27 将缝份倒向上挡片，然后从正面沿腰围线缉明线。

28 整理上挡片后门襟的缝份和里布底边缝份，并用珠针固定。后门襟用对接（藏针）缝、底边则用缭缝缝合收尾。

29 沿上挡片边缘缉明线。

30 将背带穿入方形环扣或钉缝纽扣，然后固定在前挡片标示位置。

31 将裤子后片正面对齐贴合，用珠针固定后，从后裆至开口处缝合。注意车缝时要倒回针固定，以免开口处线迹松动。

32 将裤子前、后片正面贴合对齐，用珠针固定后沿下裆线缝合，并给下裆缝份的曲线位置打剪口。

33 翻到正面整理好，在后门襟处钉缝按扣，整条裤子即完成。

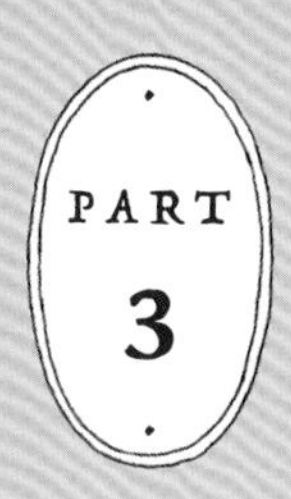

BEST DRESS

最好的衣服

请试着亲手制作崔睿晋老师最受欢迎的连衣裙。
艾维安、茱莉安、玛依等连衣裙都是经典又复古的款式。
每一款都搭配了柔和的色彩，注重自然感。
增加了一些小细节来赋予创新感。
请尝试着将这些细节应用在其他服装上！
这样就可以制作出拥有自我风格的服装了！

Dress 1

艾维安

Y.J.Sarah 手制的娃衣里，人气最旺的款就是艾维安。既时尚又带有独特的复古造型，是一款极具魅力的连衣裙。
采用不同颜色制作前胸 U 型装饰设计、荷叶立领和袖子让整体不显乏味。
裙子利用小珠珠和刺绣作为装饰，给可爱风的连衣裙增添了华丽感。

原尺寸纸样：P247

·S码

面料：60 支棉布、80 支棉布（里布、立领、前胸 U 型区、袖子）

前胸 U 型区蕾丝（宽 2 cm）：4cm 2 条

花边（宽 3mm）：9cm

裙底边蕾丝（宽 1~1.5cm）：39cm

绣线（DMC）：分成股后使用

装饰用极小珠珠：适量

门襟珠扣（2.5mm）：3 粒

腰带（宽 3mm）：11cm（材质可用棉、麂皮或涤纶）

方形环扣（6mm × 5mm）：1 个

缎带蝴蝶结（宽 4mm）：1 个

·M码

面料：60 支棉布、80 支棉布（里布、立领、前胸 U 型区、袖子）

前胸 U 型区蕾丝（宽 2 cm）：5cm 2 条

花边（宽 3mm）：11cm

裙底边蕾丝（宽 1~1.5cm）：41cm

绣线（DMC）：分成股后使用

装饰用极小珠珠：适量

门襟珠扣（2.5mm）：3 粒

腰带（宽 3mm）：12cm（材质可用棉、麂皮或涤纶）

方形环扣（6mm × 5mm）：1 个

缎带蝴蝶结（宽 4mm）：1 个

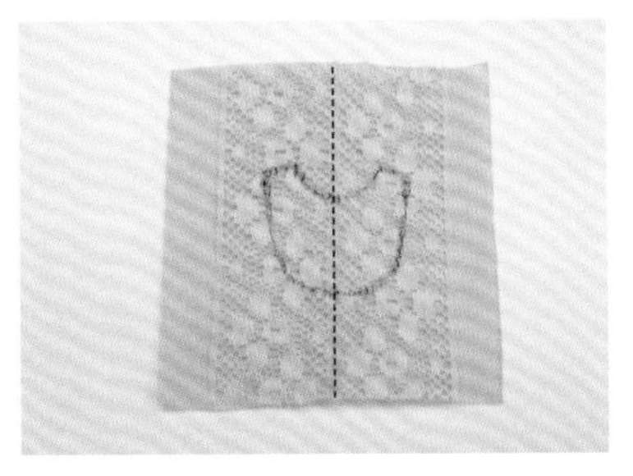

1 将两条前胸U型区的蕾丝重叠1~2mm，并缝合到面料上，然后按前胸U型区纸样绘制。

2 将上衣前片的U型区缝份打剪口。

3 将缝份内折并烫平。

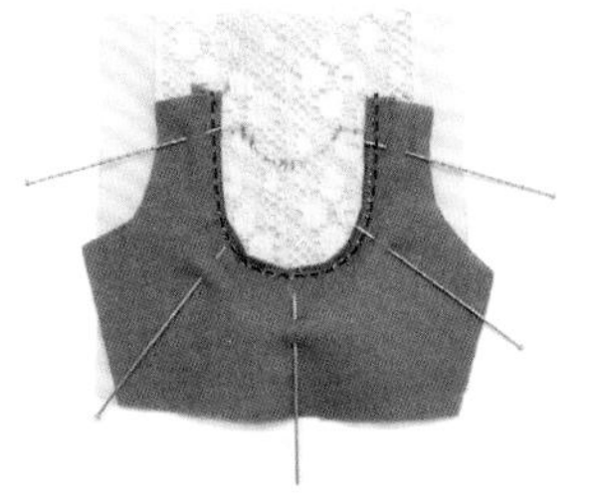

4 将上衣前片贴合在画有前胸U型区的面料上，用珠针固定后沿U型边缘缉缝。

5 按纸样裁好前胸U型区面料，并将U型区的缝份修剪至3mm。

6 将腰省折好并缝合。

7 用短回针缝将花边固定在U型区边缘。注意尽量不要在花边上留下明显线迹，稍微固定就好。

诀窍 为了便于操作，请将花边预留得长一些。

8 将前、后衣片正面贴合对齐后缝合肩缝，并将多余花边剪掉。

9 将肩线缝份倒向后片，并从后片正面沿着肩缝缉明线。

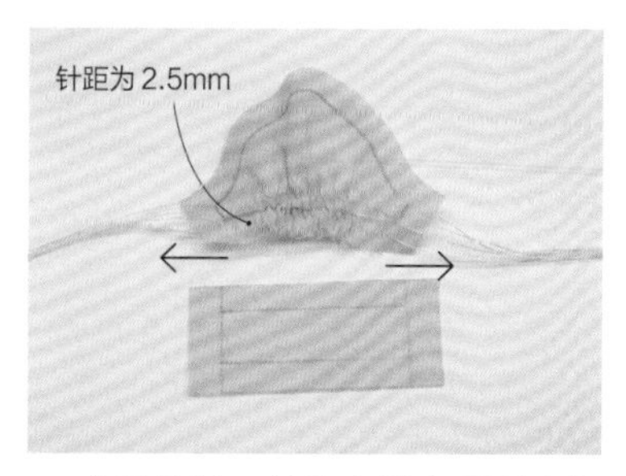

10 在袖片袖口的缝合线上下两边各缝一条线迹，再配合袖头的长度抽缩缝线做出碎褶。

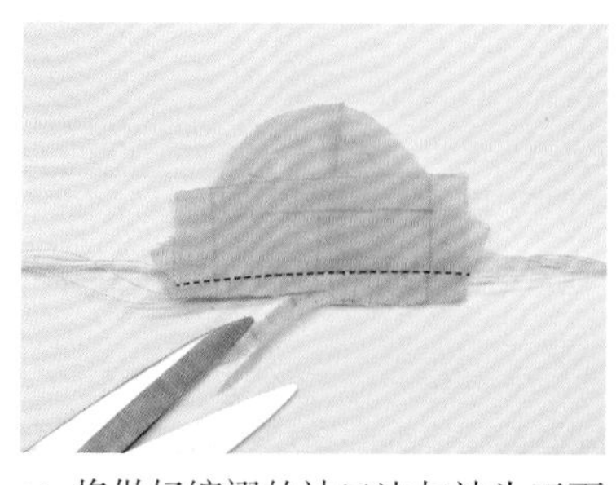

11 将做好缩褶的袖口边与袖头正面贴合对齐并缝合，并将缝份修剪至 3mm。

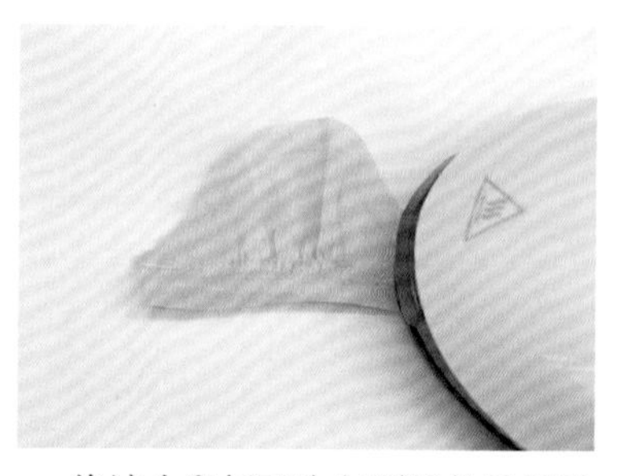

12 将袖头翻折两次包覆缝份后烫平固定。

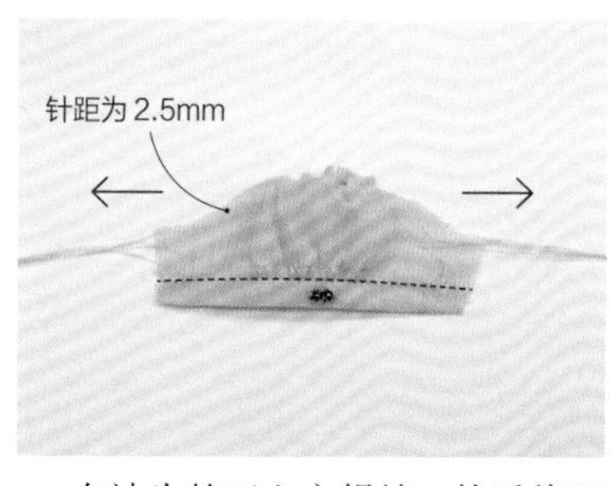

13 在袖头的正上方缉缝，然后将两粒小珠珠钉缝在袖口中间作为装饰。在袖山缝合线上下两边各缝一条线迹，抽缩缝线做出碎褶。

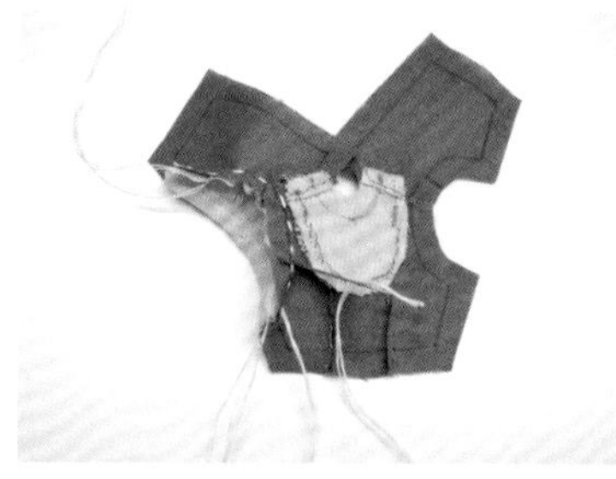

14 将上衣袖窿与袖山正面贴合对齐，在缝合线以内 1~2mm 处用绷缝固定。

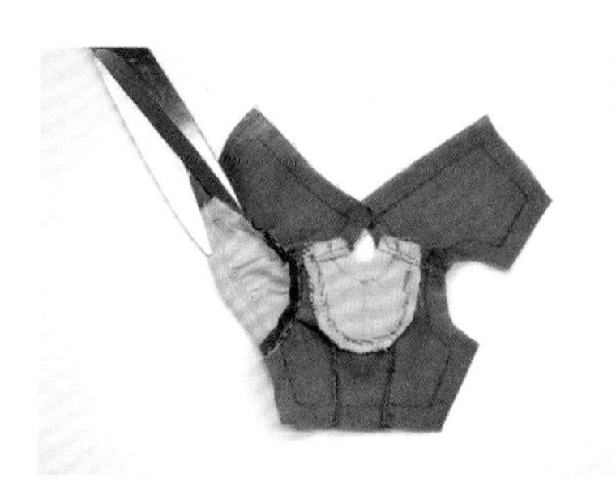

15 缝合袖窿并将缩褶线和绷缝线拆除。修剪缝份至 3mm，涂上锁边液。另一侧袖子做法相同。

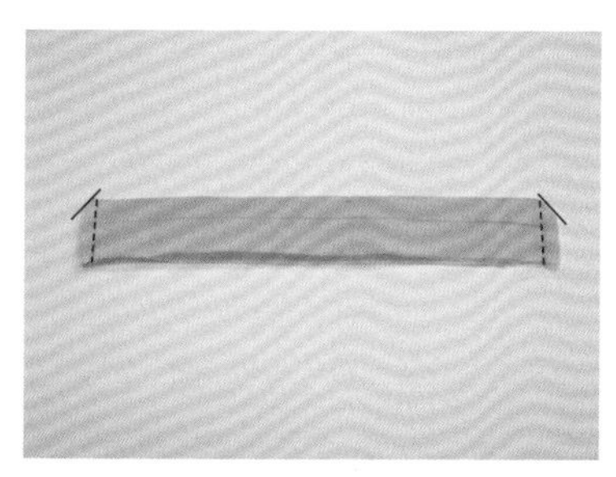

16 按纸样裁好立领，先对半折并将两端缝合。将缝份修剪至 3mm 并以斜线剪切边角。

诀窍 立领面料请使用80支或100支薄料。

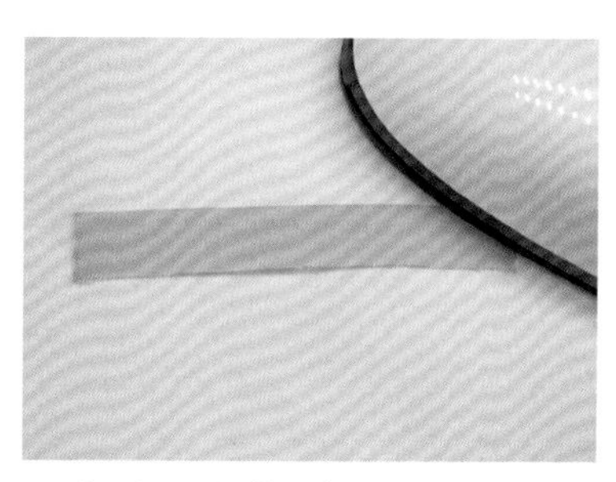

17 翻至正面后烫平。

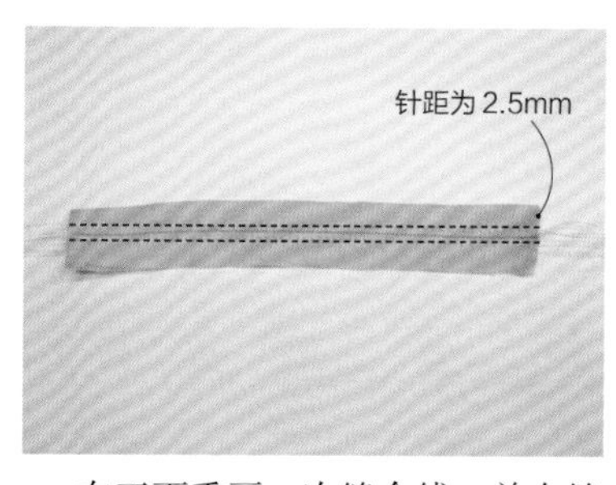

18 在正面重画一次缝合线，并在缝合线上下两边各缝一条线迹。

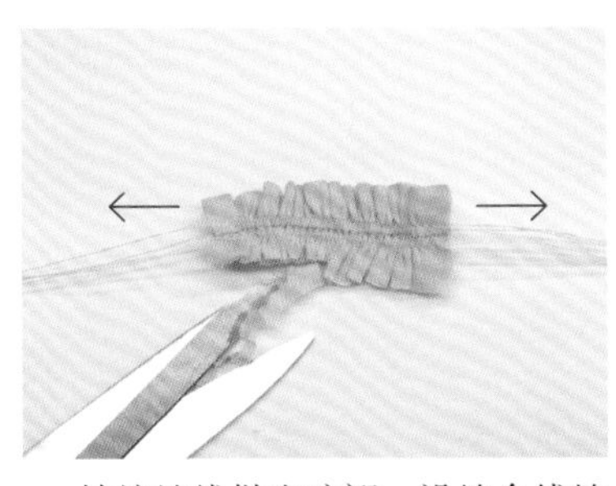

19 抽缩缝线做出碎褶。沿缝合线缝合固定，并将缝份修剪至 5mm。

诀窍 抽缩缝线后立领的长度为：S 码 4.5cm，M 码 6.5cm。

20 将领口缝份打剪口。

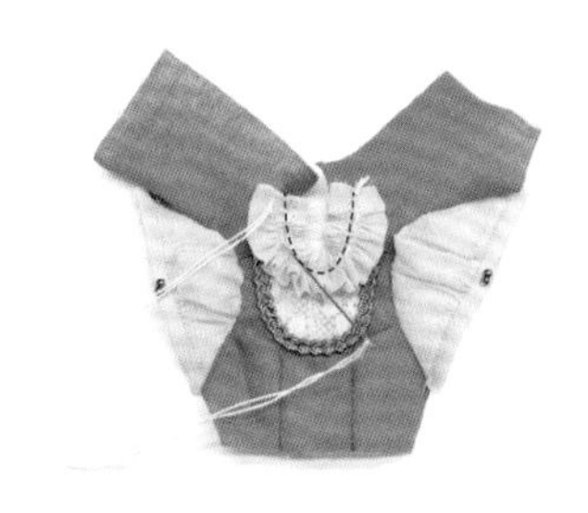

21 将立领贴合在上衣领口缝份上，用绷缝固定后，沿缝合线缝合，再将绷缝线拆除。

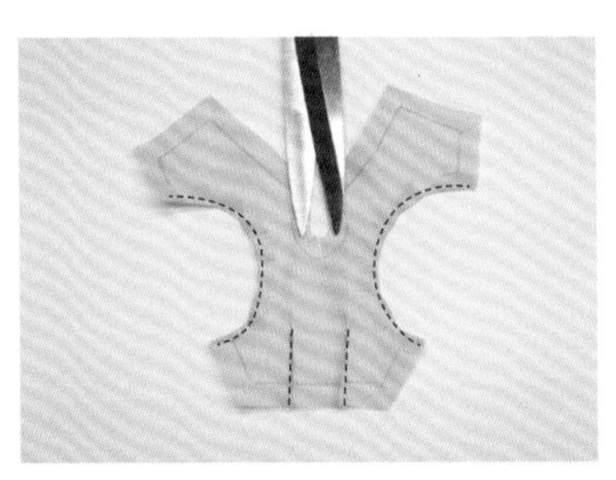

22 将里布领口及袖窿缝份打剪口，将袖窿缝份内折并缉缝，腰省也折好缝合。

23 衣片表、里布正面贴合对齐，用珠针固定后，将后门襟和领口缝合。领口缝份打剪口后，将缝份边角以斜线剪切掉。

诀窍 后门襟缝合至照片所示的虚线位置。

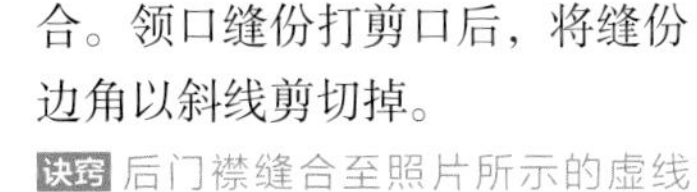

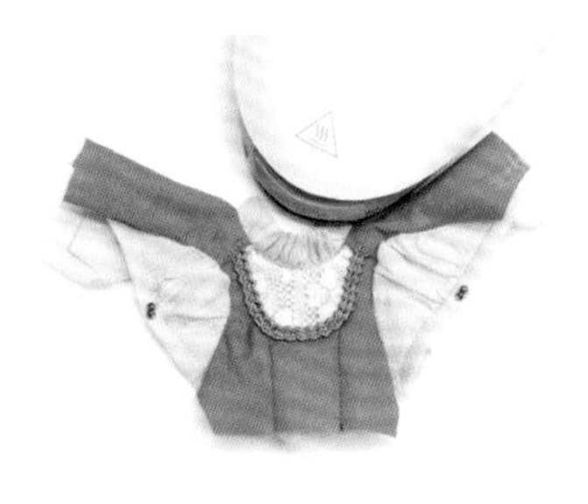

24 翻至正面烫平整理后，将立领的缩褶线拆除。

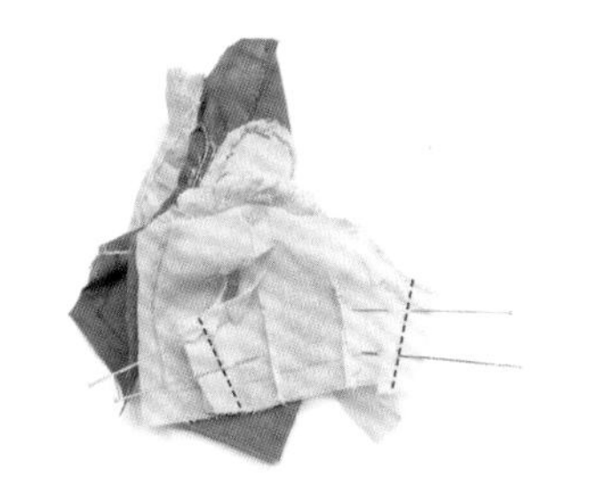

25 将里布的侧缝正面贴合对齐，用珠针固定后缝合。

26 将上衣前、后片正面贴合对齐，用珠针固定侧缝后缝合。修剪缝份至 3mm，涂上锁边液，然后将腋下曲线位置缝份打剪口。

27 翻面后，将表、里布的侧缝缝份分开并烫平。

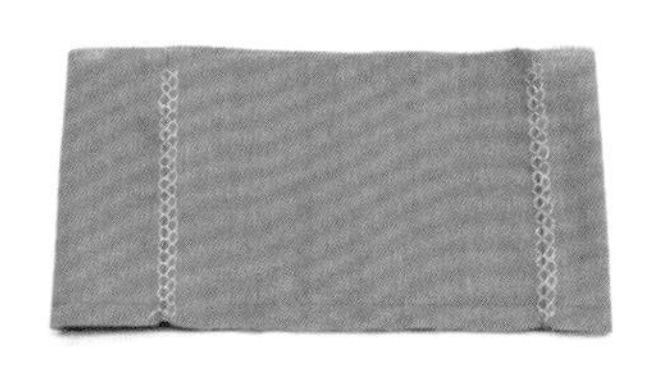

28 用缝纫机在裙片的标示线上绣出蜂巢图样。

诀窍 也可以绣上其他图案或羽毛绣。

29 将裙片底边缝份内折并烫平，并将蕾丝露出 5mm 后缝合到裙片底边上。

30 将裙片后中缝缝份内折并缉缝。

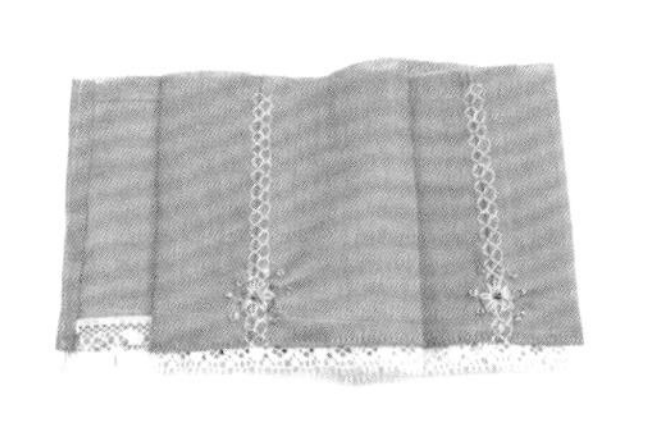

31 在裙下摆的蜂巢图案上绣上雏菊绣，然后用小珠珠作为装饰。

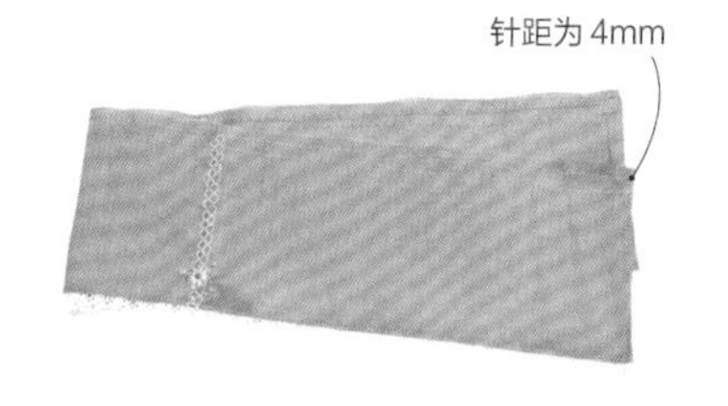

32 在腰围缝合线上下两边各缝一条线迹。

33 配合衣片腰围长度抽缩缝线做出碎褶。

34 将上衣与裙片的腰围正面贴合对齐，用珠针固定后缝合。这时裙片的后中缝要与缝份两端对齐。

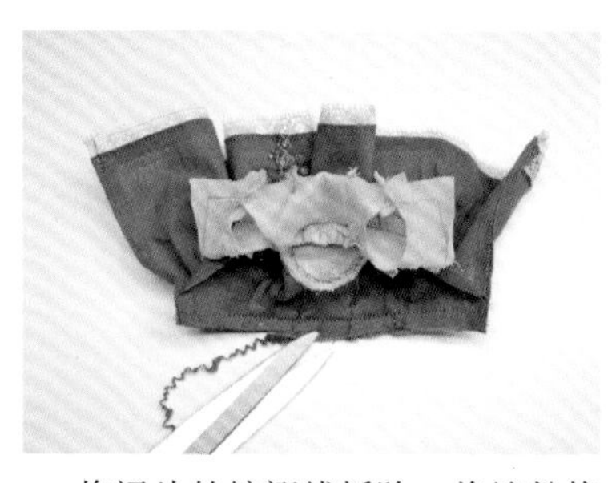

35 将裙片的缩褶线拆除。将缝份修剪至3mm。

36 将缝份倒向上衣，然后从上衣正面沿腰围线缉缝。

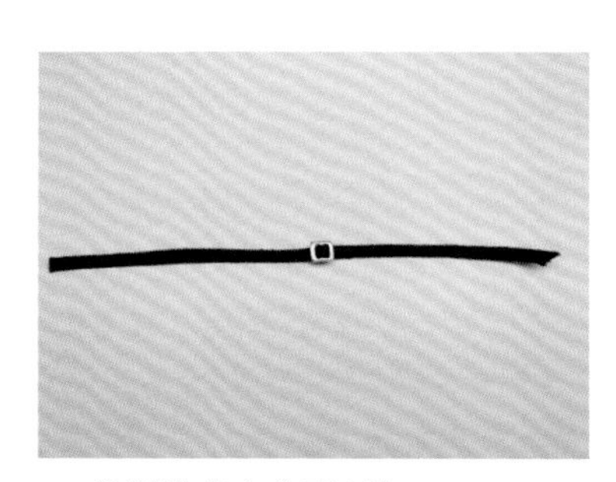

37 将腰带穿入方形环扣。

诀窍 需要准备足够长度的腰带，将腰带一端剪成斜角更容易穿入方形环扣。

38 将准备好的腰带对齐连衣裙的腰围并缝合。

诀窍 注意不要在腰带上露出线迹。

39 把多余的腰带剪掉。

40 将上衣表、里布的后门襟缝份和腰围缝份用珠针固定整理，用对接（藏针）缝缝合表、里布侧缝，腰围则用缭缝收尾。

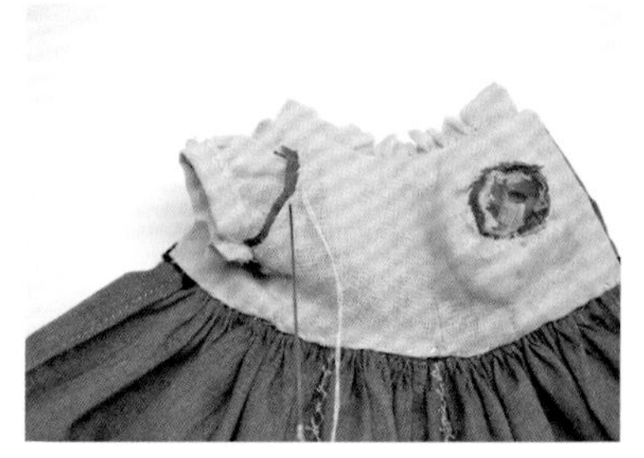

41 将表、里布的袖窿正面贴合对齐，用缭缝缝合。

诀窍 注意不要在表布正面露出线迹。

42 缉缝上衣后门襟。

43 在前胸U型区中间钉缝蝴蝶结和小珠珠作为装饰。

44 将裙片的后中缝正面贴合对齐，用珠针固定后进行缝合。

45 在上衣后门襟上钉缝珠扣和线襻，整件连衣裙即完成。

Dress 2

茱莉安

遮肩的清教徒宽领（Puritan Collar）加上刺绣和小珠珠做点缀就是一款可爱的连衣裙。
袖子可用不同颜色的面料来制作，或者改变袖长等，按照自己的喜好赋予变化，也会很漂亮。

原尺寸纸样：P251

· S码

- 连衣裙面料：60支棉布、80支棉布（里布）
- 领子面料：60支棉布、80支棉布（里布）
- 绣线（DMC）：分成股后使用
- 裙底边蕾丝（宽1~1.5cm）：39cm
- 腰带（宽3mm）：11cm（材质可用棉、麂皮或涤纶）
- 方形环扣（6mm×5mm）：1个
- 门襟珠扣（2.5mm）：3粒
- 装饰用极小珠珠：适量
- 缎带蝴蝶结（宽4mm）：1个

· M码

- 连衣裙面料：60支棉布、80支棉布（里布）
- 领子面料：60支棉布、80支棉布（里布）
- 绣线（DMC）：分成股后使用
- 裙底边蕾丝（宽1~1.5cm）：41cm
- 腰带（宽3mm）：12cm（材质可用棉、麂皮或涤纶）
- 方形环扣（6mm×5mm）：1个
- 门襟珠扣（2.5mm）：3粒
- 装饰用极小珠珠：适量
- 缎带蝴蝶结（宽4mm）：1个

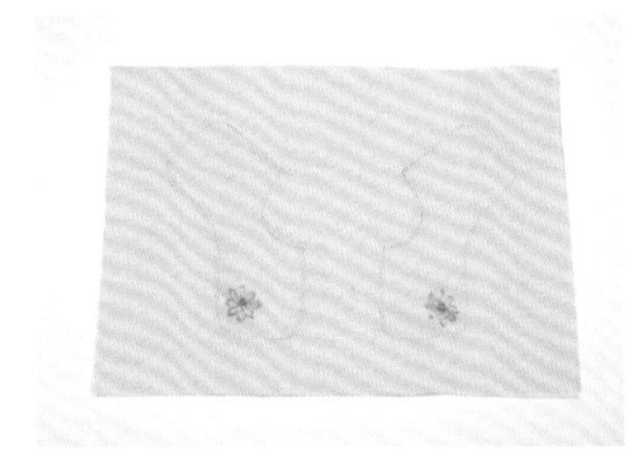

1 按纸样将领子画在领子表布的正面，然后按标示位置绣上雏菊绣。

诀窍 纸样画在面料的正面，比较好刺绣。

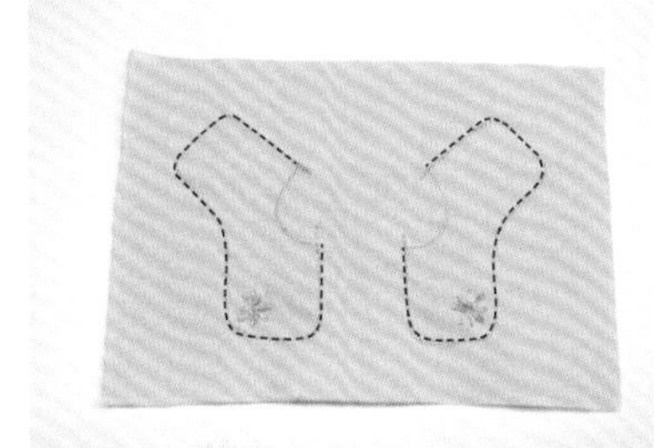

2 将领子表、里布正面相对贴合，按所画领子（照片中虚线处）缝合。

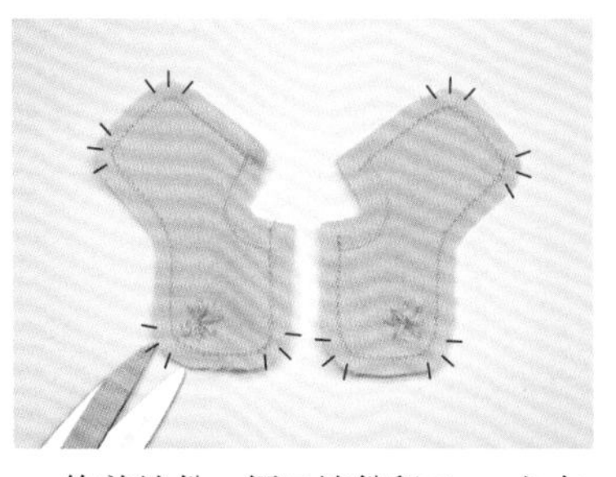

3 修剪缝份，领口缝份留5mm左右，其余边缘缝份只留3mm左右，并将边缘曲线处的缝份打剪口。

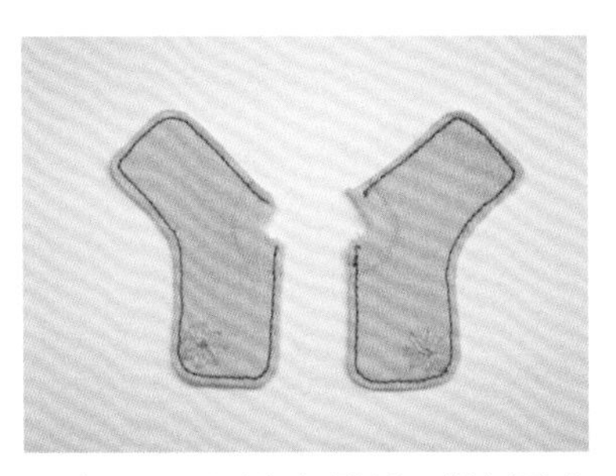

4 翻至正面后仔细熨烫，沿领子边缘缉明线。

5 将上衣前片的腰省折好缝合。由外向省尖缝合并做倒回针。

诀窍 由外向省尖缝合后做倒回针，顺便再缝合一次，这样省尖的线头才不会散开。

6 将前、后衣片正面贴合对齐并缝合肩缝。

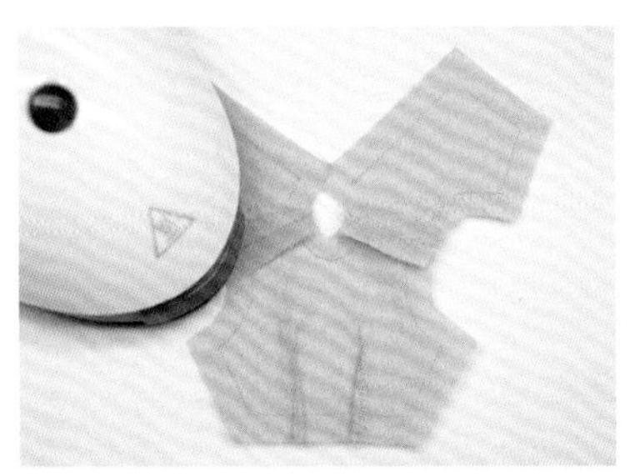

7 将肩缝缝份分开并烫平。

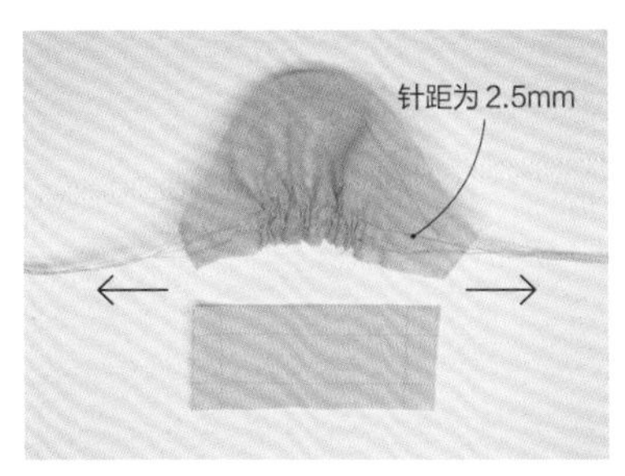

8 在袖片袖口边缝合线上下两边各缝一条线迹，再配合袖头的长度抽缩缝线做出碎褶。

9 将做好缩褶的袖口与袖头正面贴合对齐并缝合，将缝份修剪至3mm。

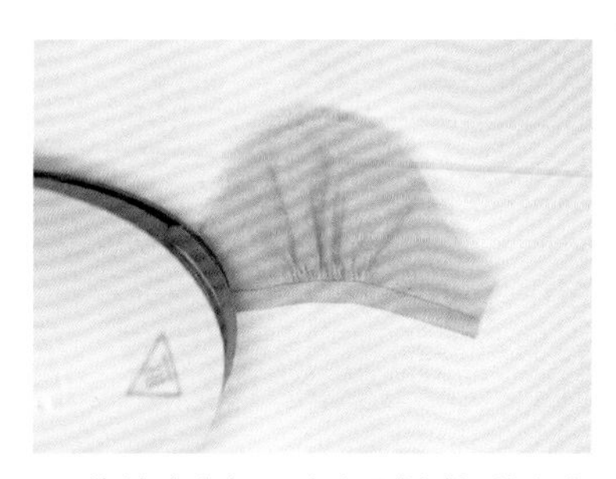

10 将袖头翻折两次包覆缝份后烫平。

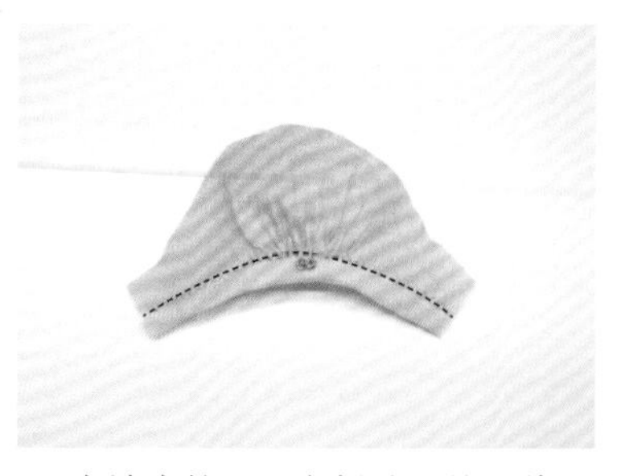

11 在袖头的正上方缉缝，然后将两粒小珠珠钉缝在袖口中间作为装饰。

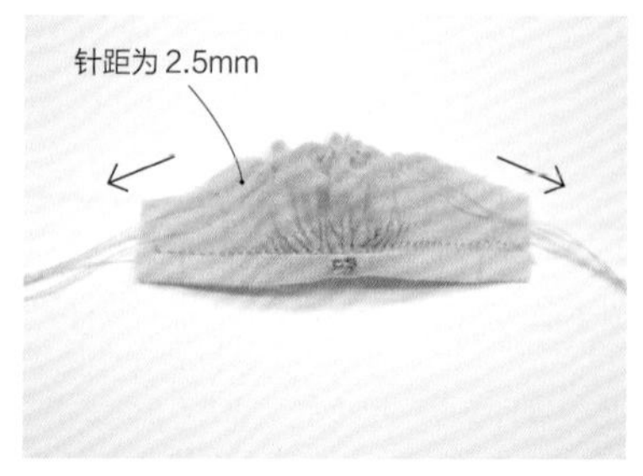

12 在袖山缝合线上下两边各缝一条线迹，然后根据上衣袖窿的长度抽缩缝线做出碎褶。

13 将上衣袖窿和袖山正面贴合对齐，在缝合线以内 1~2mm 处用绷缝固定。

14 缝合袖窿并将缩褶线拆除并修剪缝份至 3mm。

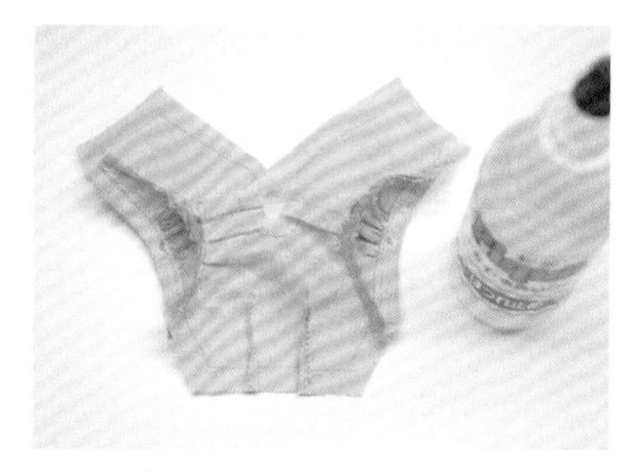

15 给袖窿缝份涂上锁边液。另一侧袖子的做法相同。

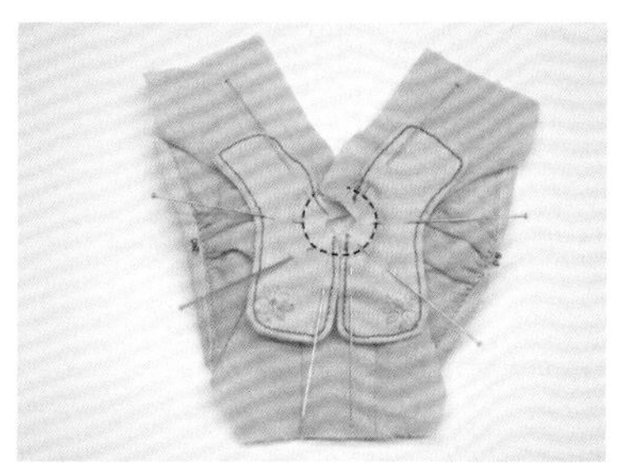

16 将领子与衣片的领口正面对齐贴合，用珠针固定后缝合。

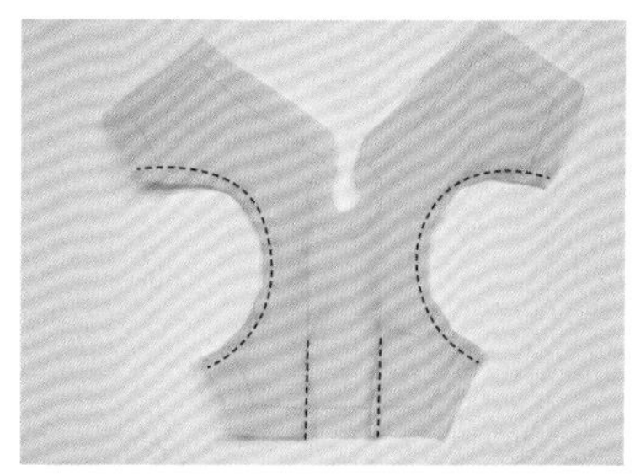

17 按纸样裁好衣片里布，将里布袖窿缝份打剪口内折后缉缝。腰省折好并缉缝。

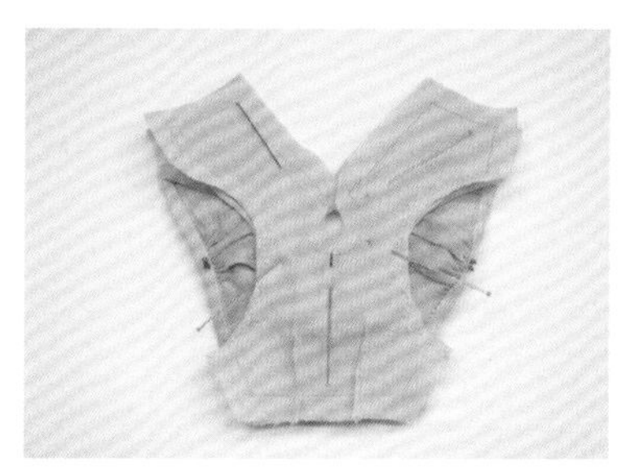

18 将上衣表、里布正面对齐贴合，用珠针固定。

19 将后门襟和领口处进行缝合，将领口缝份打剪口，并将缝份边角以斜线剪切掉。

诀窍 后门襟缝合至照片所示的虚线位置。

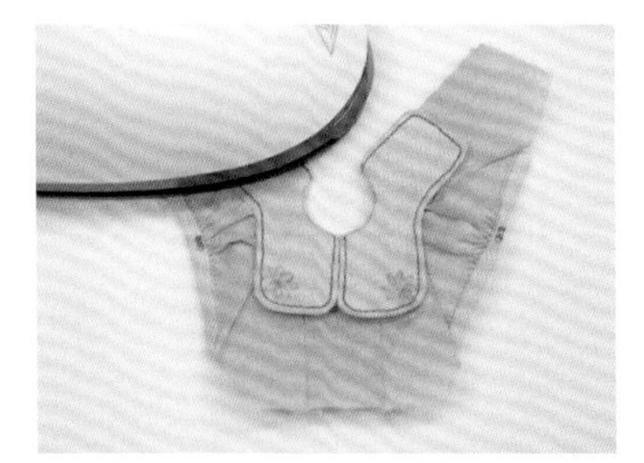

20 翻至正面后将领口烫平。

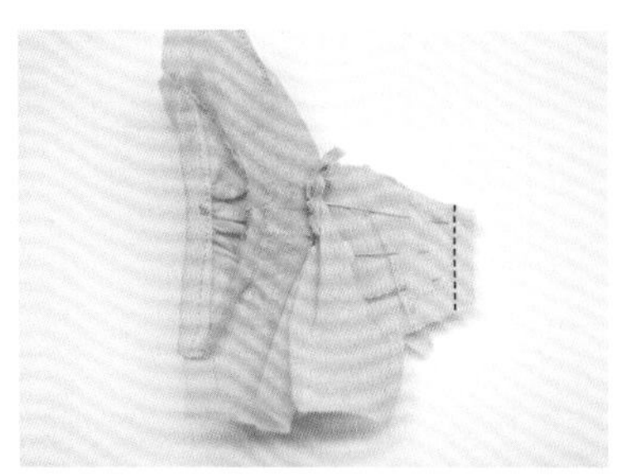

21 将里布正面贴合对齐，用珠针固定后缝合侧缝。

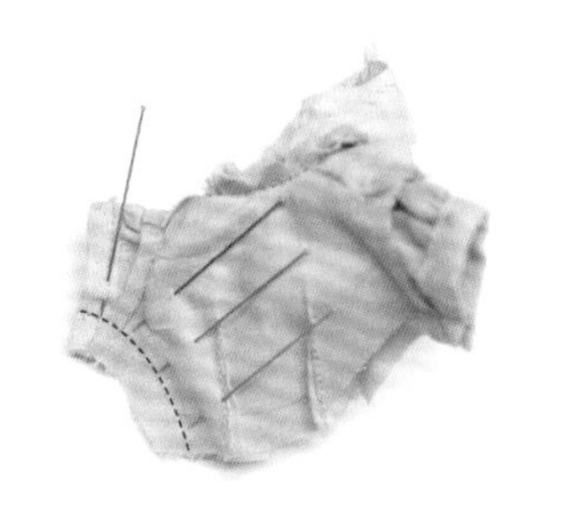

22 将上衣前、后片正面贴合对齐，用珠针固定后缝合侧缝。

23 将缝份修剪至3mm并涂上锁边液，再将腋下曲线位置缝份打剪口。

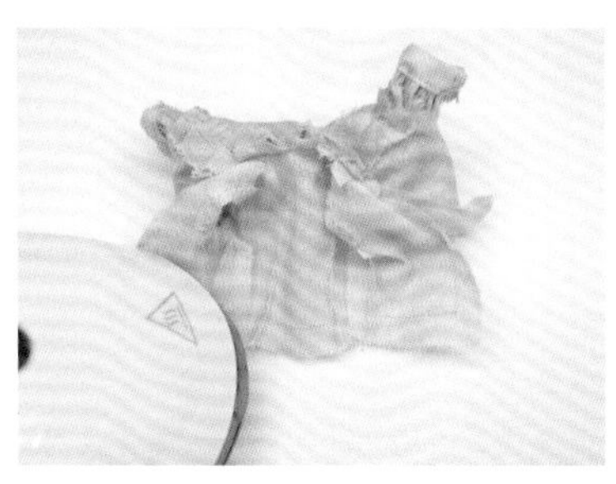

24 将表、里布的侧缝分开并烫平。

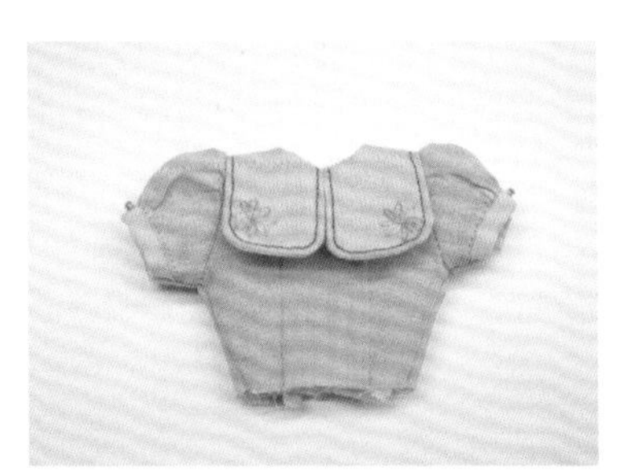

25 翻面后稍作整理。

26 裙片按纸样裁好后，将裙片底边缝份内折并烫平。

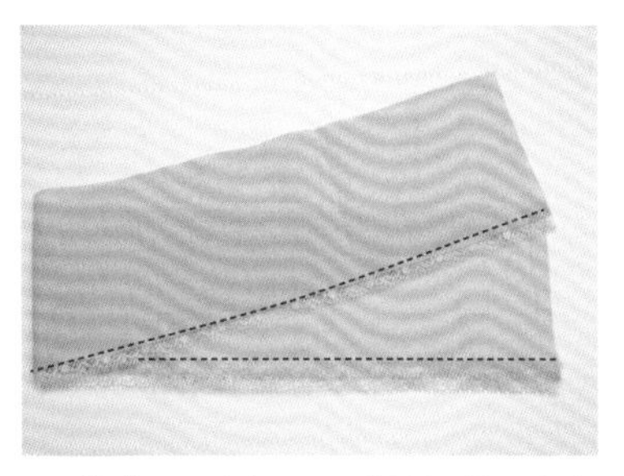

27 将蕾丝露出5mm缉缝到裙片底边上。

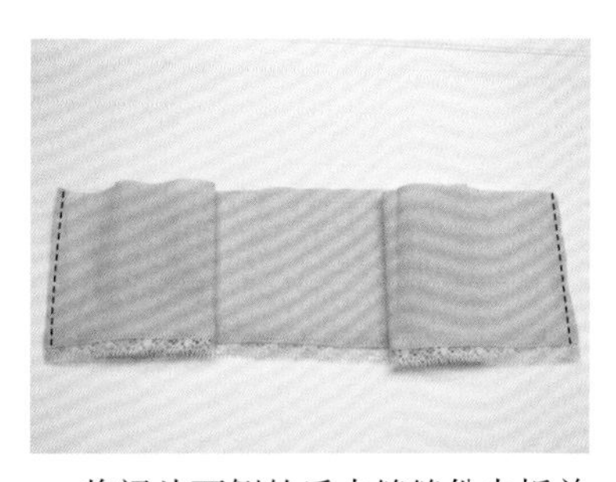

28 将裙片两侧的后中缝缝份内折并缉缝。

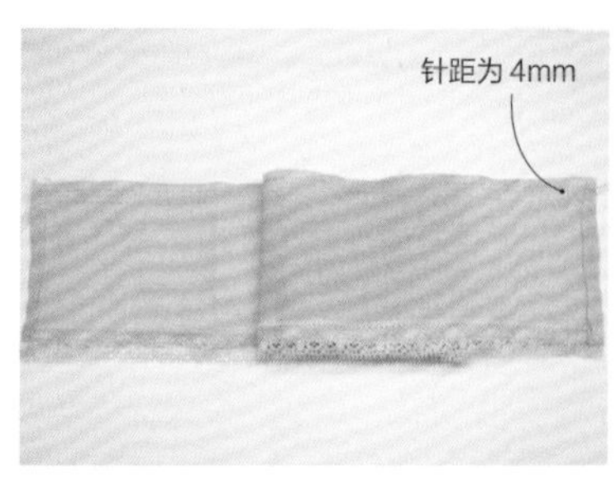

29 在裙片腰围的缝合线上下两边各缝一道线迹。

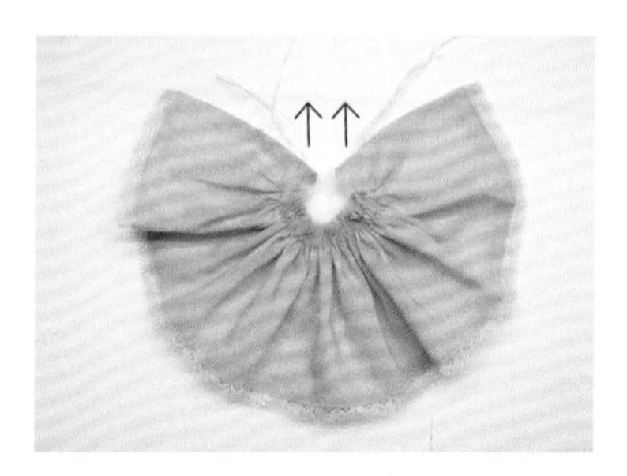

30 抽缩缝线做出碎褶。

31 将上衣和裙片的腰围正面贴合对齐，用珠针固定后缝合。裙子后中缝要对齐缝份两端。

32 将缝份修剪至 3mm。

33 将缝份倒向上衣后烫平，然后从衣片正面沿腰围线缉缝。

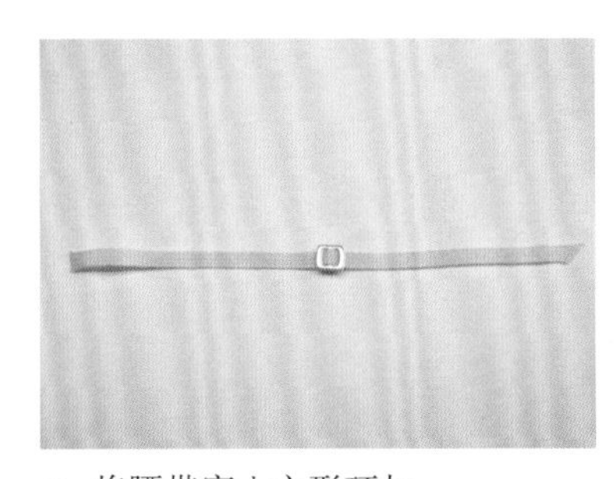

34 将腰带穿入方形环扣。

诀窍 需要准备足够长的腰带，这样可以将腰带一边剪成斜角，从而更便于穿入方形环扣。

35 将准备好的腰带对齐连衣裙的腰部，用短回针缝缝合并把多余的腰带剪掉。

诀窍 注意尽量不在腰带上露出线迹，稍微缝一下就可以。

36 将上衣表、里布的后门襟缝份、腰围缝份内折后用珠针固定，表、里布的侧缝用对接（藏针）缝、腰围用缭缝收尾。

37 缉缝上衣后门襟缝份。

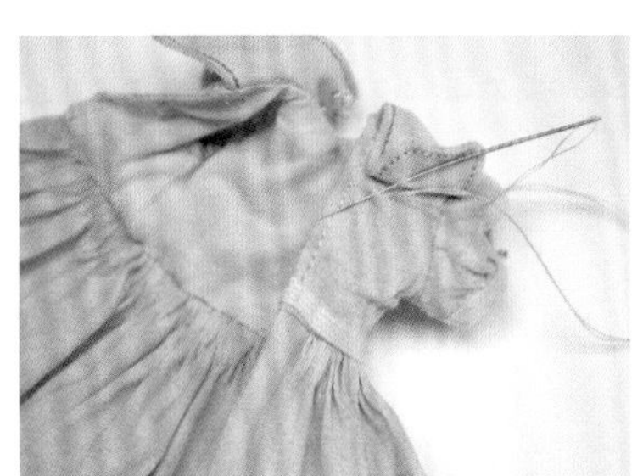

38 从上衣后面两片衣领内侧分别固定一针在后衣片上，使领子不乱飘。

39 将里布和表布的袖窿正面贴合对齐，用缭缝缝合。

诀窍 注意尽量不要在表布正面露出线迹。

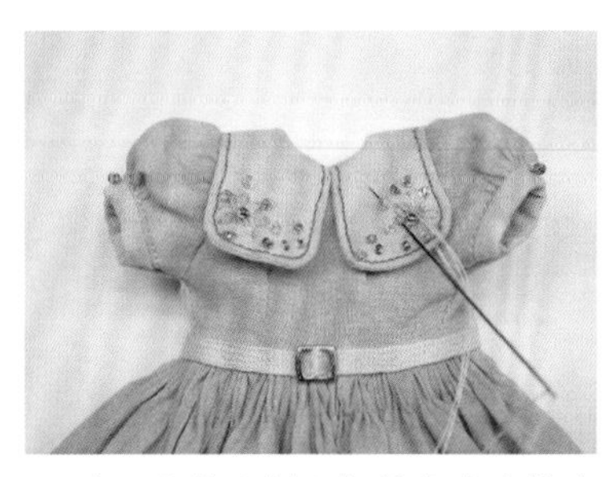

40 在上衣前衣领上钉缝小珠珠作为装饰。

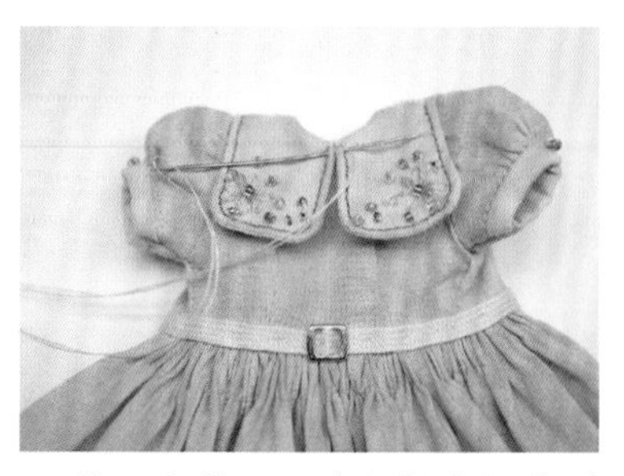

41 从上衣前面两片衣领中间分别固定1~2针在衣片上，使领子不乱飘。

42 钉缝蝴蝶结作为装饰。

43 将裙片后中缝正面贴合对齐，用珠针固定后缝合。

44 在上衣的后门襟位置钉缝珠扣和线襻，整件连衣裙即完成。

Dress 3

玛依

既古典又时尚，是一款充满魅力的连衣裙。
上衣的心形胸线使款式不会过于单调，添加金属蕾丝，又赋予了成熟干练的感觉。

原尺寸纸样：P255

·S码

连衣裙面料：60支棉布、80支棉布（里布、领子、袖子）

金属蕾丝（宽4cm）：6cm

袖子蕾丝（宽1~1.5cm）：18cm

裙摆蕾丝（宽1~1.5cm）：39cm

装饰用极小珠珠：6粒

门襟珠扣（2.5mm）：3粒

缎带蝴蝶结（宽4mm）：1个

·M码

连衣裙面料：60支棉布、80支棉布（里布、领子、袖子）

金属蕾丝（宽4cm）：7cm

袖子蕾丝（宽1~1.5cm）：20cm

裙摆蕾丝（宽1~1.5cm）：41cm

装饰用极小珠珠：6粒

门襟珠扣（2.5mm）：3粒

缎带蝴蝶结（宽4mm）：1个

1 准备比上衣前片大一些的面料，在其中间画三条间距为5mm的纵向直线后，沿中间那条线剪开。分别将缝份涂上锁边液。

2 将剪开的面料正面贴合对齐并缝合。

3 将缝份朝两边分开并烫平。

4 翻到面料正面，在中心线左右两侧各缉一条明线。

5 将宽4cm的金属蕾丝放在面料上，并覆盖住其三分之一的面积，用珠针固定后沿蕾丝边缘缝合。

6 根据蕾丝的位置，从面料反面按纸样画出上衣前片，并沿缝合线向外1mm处缝合，固定蕾丝覆盖的位置。

7 将胸省折好，然后沿缝合线缝合。

8 将前、后衣片正面贴合对齐后缝合肩缝。这时不要将缝份分开，而是将缝份倒向后衣片。

9 从后衣片正面沿肩缝缉明线。

10 准备比两片袖子大一些的面料，在其中间画三条间距为5mm的横向直线后，沿中间那条线剪开，并涂上锁边液。

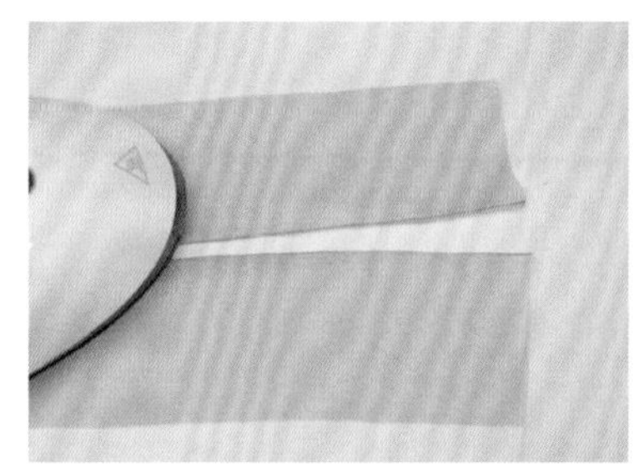

11 将两边中间缝份内折并烫平。

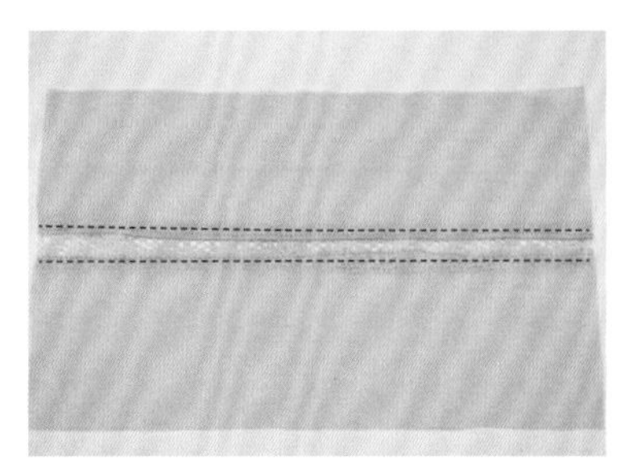

12 将袖子蕾丝放在两块面料中间并缝合。这时袖片上、下两部分要分别覆盖住蕾丝的上、下两边缘。

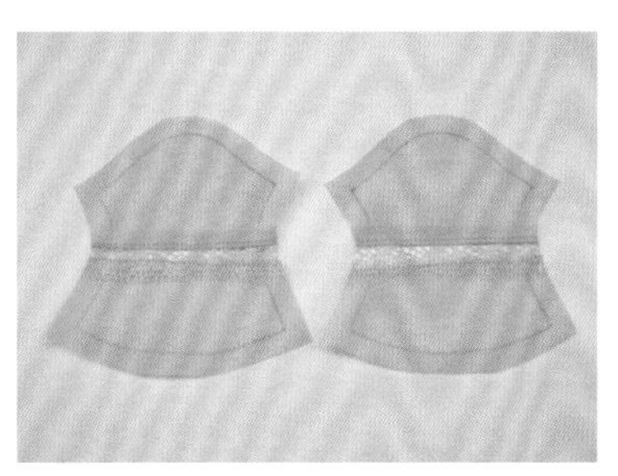

13 按纸样裁剪袖片。

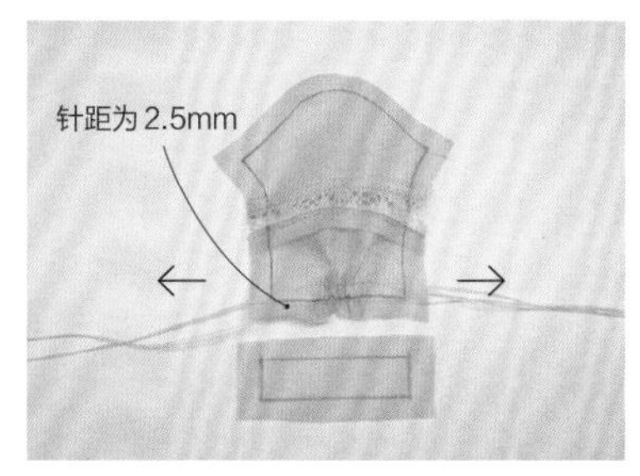

14 在袖片的袖口缝合线上下两边各缝一条线迹，再配合袖头的长度抽缩缝线做出碎褶。

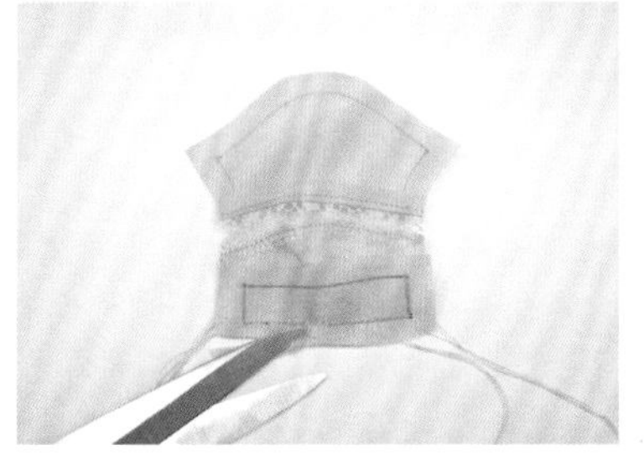

15 将做好缩褶的袖口与袖头正面贴合对齐并缝合，并将缝份修剪至3mm。

16 将袖头翻折两次包住缝份后烫平，并在袖头的正上方缉缝。

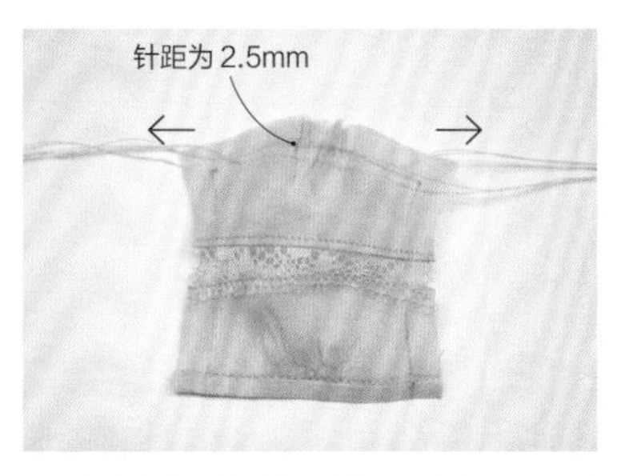

17 在袖山缝合线上下两边各缝一条线迹，然后根据上衣袖窿的长度抽缩缝线做出碎褶。

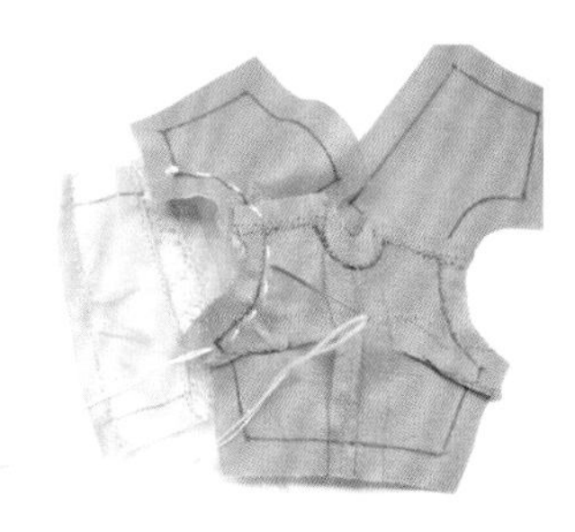

18 将上衣袖窿与袖山正面贴合对齐，在缝合线以内1~2mm处用绷缝固定。

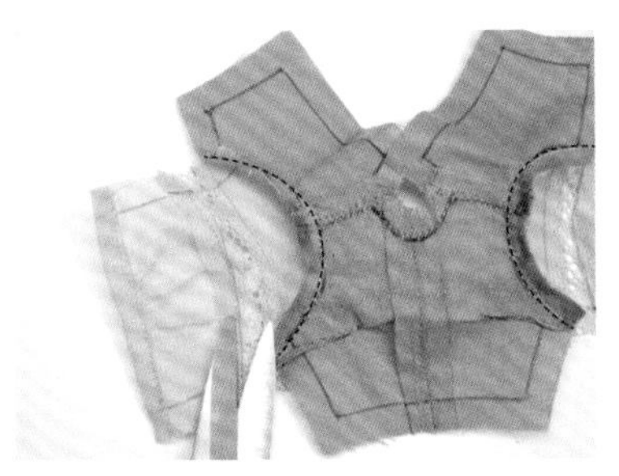

19 缝合袖窿并将缩褶线和绷缝线拆除。修剪缝份至3mm并涂上锁边液。另一侧袖子做法相同。

20 按纸样裁好荷叶边立领，对半折后缉缝两端。

诀窍 立领面料请使用80支或100支的薄面料。

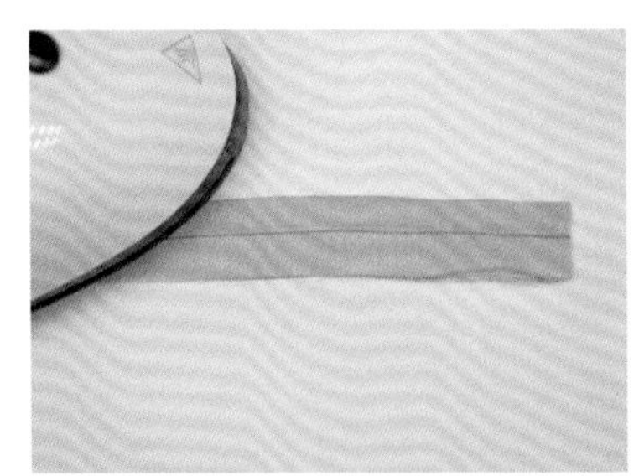

21 翻至正面后烫平。

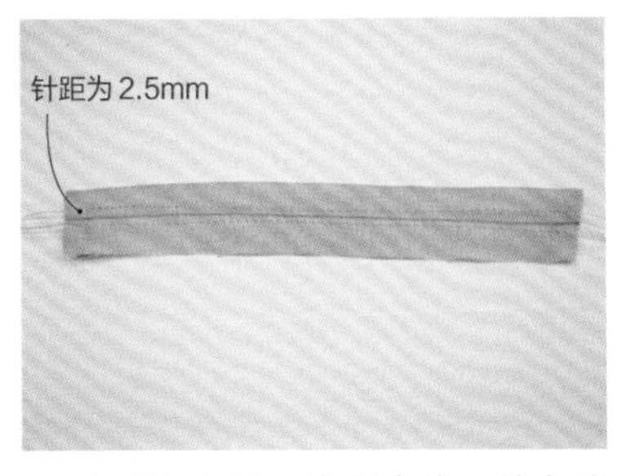

22 在正面重画一次缝合线，并在缝合线上下两边各缝一条线迹。

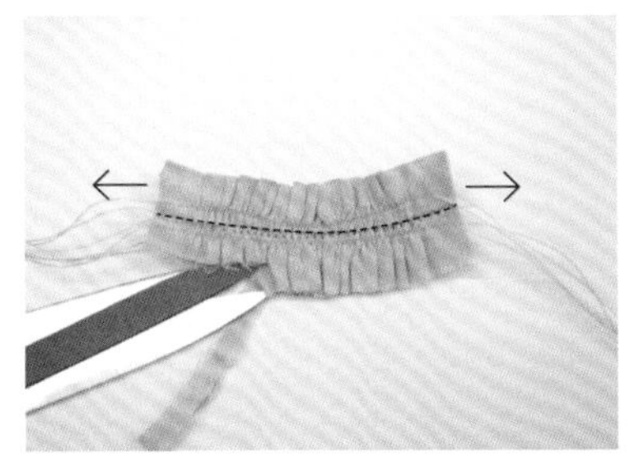

23 抽缩缝线做出碎褶。沿缝合线缉缝固定，并将缝份修剪至5mm。

诀窍 抽缩缝线后立领的长度，S码4.5cm，M码6.5cm。

24 将衣片领口的缝份打剪口。

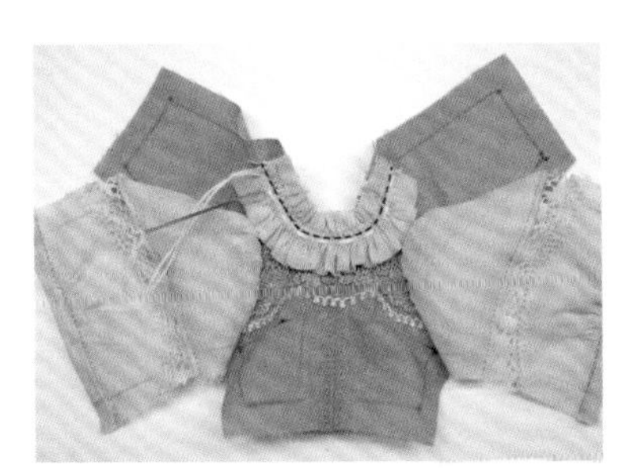

25 将立领贴合在上衣领口缝份上，并用绷缝固定后缝合。

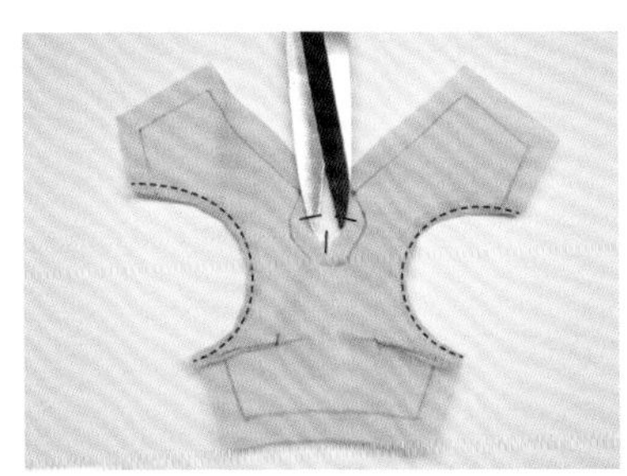

26 将衣片里布按纸样裁剪好，将袖窿缝份打剪口，并内折缉缝，再将胸省折好后缝合。给领口缝份打剪口。

27 衣片表、里布正面贴合对齐，用珠针固定后，将后门襟和领口处进行缝合。领口缝份打剪口后，将缝份边角以斜线剪切掉。

诀窍 后门襟缝合至照片所示的虚线位置。

28 翻至正面并烫平整理立领形状后，将立领的缩褶线拆除。

29 将里布的侧缝正面贴合对齐，用珠针固定后缝合。

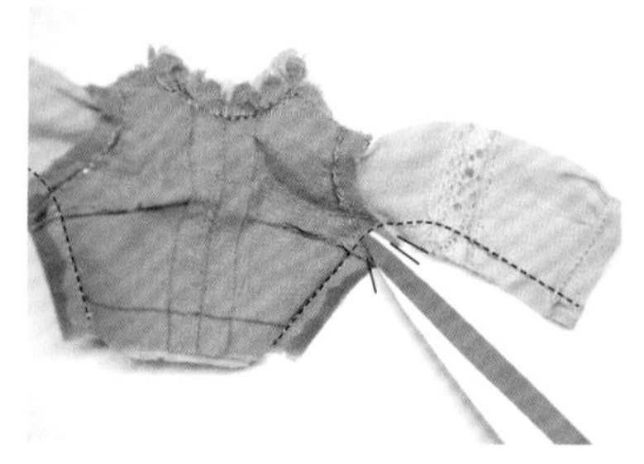

30 将上衣前、后片正面贴合对齐，用珠针固定后缝合。将缝份修剪至3mm，涂上锁边液，然后在腋下曲线位置缝份打剪口。

31 翻至正面。

32 将表、里布的侧缝缝份分开并烫平。

33 将裙片按纸样裁好，将裙底边进行卷边缝。

诀窍 也可以在缝份上涂锁边液并将缝份内折烫平后缝合。

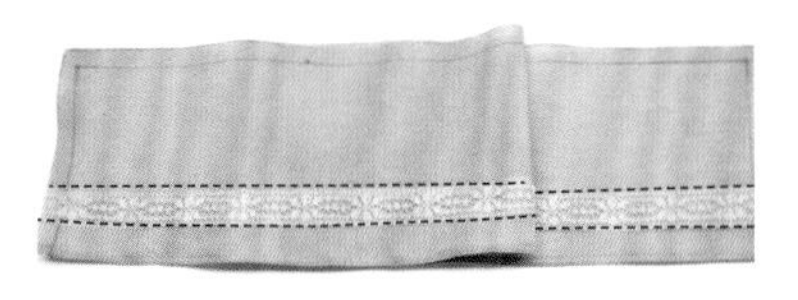

34 将1~1.5cm宽的裙摆蕾丝缝合至裙片下摆标示的位置。

35 将裙片后中缝缝份内折并缉缝。

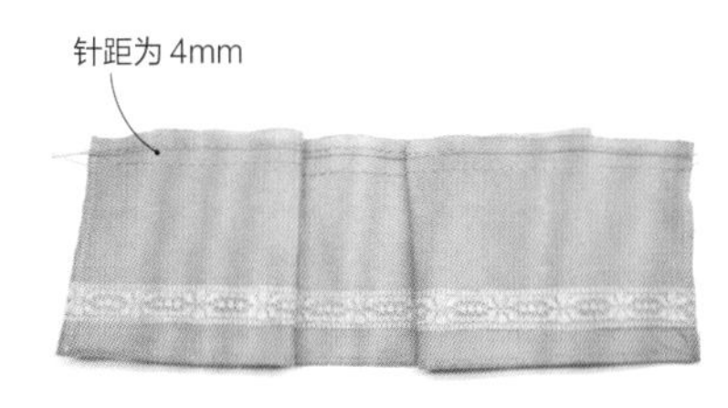

36 在腰围缝合线上下两边各缝一条线迹。

37 配合衣片腰围长度抽缩缝线做出碎褶。

38 将上衣和裙片的腰围正面贴合对齐，用珠针固定后缝合。这时裙片后中缝要和缝份两端对齐。将裙片的缩褶线拆除。

39 将缝份修剪至3mm。再将缝份倒向上衣，然后从上衣正面沿腰围线缉缝。

40 将上衣表、里布的后门襟缝份和腰部缝份用珠针固定整理，用对接（藏针）缝缝合表、里布侧缝，腰围则用缭缝收尾。

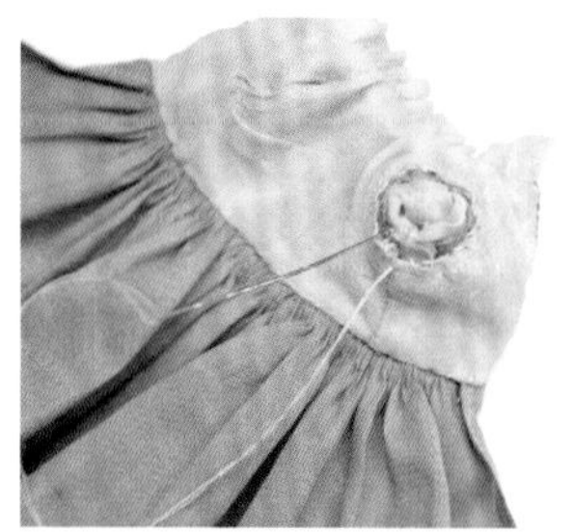

41 将表、里布的袖窿正面贴合对齐，用缭缝缝合。

诀窍 注意不要在表布正面露出线迹。

42 将上衣后门襟缝份缉缝。

43 在衣片正面钉缝蝴蝶结和小珠珠作为装饰。

44 将裙片的后中缝正面贴合对齐，用珠针固定后缝合。

45 在上衣后门襟上钉缝珠扣和线襻，整件连衣裙即完成。

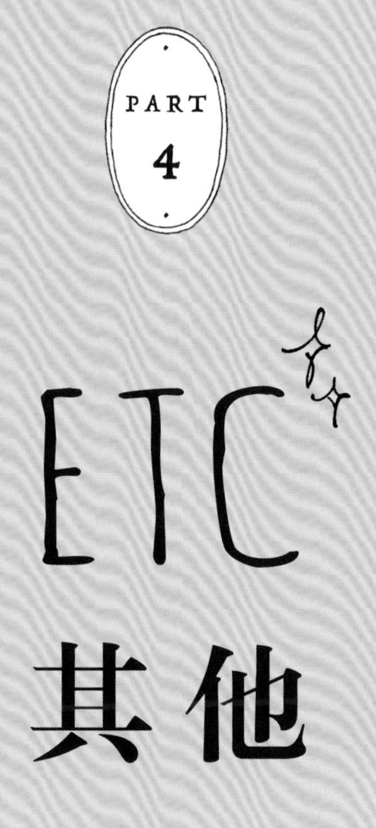

出门时总会为背哪个包包、戴哪顶帽子发愁。
这是因为小小的配饰会影响造型的整体感。对娃娃也是同理的哟！
尝试制作系带软帽、袜子、环保购物袋、围巾等各种配饰吧！
一起来体验一下，用一件小小的配饰让平凡的娃娃变得别具一格！

Dress 1

金属丝发带

增添可爱活泼感的配饰。
在发带里面加入金属丝，很容易制作。试着和休闲服饰搭配看看吧。

原尺寸纸样：P259

· **S码**
面料：60支棉布
金属丝：18cm

· **M码**
面料：60支棉布
金属丝：34cm

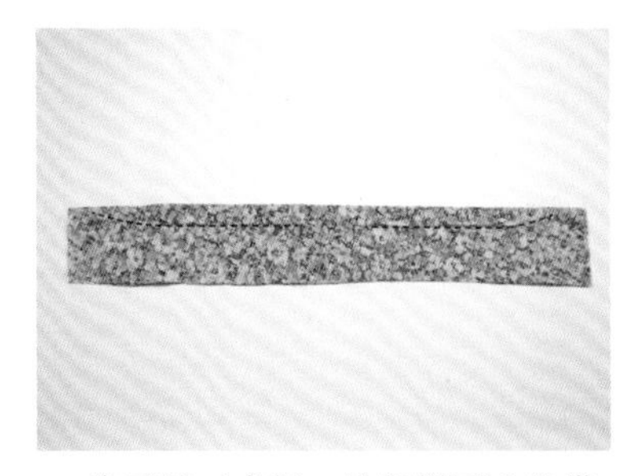

1 将面料对半折，按纸样画出发带，并缝合除开口处以外的部分。

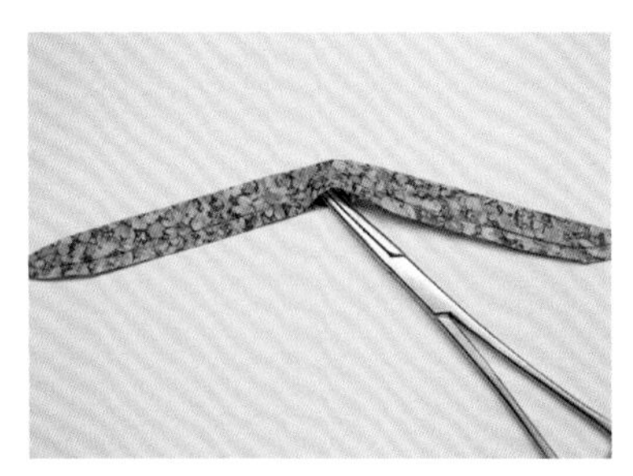

2 将缝份修剪至3mm，并用翻里钳从开口处翻面。

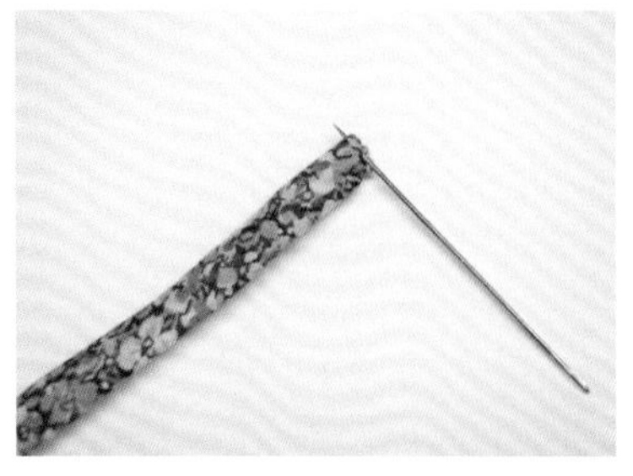

3 因发带的宽度很窄，用翻里钳会很难完全翻面，两端的棱角要用粗一点的针穿过去，再轻轻地拉出。

4 烫平。

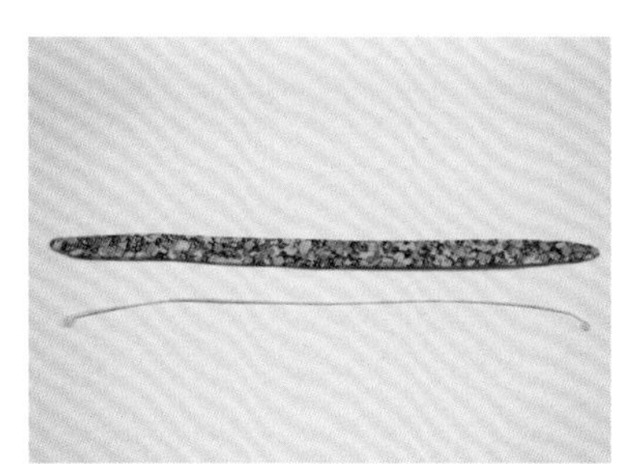

5 将金属丝剪成合适发带的长度，并将金属丝两端卷成弯曲状。

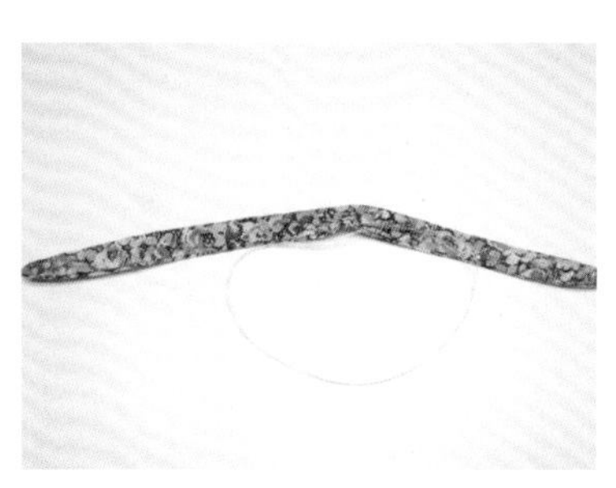

6 将金属丝从开口处穿入，用对接（藏针）缝缝合开口，发带即完成。

Dress 2

系带软帽

可以让整体造型显得既浪漫又可爱的配件。
从田园风到华丽风的连衣裙，无论搭配怎样的服装，都可以尽显可爱活泼的感觉。
若是搭配设计简约的连衣裙，则可以成为整体造型的亮点。

原尺寸纸样：P260

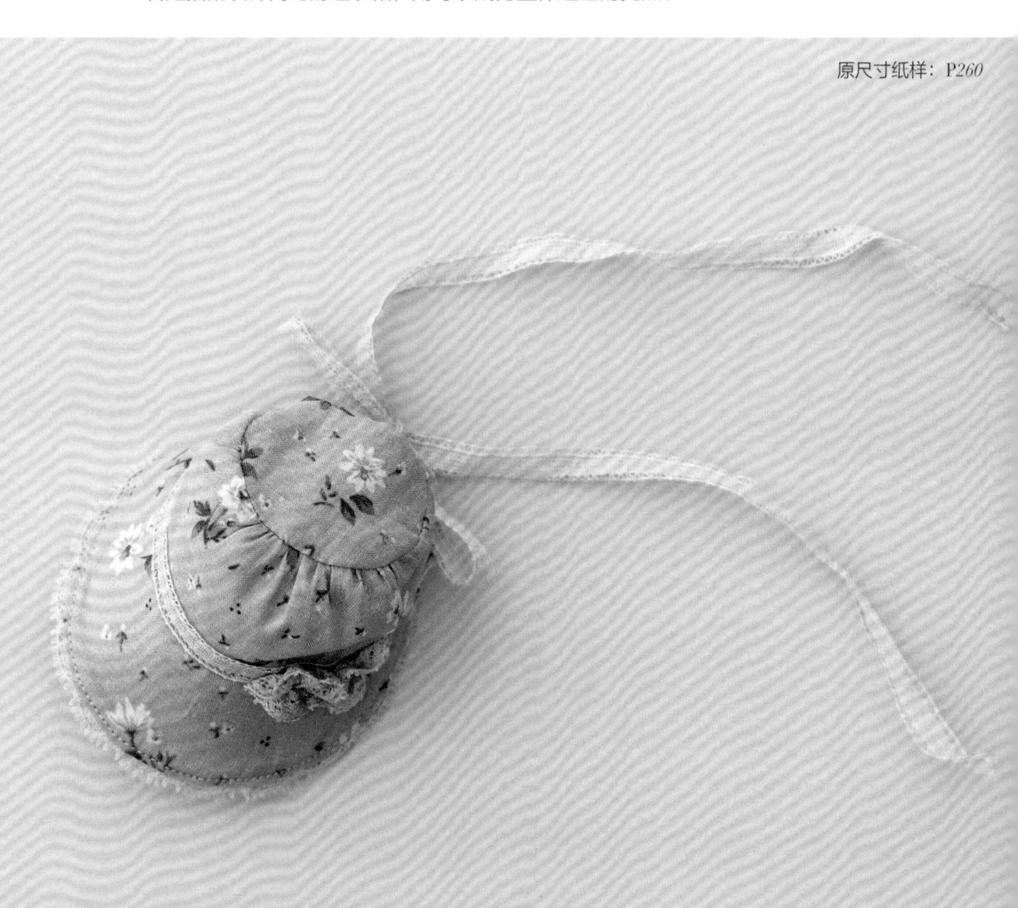

·S码

面料：60支花棉布、60支棉布（里布）
帽檐蕾丝（宽1~1.5cm）：18cm
装饰蕾丝（宽4cm）：40cm
系带蕾丝（宽5mm）：50cm
布用胶带：11cm × 7cm
制作装饰花的蕾丝（宽1cm）：6cm（选配）

·M码

面料：60支花棉布、60支棉布（里布）
帽檐蕾丝（宽1~1.5cm）：36cm
装饰蕾丝（宽4cm）：90cm
系带蕾丝（宽5mm）：70cm
布用胶带：20cm × 13cm
制作装饰花的蕾丝（宽1cm）：6cm（选配）

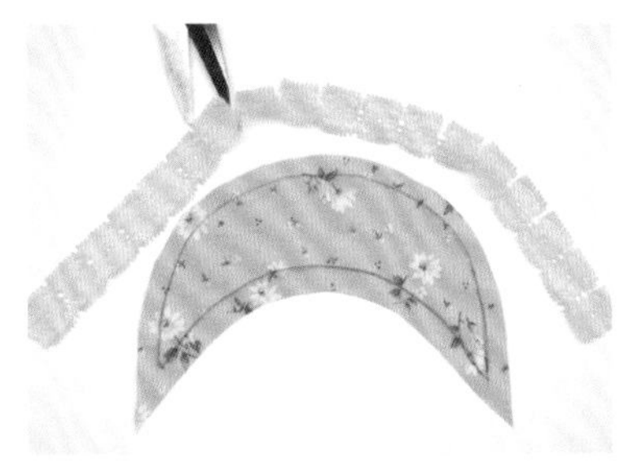

1 按纸样裁剪帽檐，将帽檐蕾丝打剪口，剪口深度为蕾丝宽度的三分之二。

诀窍 在面料正面画上纸样更容易制作。

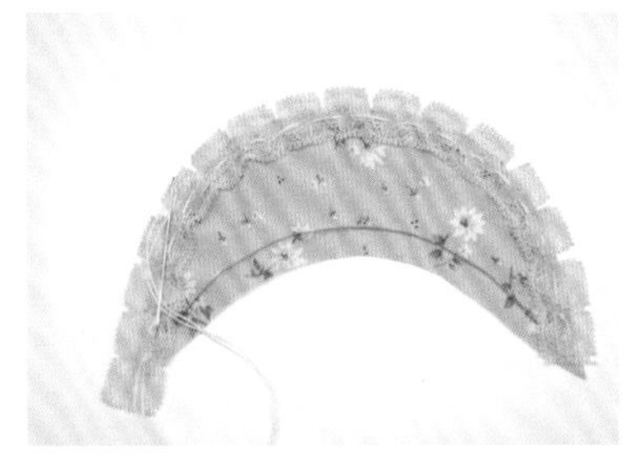

2 将蕾丝对齐帽檐正面上曲线缝合线向内2mm处，并用绷缝固定。这时要将蕾丝打剪口的部分朝外摆放。

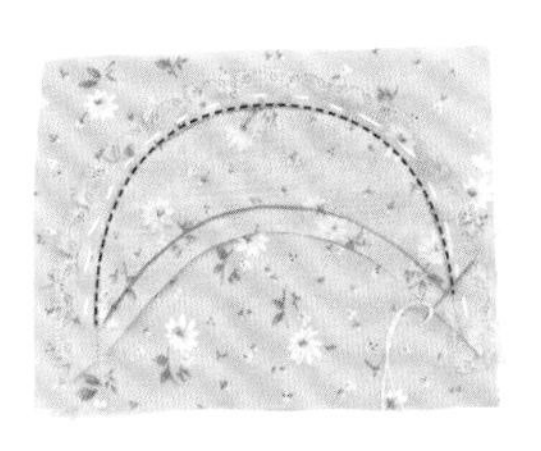

3 将帽檐的表、里布正面贴合对齐，用布用胶带固定后沿缝合线缝合。

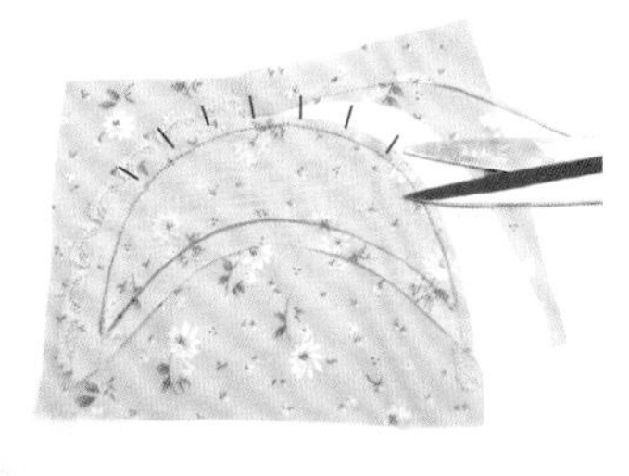

4 将缝合好蕾丝的上曲线缝份修剪至3mm，并将缝份打剪口。下曲线缝份修剪至5mm。

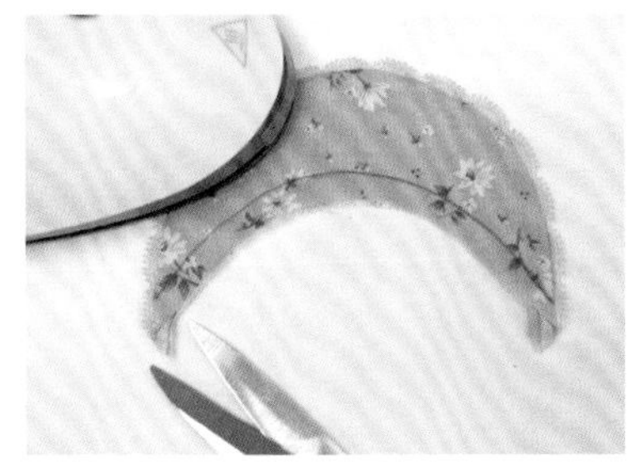

5 翻至正面后烫平，将露出的缝份剪掉。

诀窍 如果熨斗的温度过高，导致布用胶带融化，会使面料皱缩，因此一定要控制好温度。

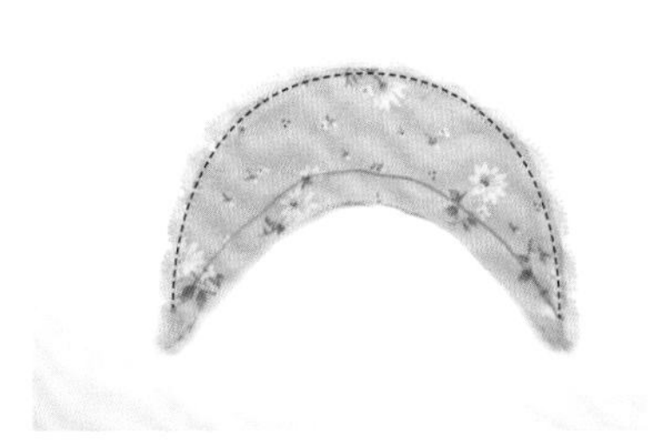

6 将帽檐的上曲线缉明线。

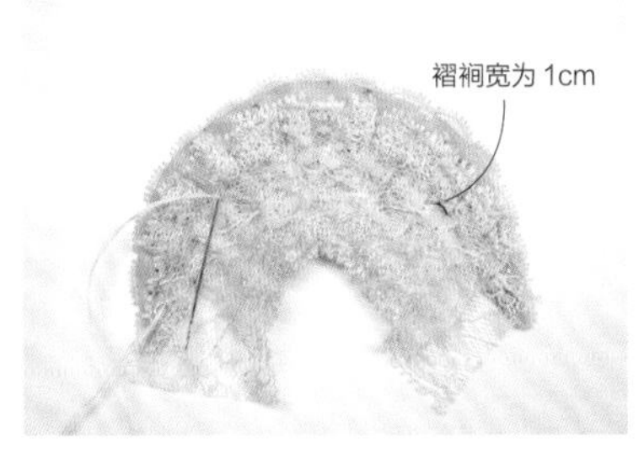

7 将装饰蕾丝一边打褶一边贴合在帽檐内侧，每个褶裥的宽为1cm并用绷缝固定。

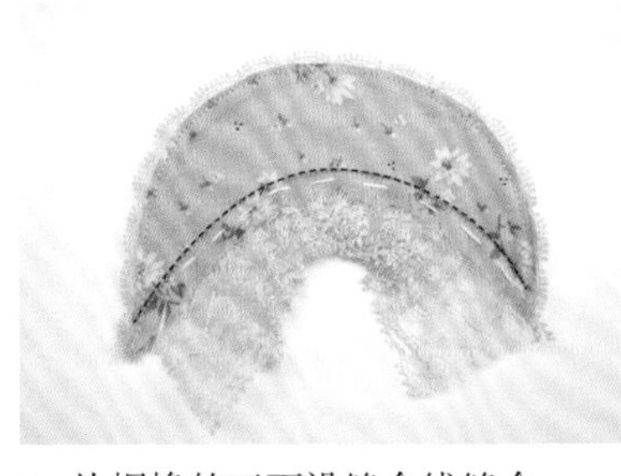

8 从帽檐的正面沿缝合线缝合。

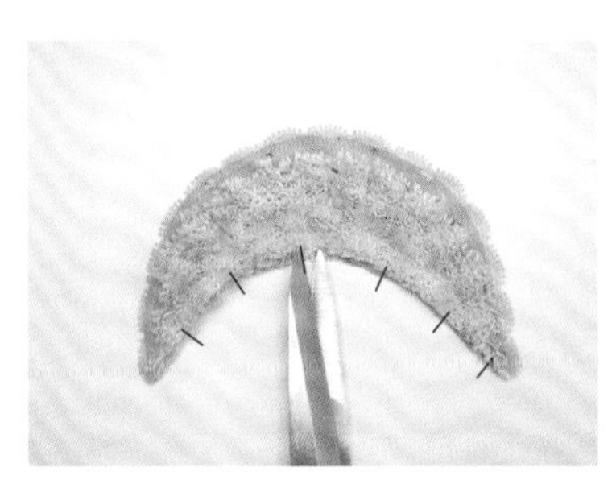

9 将多余的蕾丝剪掉，并将下曲线缝份打剪口。

10 将帽身表布按纸样裁剪好，将平边的缝份内折并烫平。

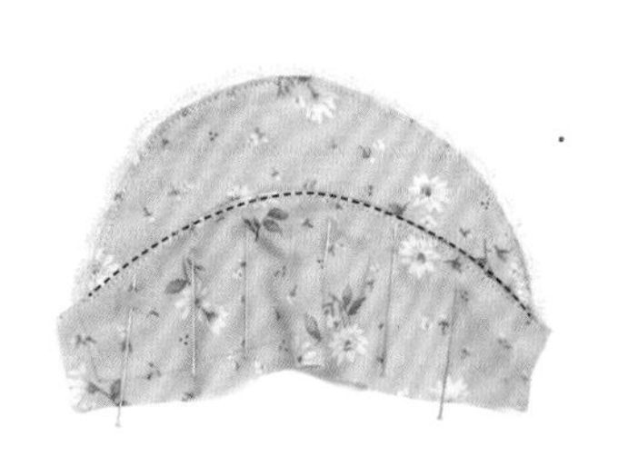

11 将帽身的平边与帽檐正面的下曲线用珠针固定后缝合。

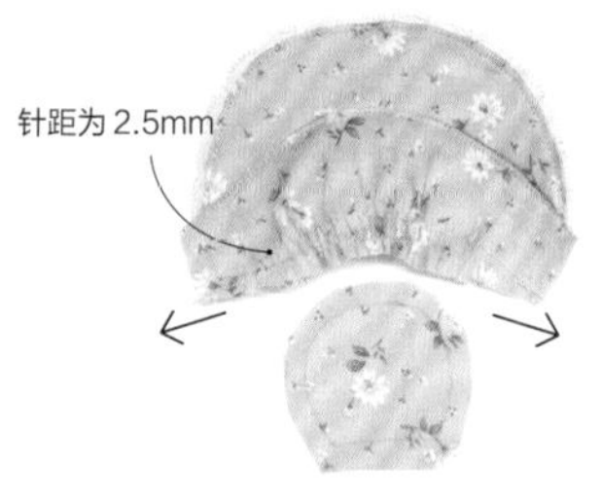

12 在帽身曲线边的缝合线上下两边各缝一道线迹，根据帽顶周长抽缩缝线做出碎褶。再将帽顶表布按纸样裁好。

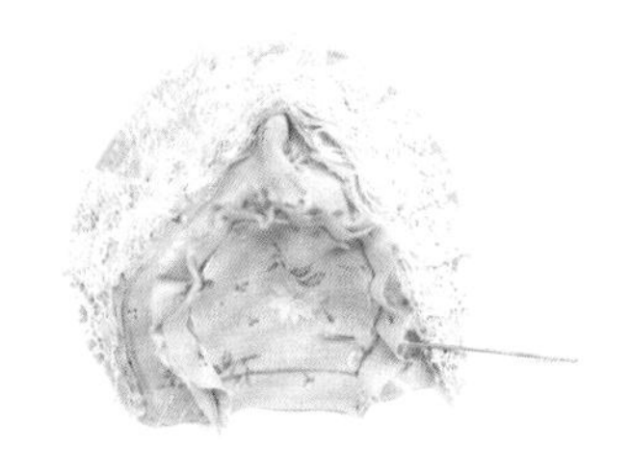

13 将帽身和帽顶的缝份正面贴合对齐并用绷缝固定。

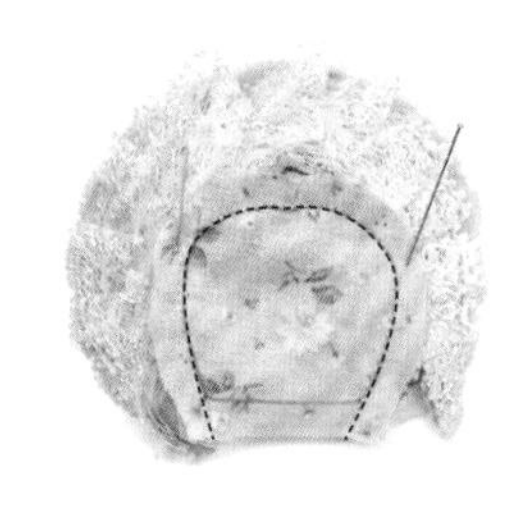

14 沿缝合线缝合。

15 按纸样裁剪帽身里布，将平边缝份内折并烫平。

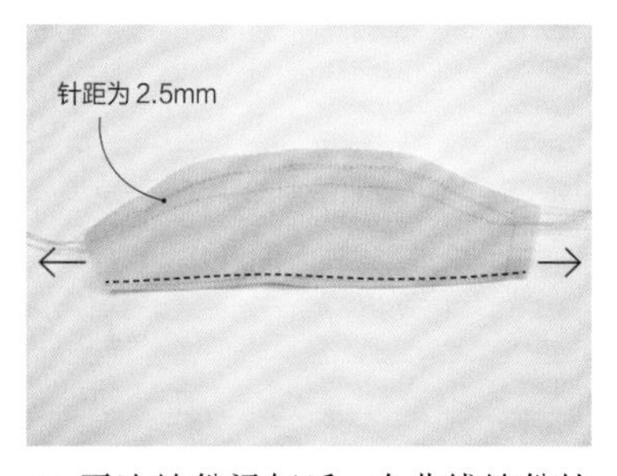

16 平边缝份烫好后，在曲线缝份的缝合线上下两边各缝一道线迹。根据帽顶周长抽缩缝线做出碎褶。

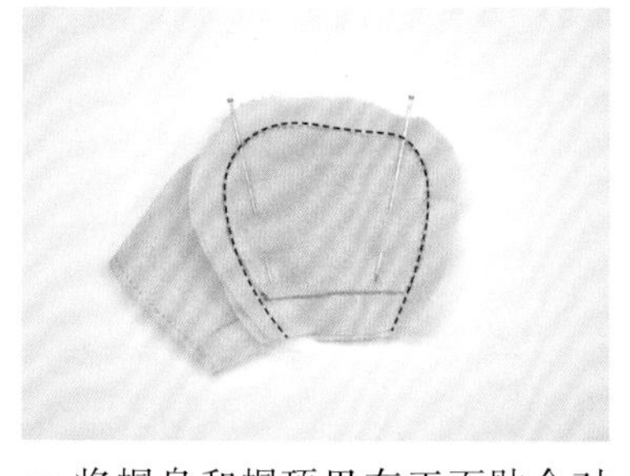

17 将帽身和帽顶里布正面贴合对齐，用珠针固定后缝合。

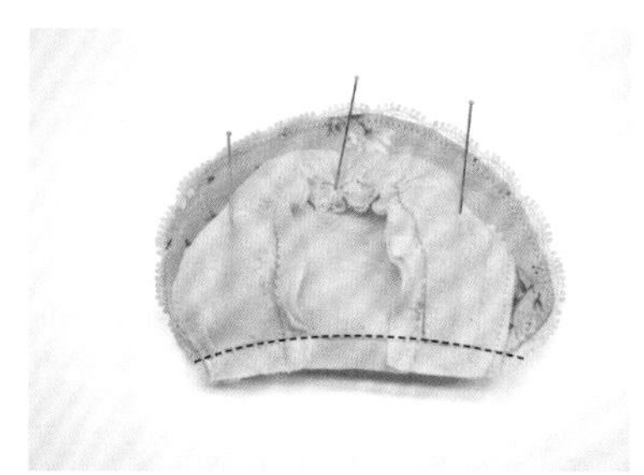

18 将系带软帽的表、里布正面贴合对齐，用珠针固定后缝合底边。

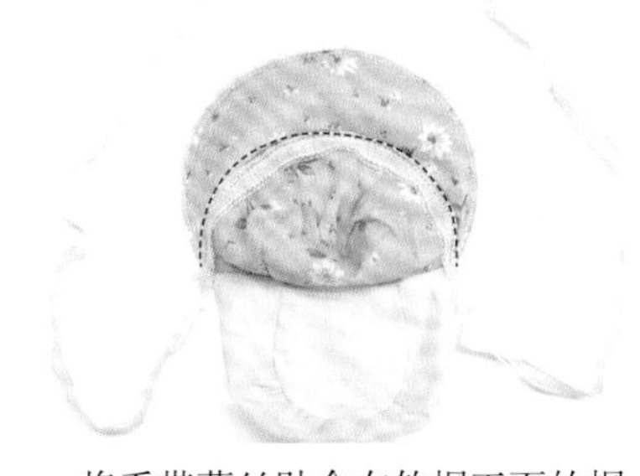

19 将系带蕾丝贴合在软帽正面的帽身平边边缘，然后进行缝合。

20 将软帽的里布折到帽子内侧并稍做熨烫。

21 将软帽翻面，使里布包在表布外面，用缭缝缝合帽身平边缝份。

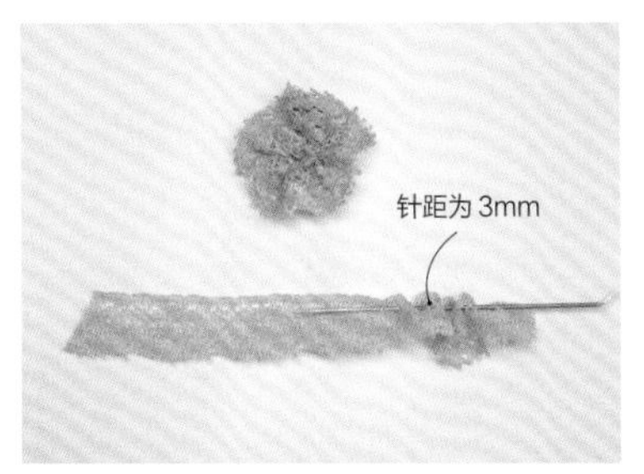

22 在制作装饰花的蕾丝平边上缝两条平行线迹，抽缩缝线做出花的形状。

23 将装饰花缝到软帽的帽身上，系带软帽即完成。

Dress 3

裙撑

让裙子造型更好看的必备单品，尝试制作裙撑，并把它穿在连衣裙里面吧！
这样可以提高连衣裙的完成度。非常适合与露肩小礼服、艾维安、茱莉安、玛依搭配。

原尺寸纸样：P262

· S码

网纱：38cm × 6.5cm

蕾丝（宽1~1.5cm）：38cm

松紧带（宽2mm）：20~25cm

· M码

网纱：40cm × 7.5cm

蕾丝（宽1~1.5cm）：40cm

松紧带（宽2mm）：20~25cm

* 以上尺寸是以露肩小礼服、艾维安、茱莉安、玛依为基准的。
* 制作时，请根据裙长调整网纱长度。

1 把纸样画在网纱上并裁剪。

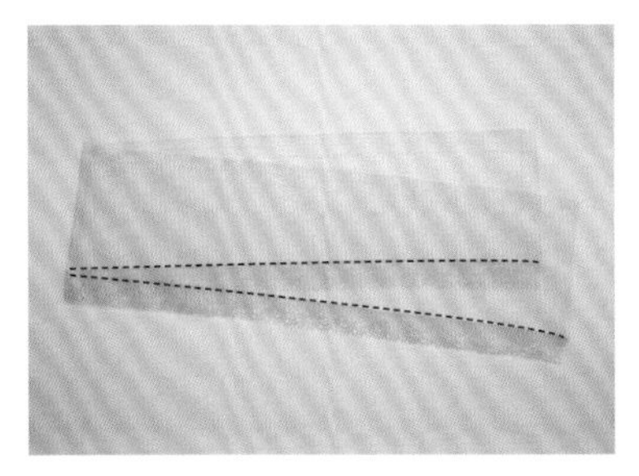

2 将蕾丝缝合在裙片底边缝份上。

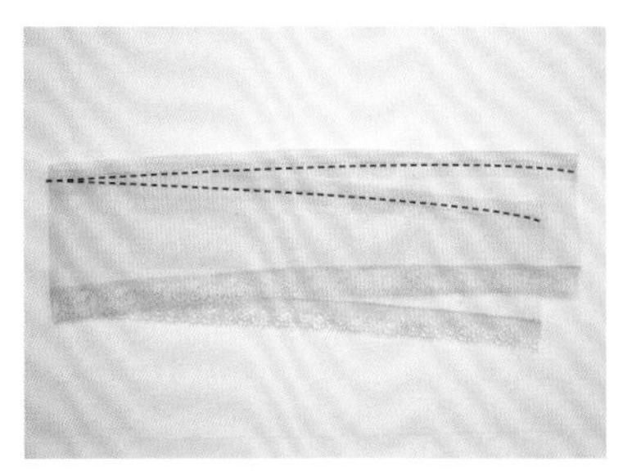

3 将腰围缝份折至虚线处并沿缝合线缉缝。

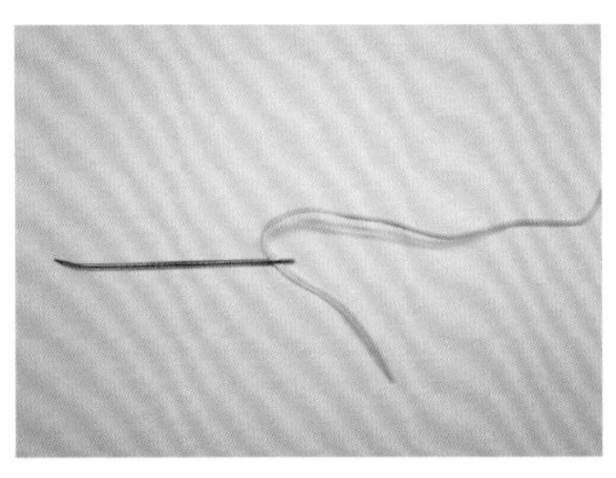

4 将松紧带穿入穿带器或毛线缝针备用。

诀窍 松紧带要预留出足够长度。

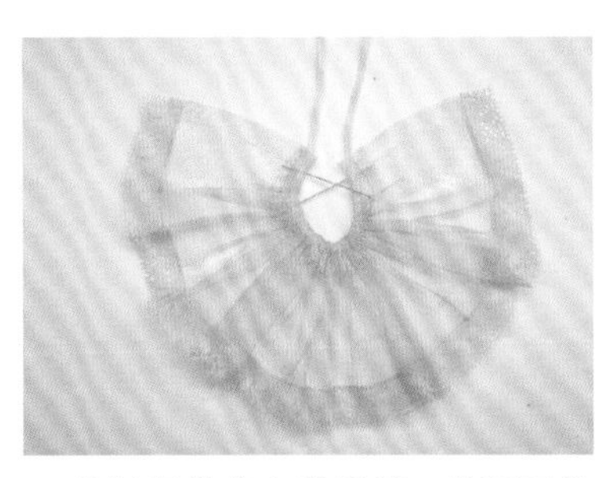

5 将松紧带穿入抽带管，将腰围做成6cm（M码7cm）的松紧腰褶，并用珠针固定。

诀窍 此长度为净长，不包含缝份。

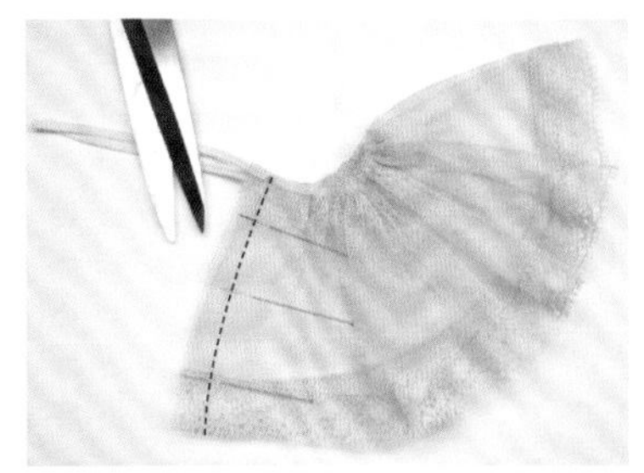

6 将后门襟正面贴合对齐，用珠针固定后缝合，再将多余的松紧带剪掉。用打火机燎边固定，确保边缘不会散开。

7 将后门襟缝份倒向一侧并从正面缉缝。

8 翻至正面，将蝴蝶结固定在腰上，裙撑即完成。

Dress 4

袜子

完成整体造型还需要有袜子。然而，圆筒针织面料或弹性纤维面料弹性较大，要比想象的还难制作。
让我告诉大家一个小窍门，就能很轻松地用弹性面料做出袜子。

原尺寸纸样：P263

·S码

- 面料：圆筒针织面料或弹性蕾丝
- 同 A4 复印纸一样厚的纸：4cm×7cm 1张、6cm×7cm 1张
- 布用胶带（宽 5mm）：5cm

·M码

- 面料：圆筒针织面料或弹性蕾丝
- 同 A4 复印纸一样厚的纸：5cm×8cm 1张、7cm×8cm 1张
- 布用胶带（宽 5mm）：6cm

1 准备一块比纸样还要大一些的针织或蕾丝类弹性面料，再备好长度和袜口宽度合适的布用胶带。

诀窍 如使用蕾丝，则不需要处理缝份，可省略使用布用胶带。

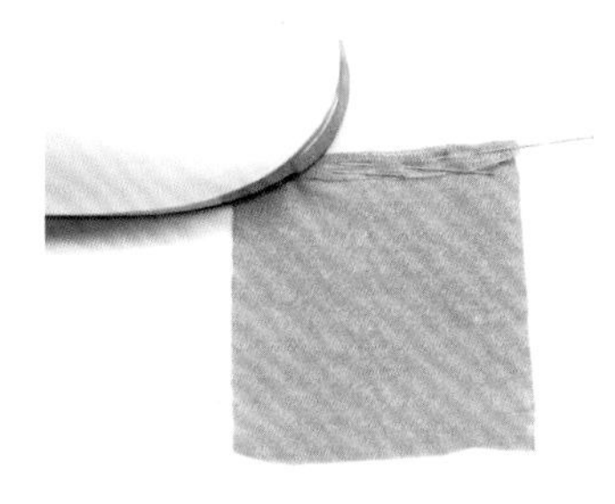

2 用布用胶带黏合袜口，并将袜口向下折，包裹住胶带后熨烫。

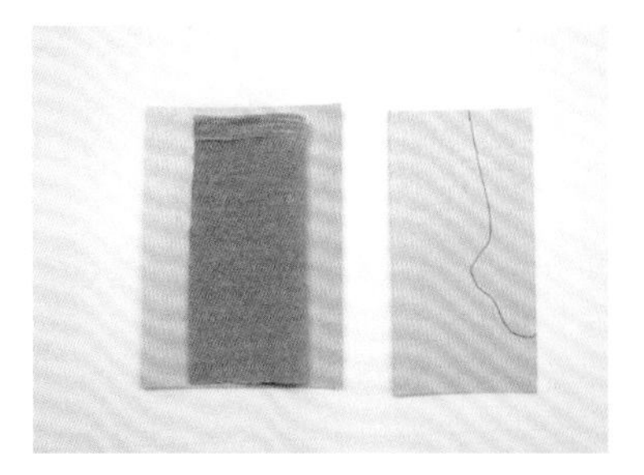

3 将面料正面相对，对半折叠。准备两张A4纸厚度且同袜子大小相同的纸，在其中一张的右上角画出袜子纸样。

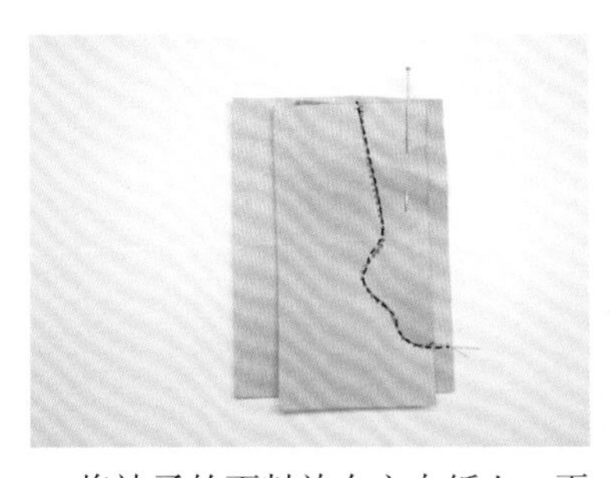

4 将袜子的面料放在空白纸上，再将画有纸样的纸放在面料上。用珠针固定后进行缝合。这时线不要打结在趾尖位置，而是要再向前多缝5mm左右。

5 将画有纸样的纸撕除。

诀窍 将棉棒沾水，沿缝线轻轻点压，这样更容易撕除纸张。

6 撕除另一张纸后，将缝份修剪至2~3mm。

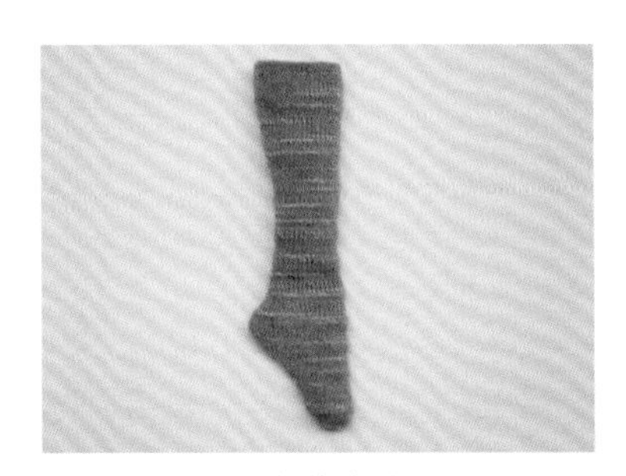

7 翻到正面就制作完成了。

诀窍 丝袜、手套的制作方法相同。

Dress 5

环保购物袋

制作简单又亮眼的配饰。
可根据喜好搭配蝴蝶结、珠珠、刺绣等不同的装饰。

原尺寸纸样：P264

· **S码**

面料：20支亚麻布（袋身）
40支平纹布（袋底）

背带（宽3~4mm）：9cm 2条
（材质可用皮革、麂皮）

绣线：适量

· **M码**

面料：20支亚麻布（袋身）
40支平纹布（袋底）

背带（宽3~4mm）：10cm 2条
（材质可用皮革、麂皮）

绣线：适量

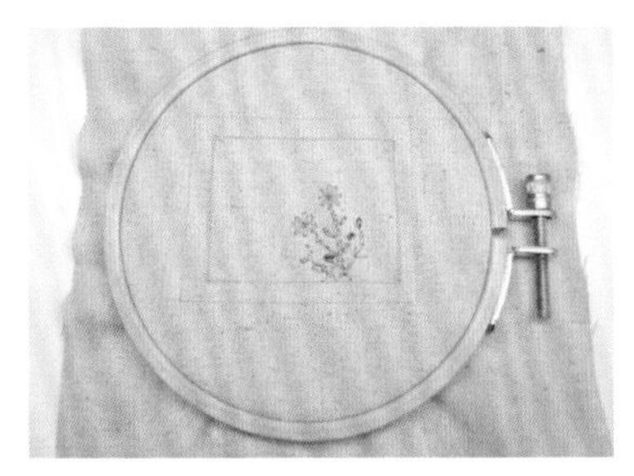

1 按纸样画出袋身前片并刺绣。

2 按纸样裁剪各部件，并涂好锁边液。

3 将袋身前、后片的袋口缝份内折，并用珠针将背带固定好，缉两条间距为3mm的横向明线。

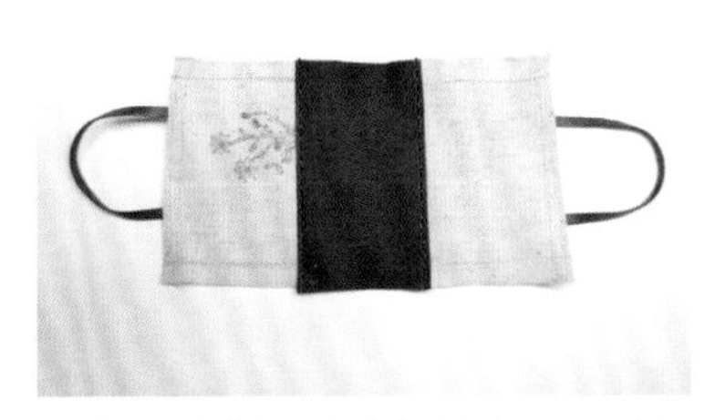

4 将袋身前、后片与袋底正面贴合对齐并缝合，然后将缝份向袋底折，从袋底正面沿边缘缉明线。

5 对折并用珠针固定，然后缝合侧缝。

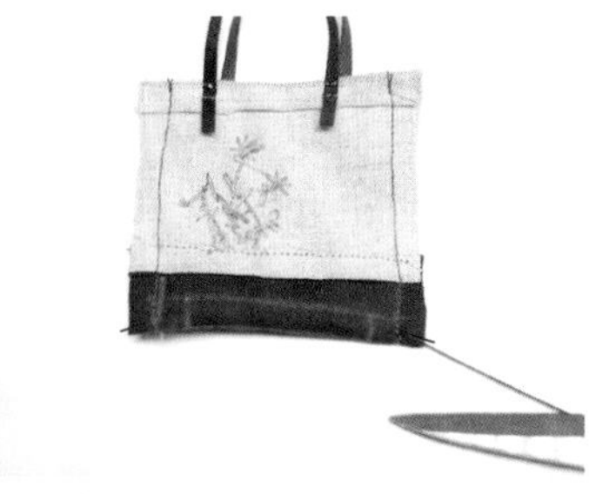

6 将袋底两侧缝份打剪口，再将缝份分开并烫平。

7 压住底部调整形状，用珠针固定后缝合。

8 翻至正面并调整形状，环保购物袋即完成。

Dress 6

玫瑰花束

用缎带和铁丝制作美丽的玫瑰花束！
可以尝试不同颜色来制作哦！让娃娃的造型更加丰富！

·S码

缎带：(4mm×5cm)：50条

花艺铁丝（4cm）：50条

花艺胶带：适量

双面胶带（5mm）：适量

弹力线：适量

《制作方法》

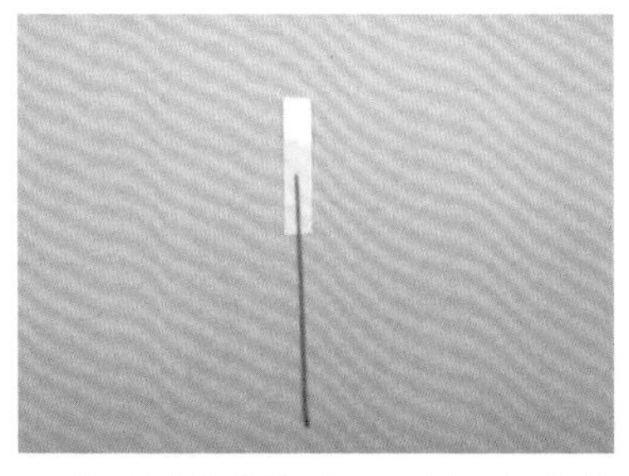

1 将双面胶带剪成2cm长，把作为花茎的花艺铁丝叠放在约1cm的双面胶带上。

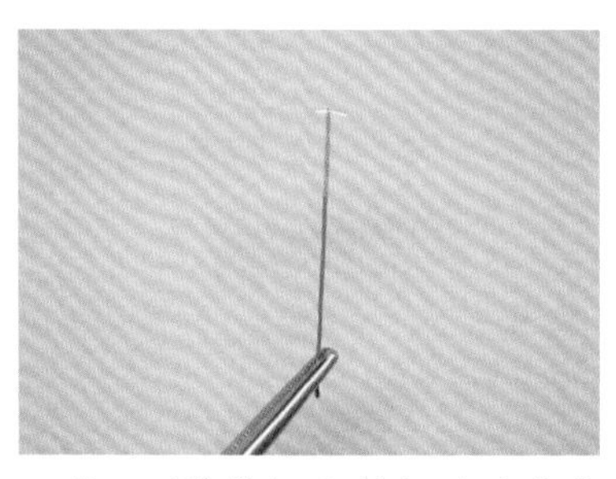

2 将双面胶带向下对折，包裹住花艺铁丝的前端后撕掉双面胶带的白纸。

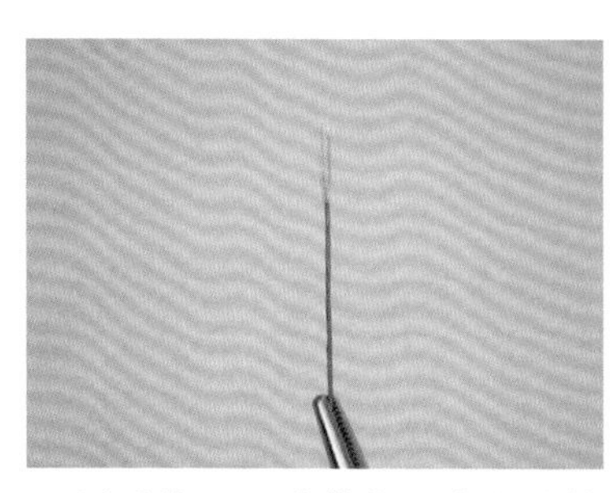

3 用手将双面胶带按压在花艺铁丝上。

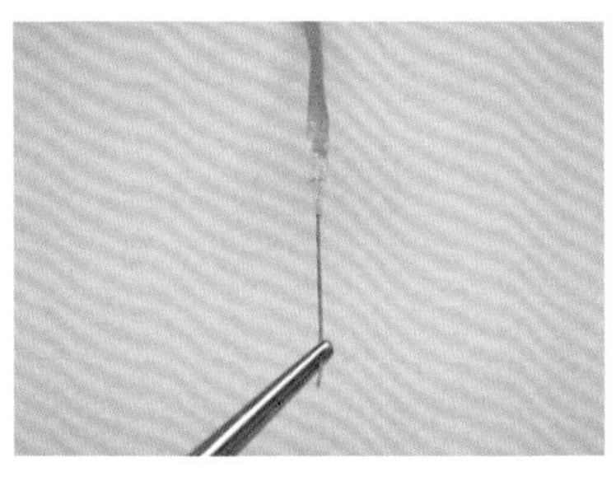

4 将缎带的前端5mm贴在花艺铁丝上。

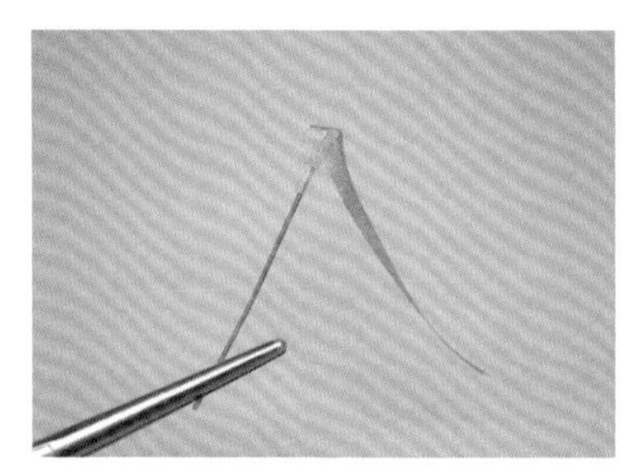

5 将缎带以斜角向下折。

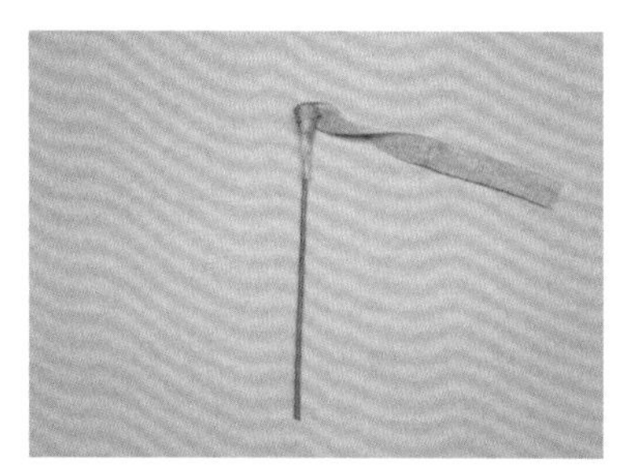

6 一边外折缎带，一边转动花艺铁丝，做成玫瑰花的样子。

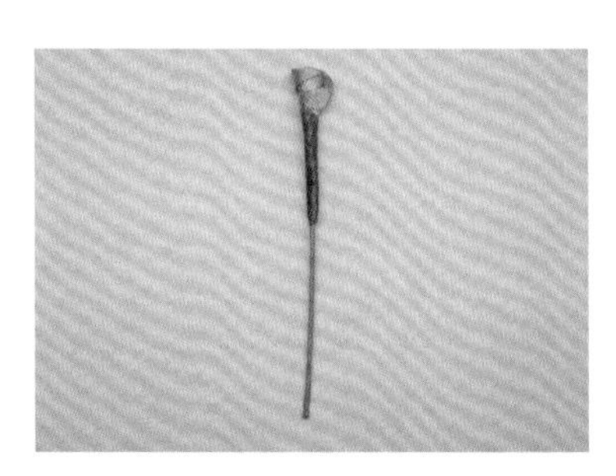

7 将绿色的花艺胶带从玫瑰花底部向下缠绕做出花托。用相同的方法制作其余的玫瑰花。

8 将完成的玫瑰花用弹力线捆成花束。

9 调整花束形状，让上端呈圆弧形。用花艺胶带缠好后，系上蕾丝或缎带就完成了。

Dress 7

头巾

这款头巾的亮点在于为避免后端翘起而加入的尖褶。
搭配可爱或休闲风格的服装，看起来会更优雅有型哟！

原尺寸纸样：P265

· **S码**　面料：80支棉布

· **M码**　面料：80支棉布

1 按纸样裁剪好面料，将尖褶分别折好缝合，并将缝份修剪至3mm。

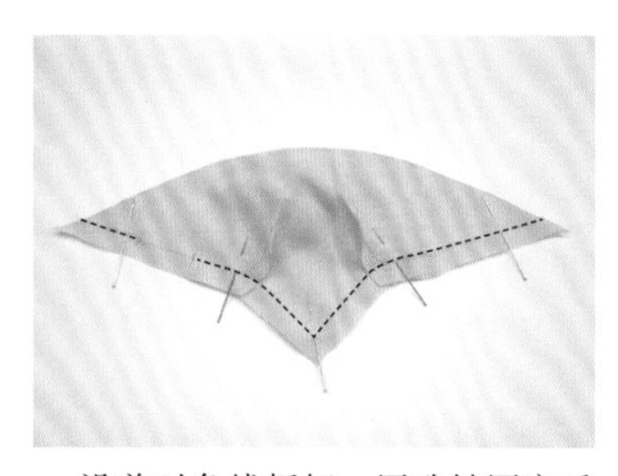

2 沿着对角线折好，用珠针固定后缝合除开口处以外的缝份。

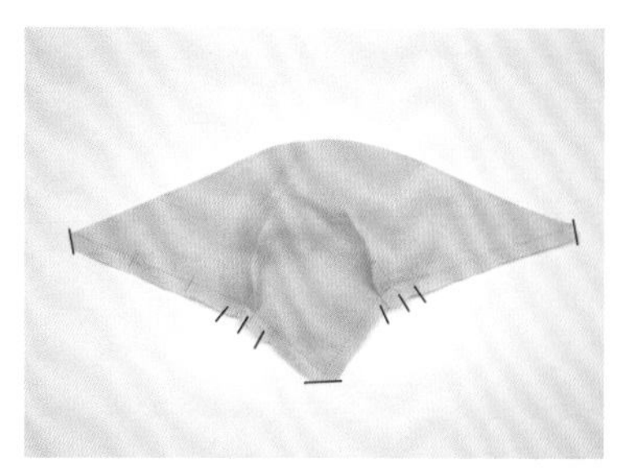

3 将缝份修剪至3~4mm，并将缝份边角以斜线剪切掉，再将尖褶下曲线位置的缝份打剪口。

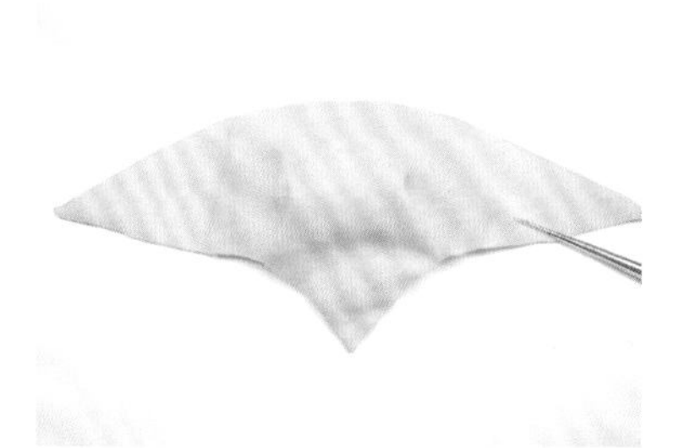

4 用翻里钳从开口处翻面，然后用锥子调整棱角。

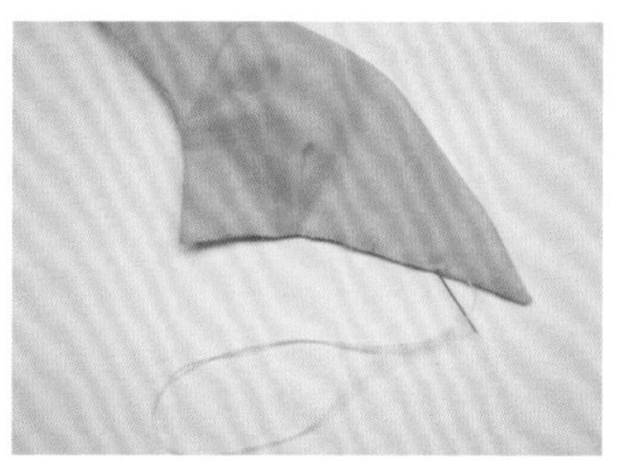

5 用对接（藏针）缝缝合开口。

6 稍作熨烫，头巾即完成。

Dress 8

围巾

非常有季节感的配饰单品。
随意搭配在设计简约的服装上就可以点睛。虽然制作简单，却能使穿搭有型。

原尺寸纸样：P266

· **S码**　面料：60支纱布

· **M码**　面料：60支纱布

1 以经向直边按纸样裁剪面料，将侧缝进行卷边缝。

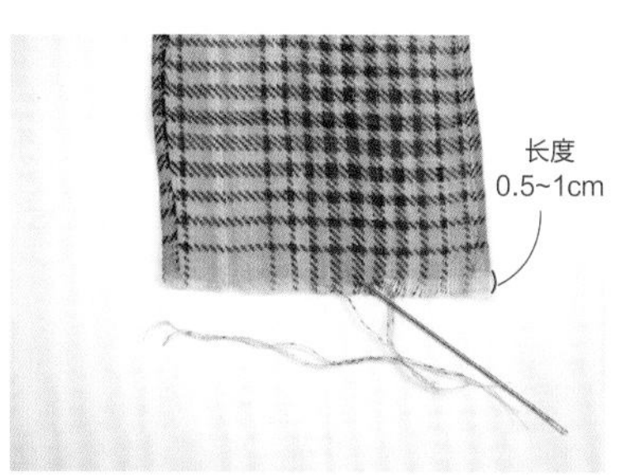

2 用缝针将围巾两端的纬纱（面料横向纱线）拆除，每1~2条一起拆。

3 用喷雾器在围巾上喷水2~3次，然后用手抓住其上下两端用力拧干，做出自然的皱褶。

原尺寸纸样

PDF纸样获取方式

①手机扫码关注尚锦手工公众号，发送封底13位图书ISBN号，获取PDF下载方式。

②电脑端登陆“中国纺织出版社有限公司”官网http://www.c-textilep.com/，在【资源下载中心】搜索书名，下载图书资源。

简约风连衣裙套装

制作方法：P54

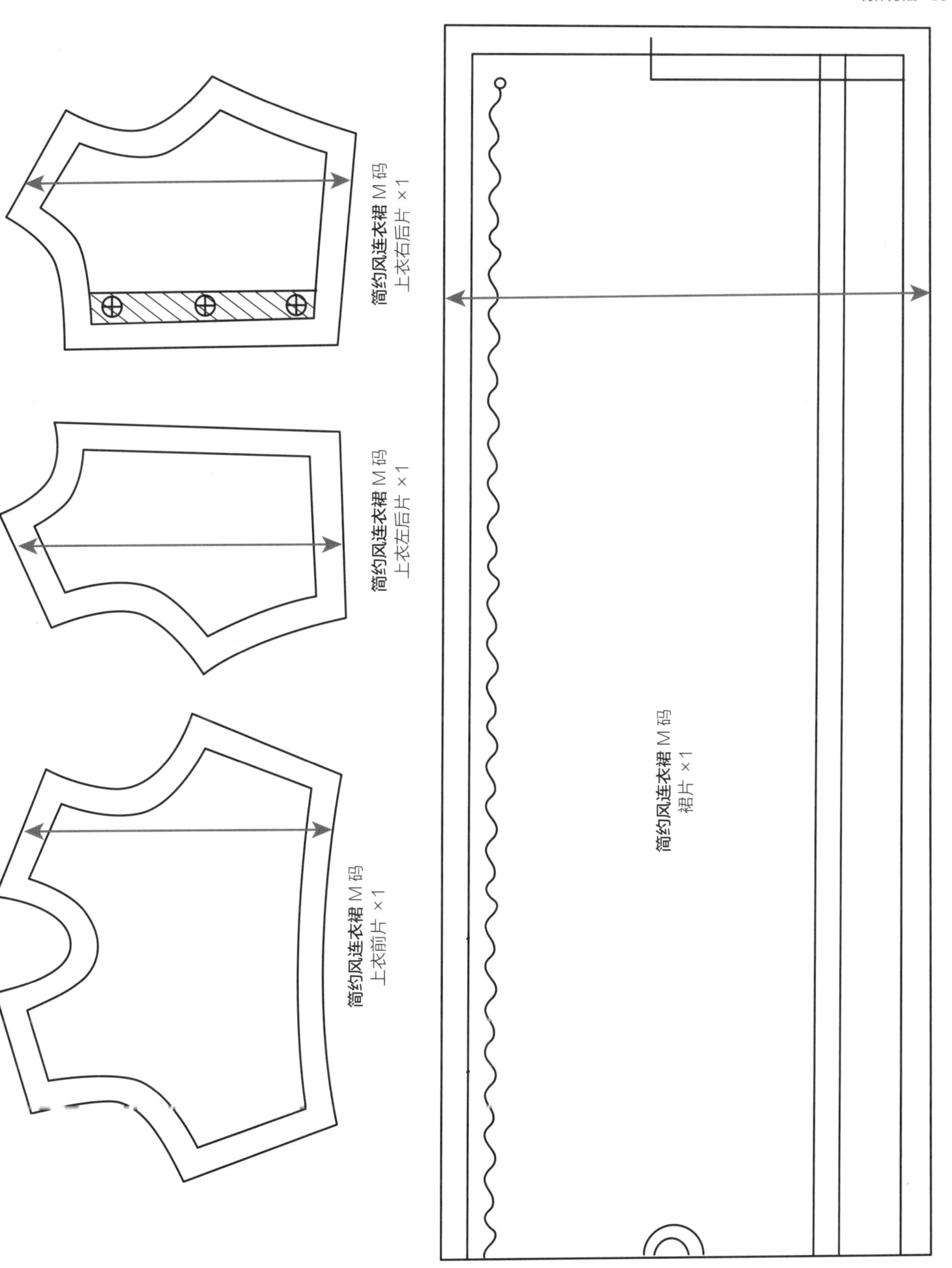

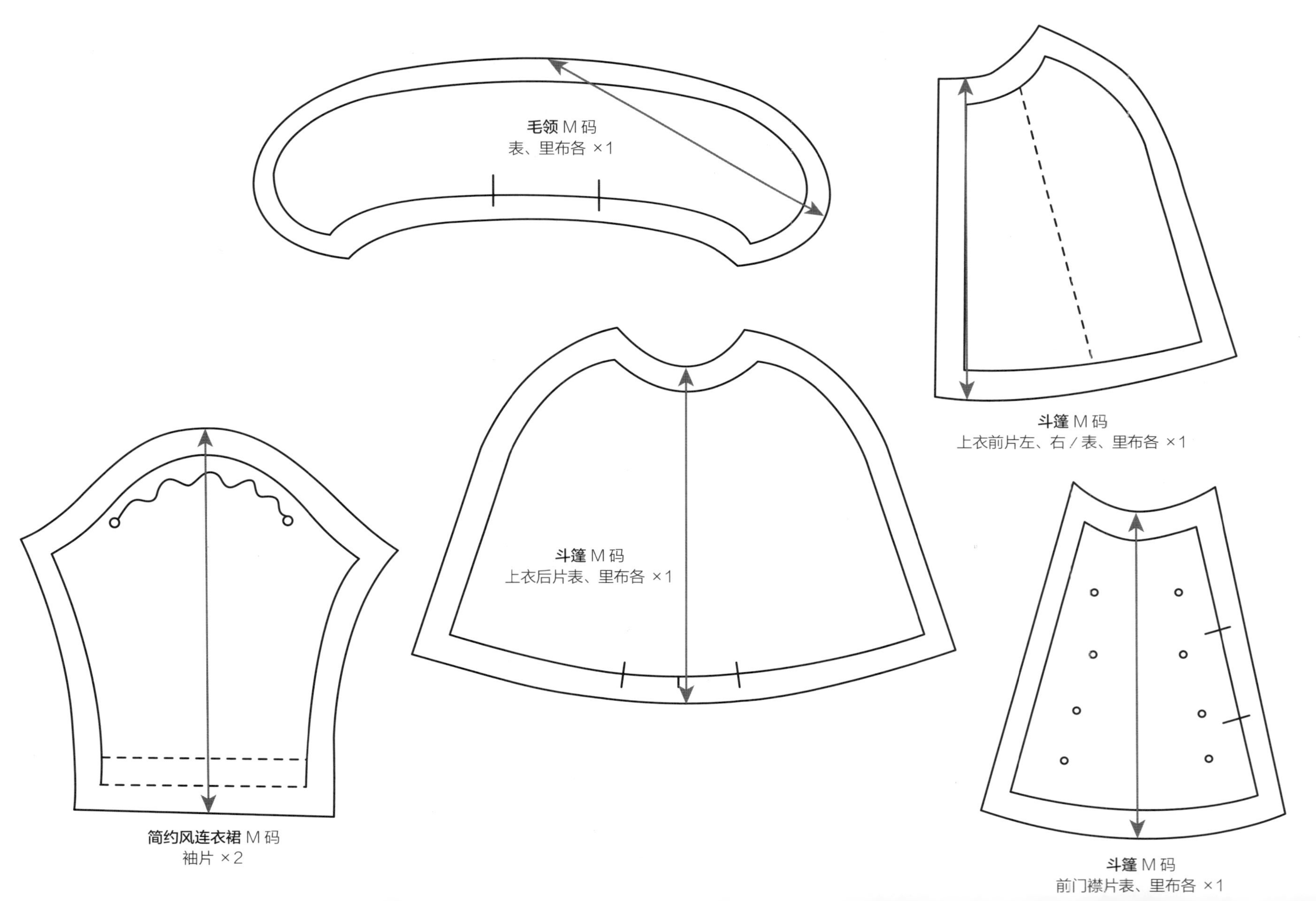
毛领 M码
表、里布各 ×1
斗篷 M码
上衣前片左、右 / 表、里布各 ×1
斗篷 M码
上衣后片表、里布各 ×1
简约风连衣裙 M码
袖片 ×2
斗篷 M码
前门襟片表、里布各 ×1

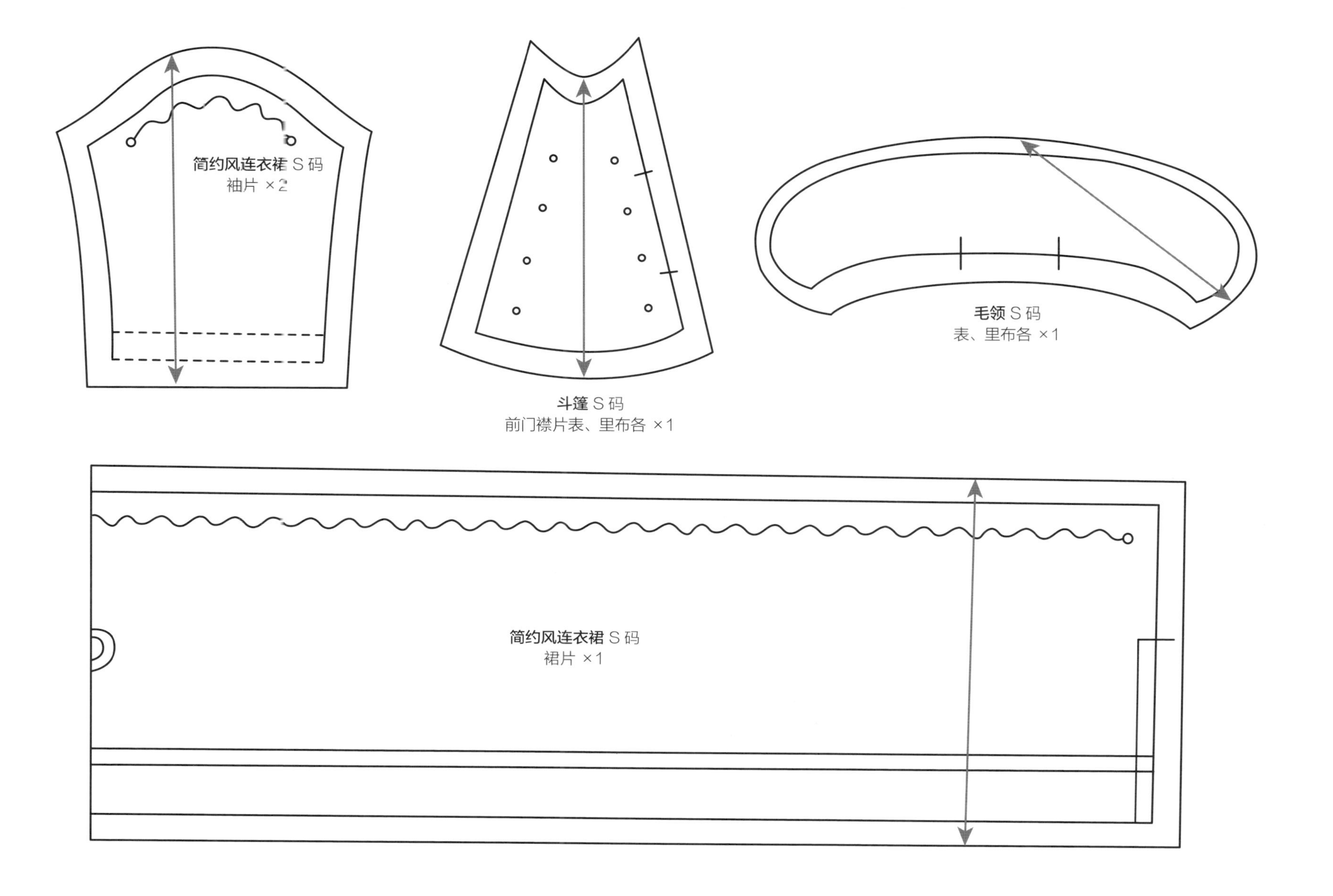
简约风连衣裙 S 码
袖片 ×2
斗篷 S 码
前门襟片表、里布各 ×1
毛领 S 码
表、里布各 ×1
简约风连衣裙 S 码
裙片 ×1

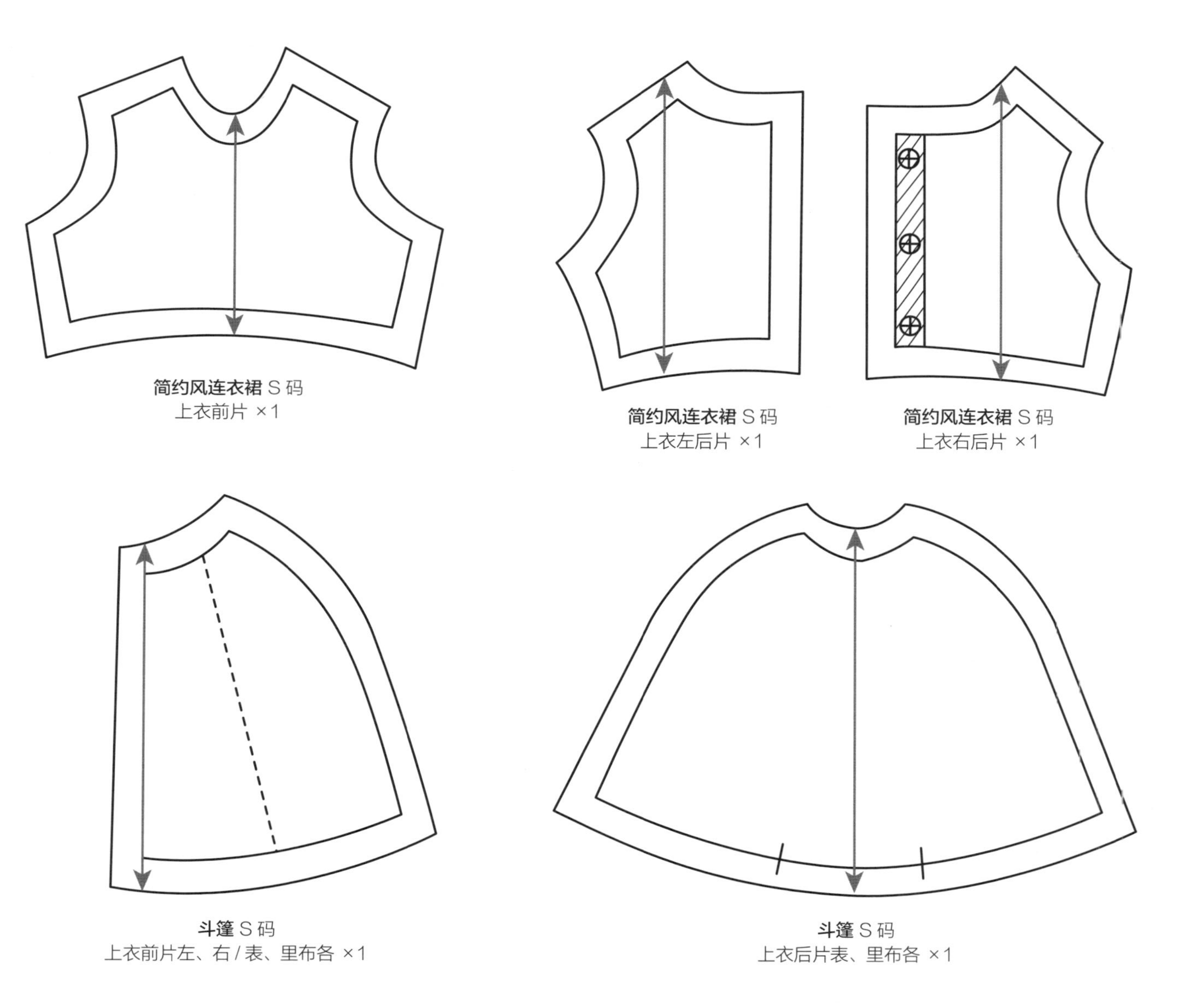
简约风连衣裙 S 码
上衣前片 ×1
简约风连衣裙 S 码
上衣左后片 ×1
简约风连衣裙 S 码
上衣右后片 ×1
斗篷 S 码
上衣前片左、右 / 表、里布各 ×1
斗篷 S 码
上衣后片表、里布各 ×1

插肩罩衫

制作方法：P60

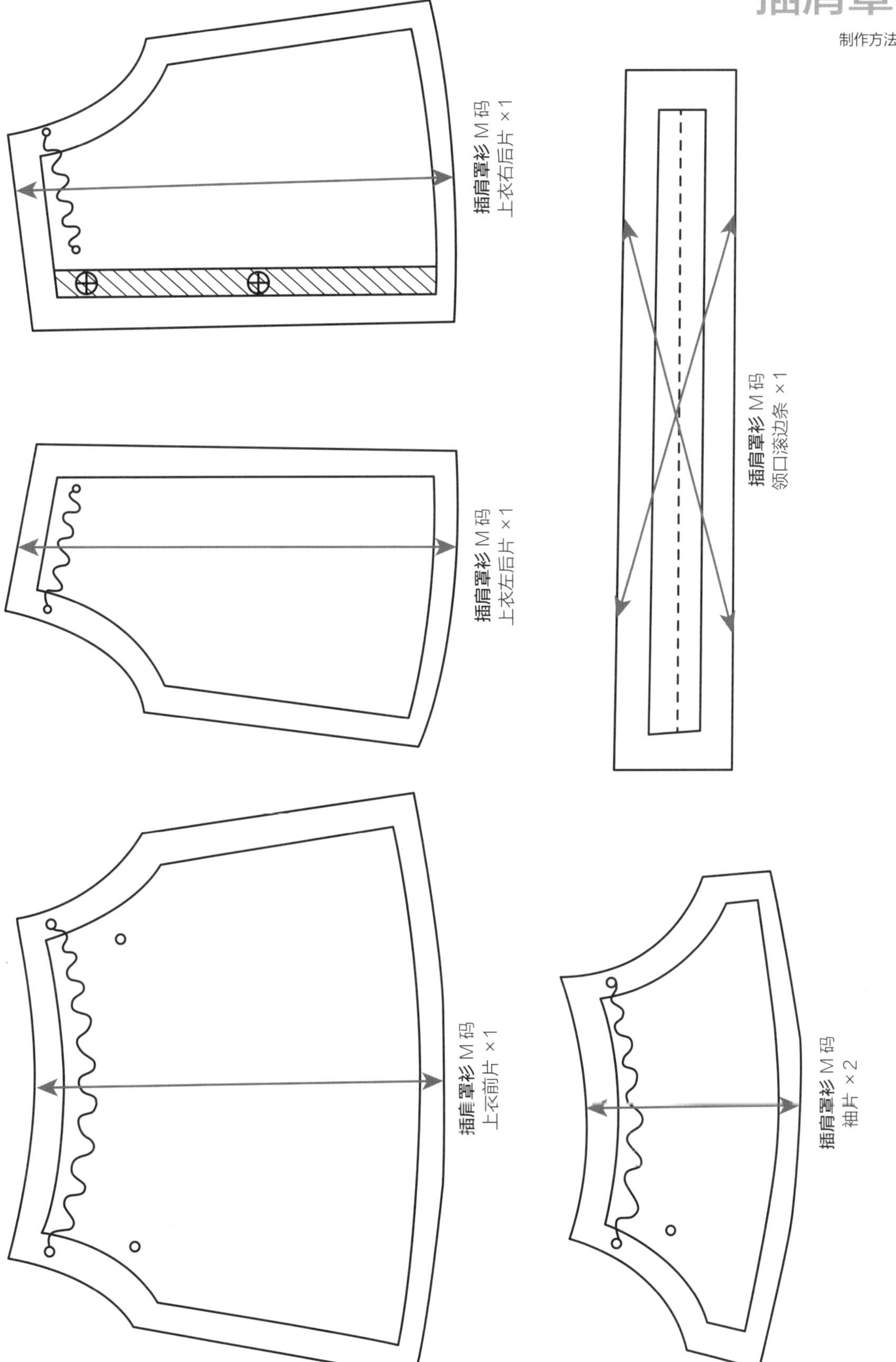

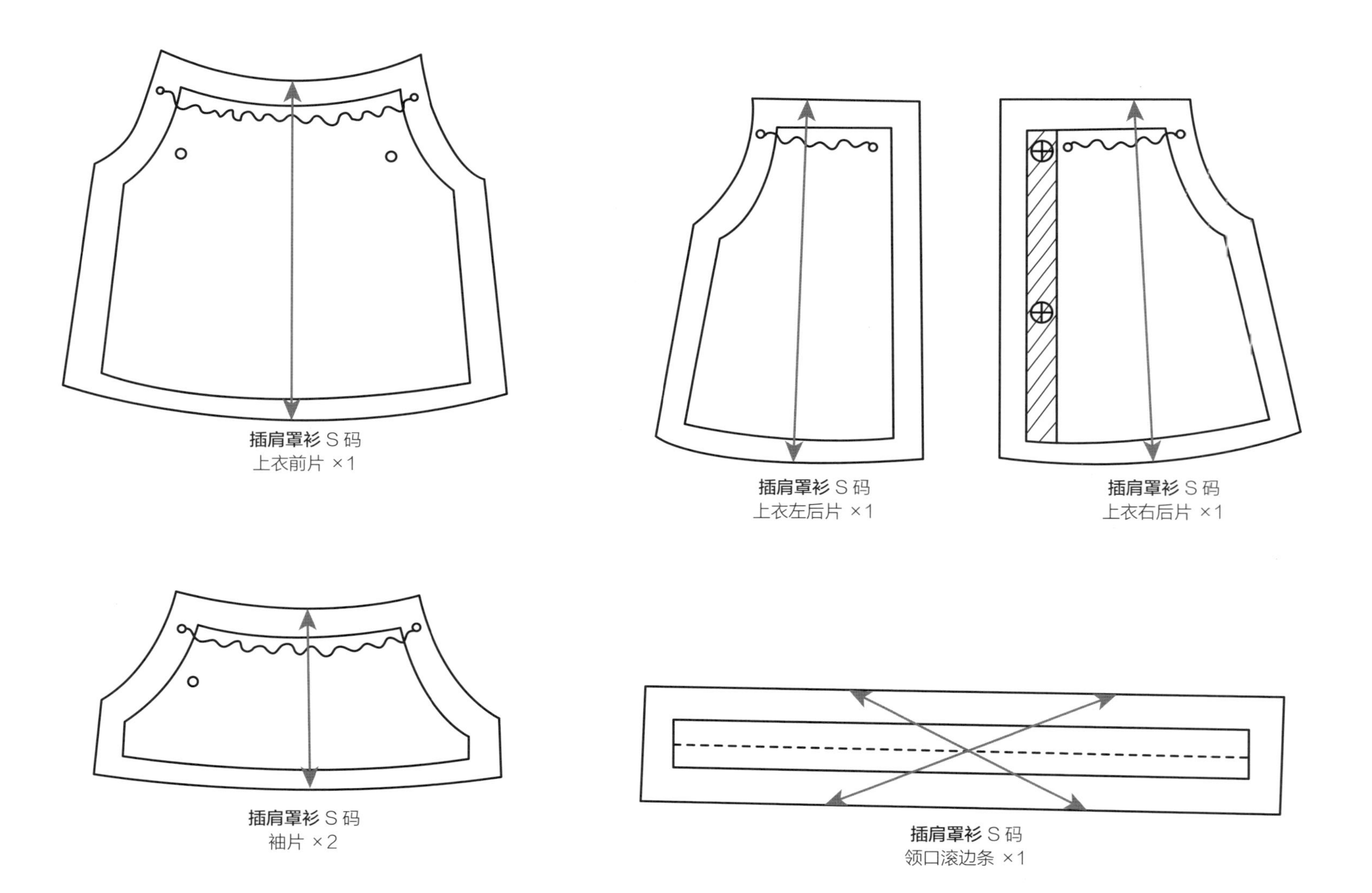
插肩罩衫 S 码
上衣前片 ×1
插肩罩衫 S 码
上衣左后片 ×1
插肩罩衫 S 码
上衣右后片 ×1
插肩罩衫 S 码
袖片 ×2
插肩罩衫 S 码
领口滚边条 ×1

吊带裙

制作方法：P64

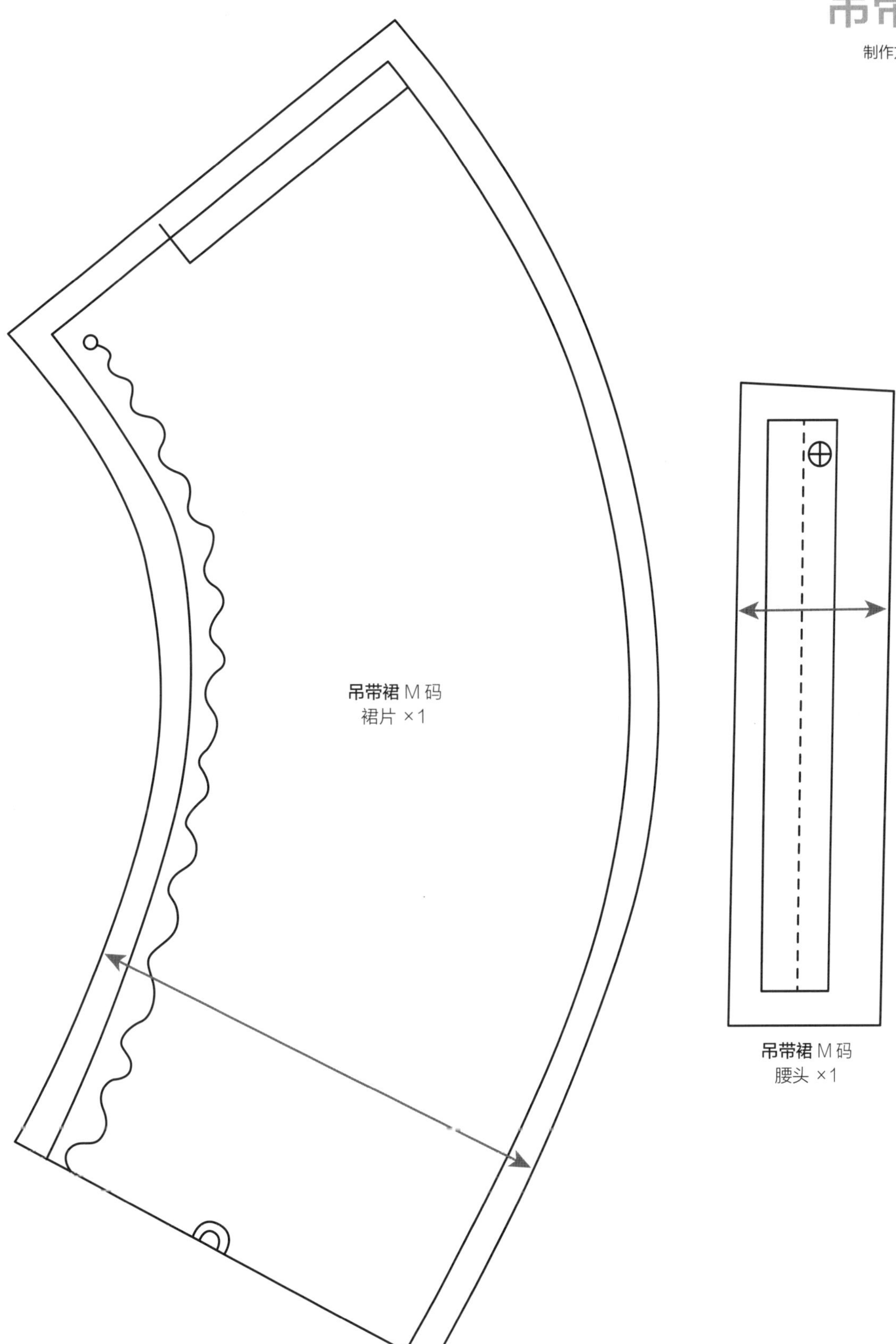

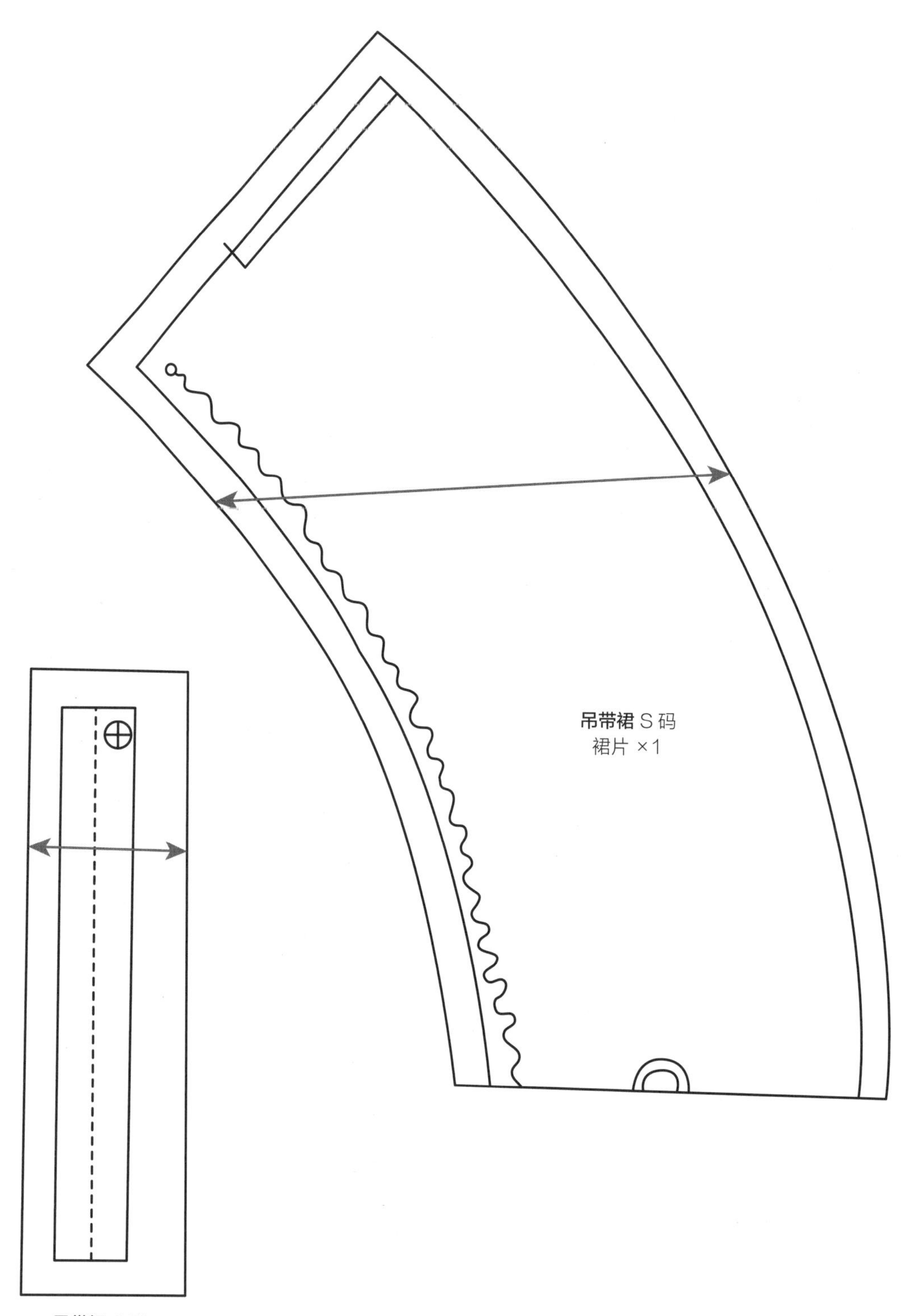
吊带裙 S码
裙片 ×1
吊带裙 S码
腰头 ×1

迷迭香

制作方法：P68

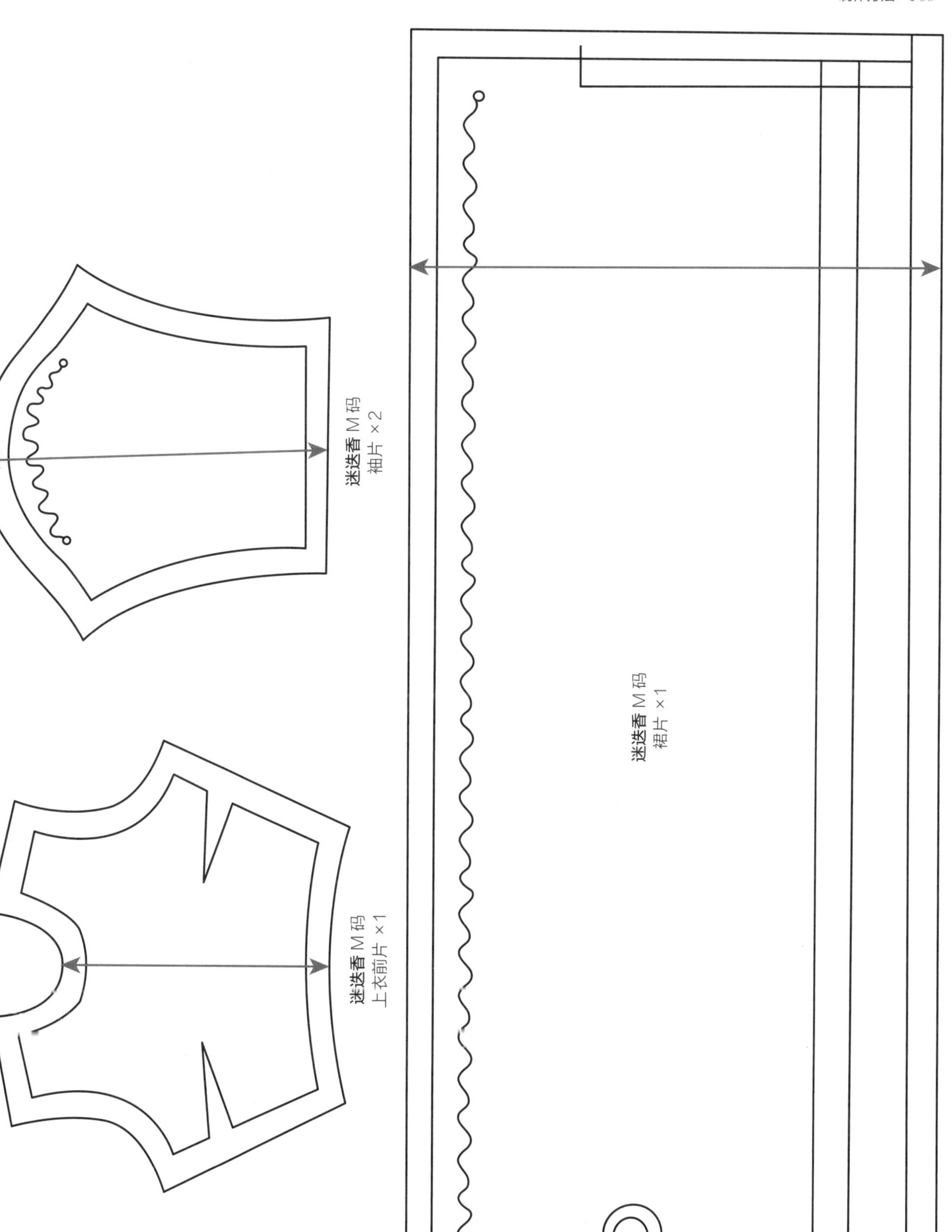

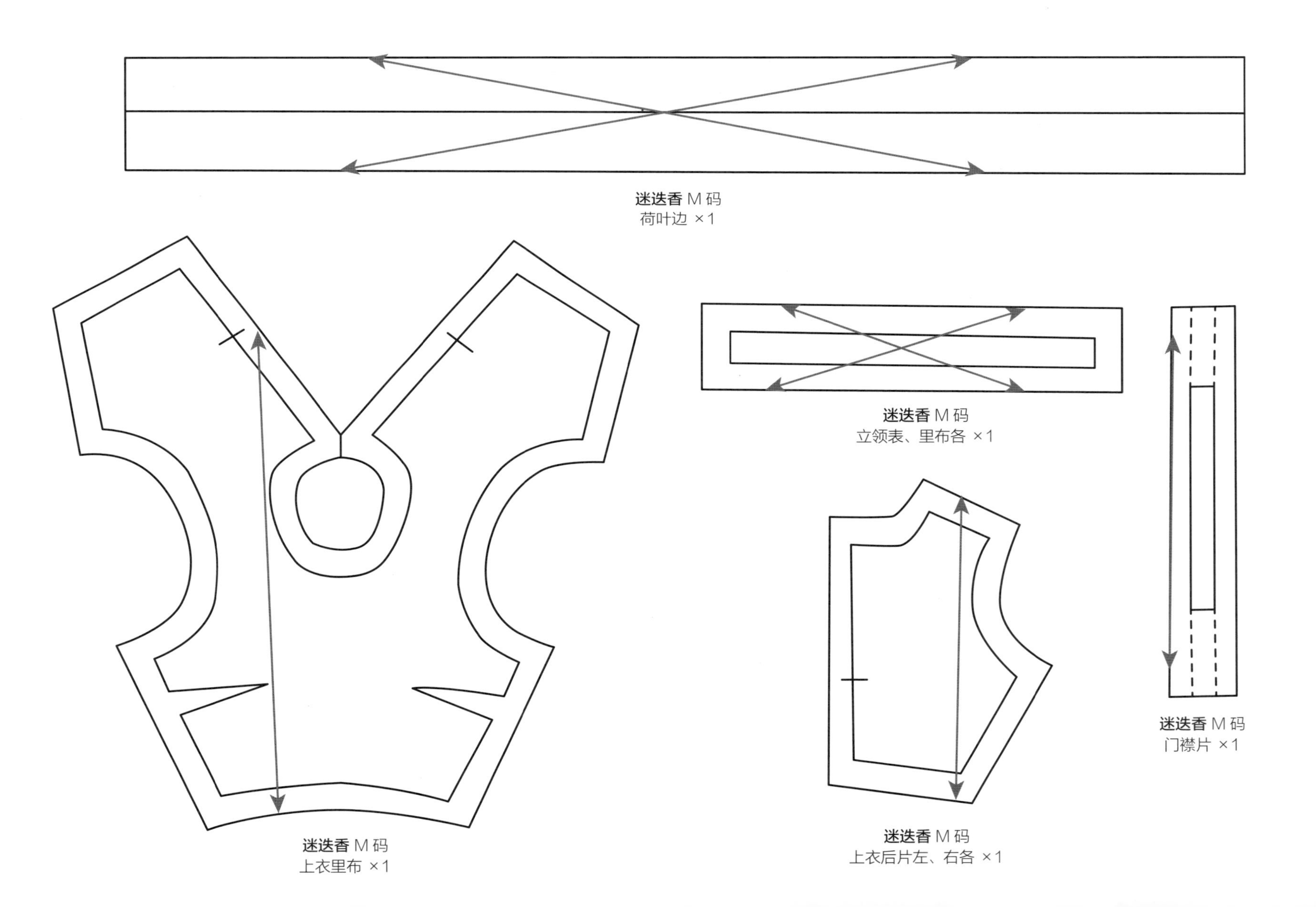
迷迭香 M码
荷叶边 ×1
迷迭香 M码
立领表、里布各 ×1
迷迭香 M码
门襟片 ×1
迷迭香 M码
上衣里布 ×1
迷迭香 M码
上衣后片左、右各 ×1

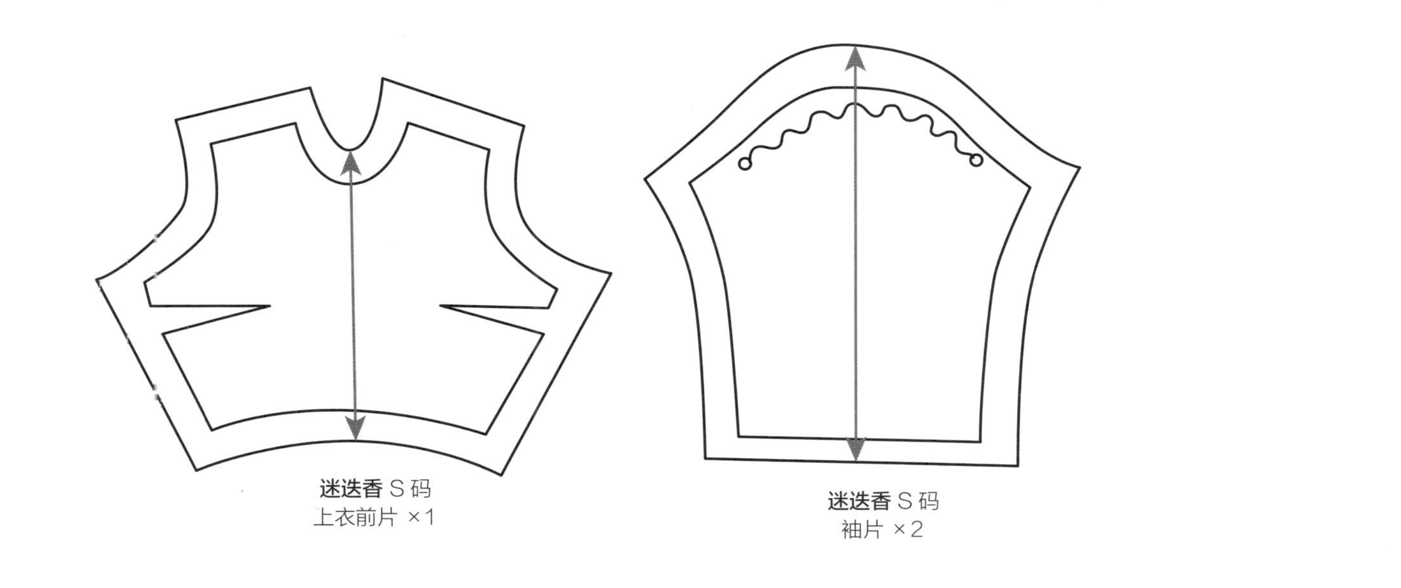
迷迭香 S码
上衣前片 ×1
迷迭香 S码
袖片 ×2

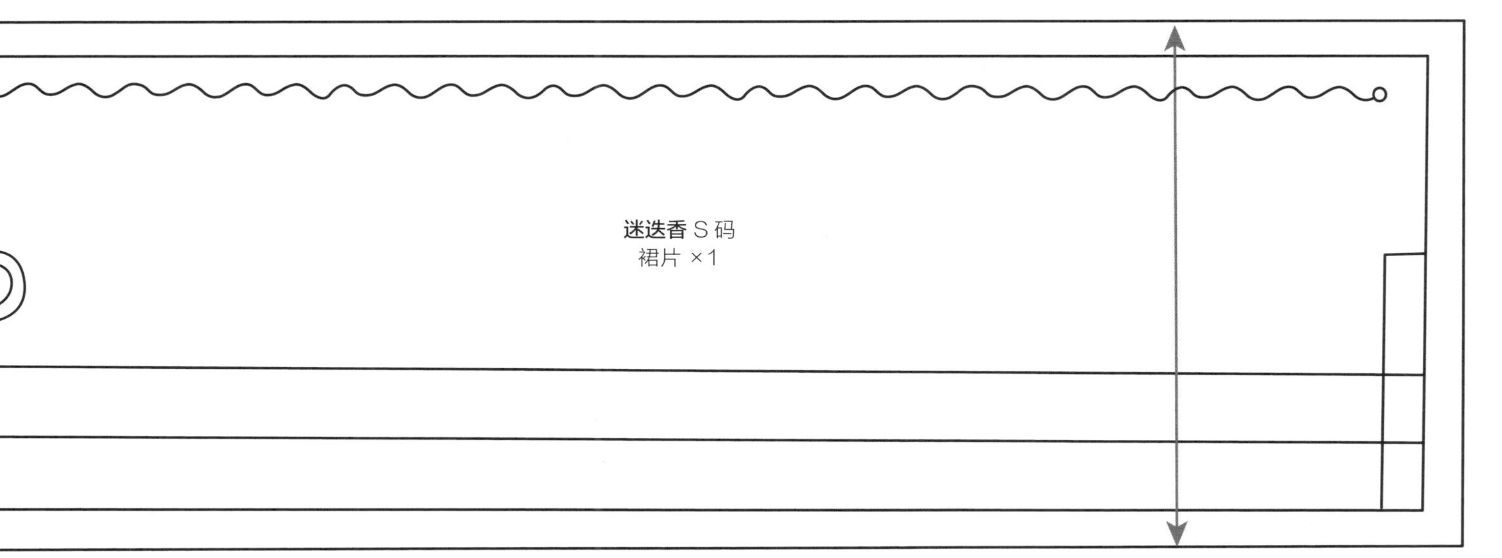
迷迭香 S码
裙片 ×1

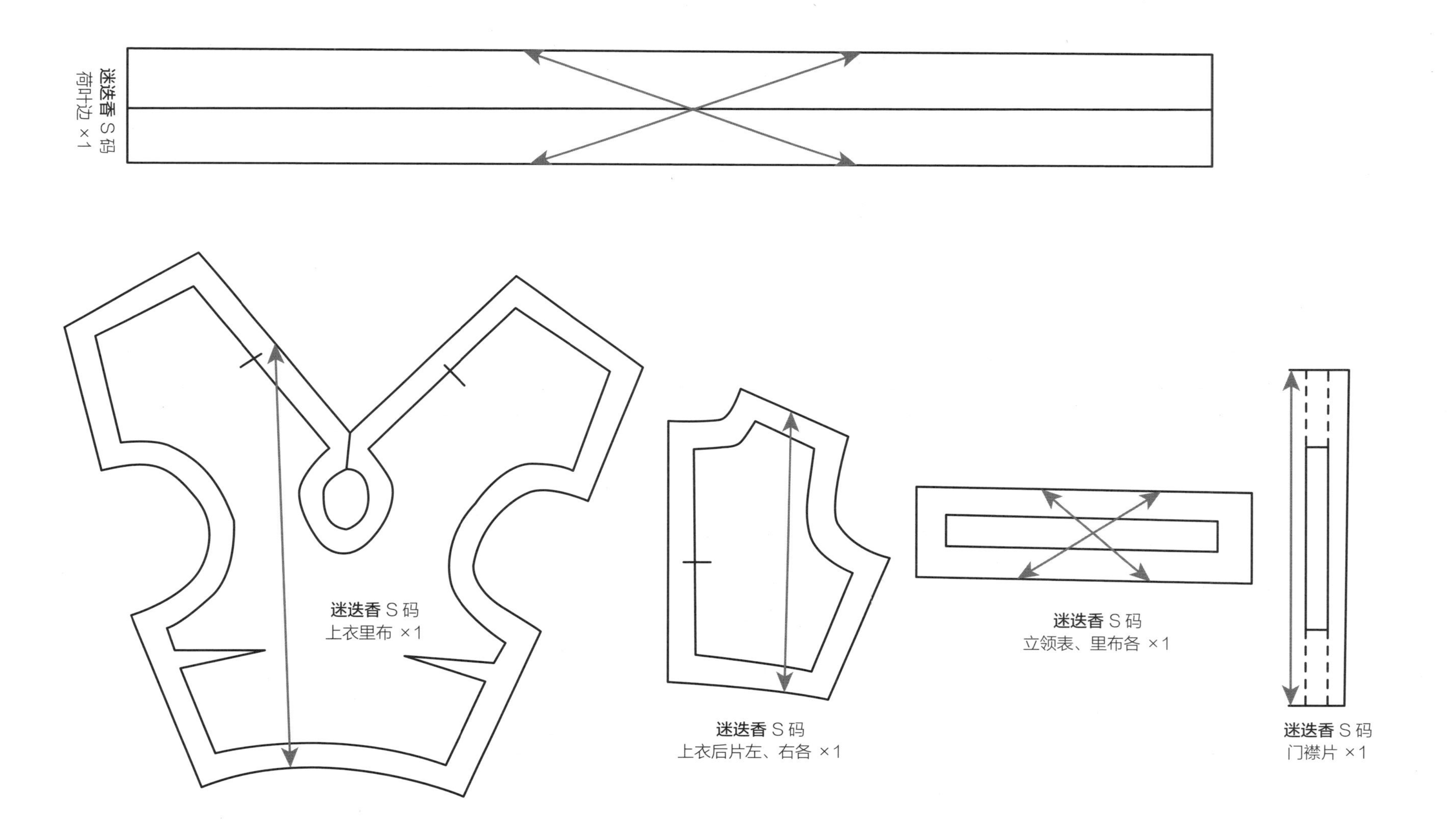
迷迭香 S码
荷叶边 ×1
迷迭香 S码
上衣里布 ×1
迷迭香 S码
上衣后片左、右各 ×1
迷迭香 S码
立领表、里布各 ×1
迷迭香 S码
门襟片 ×1

鸢尾花

制作方法：P76

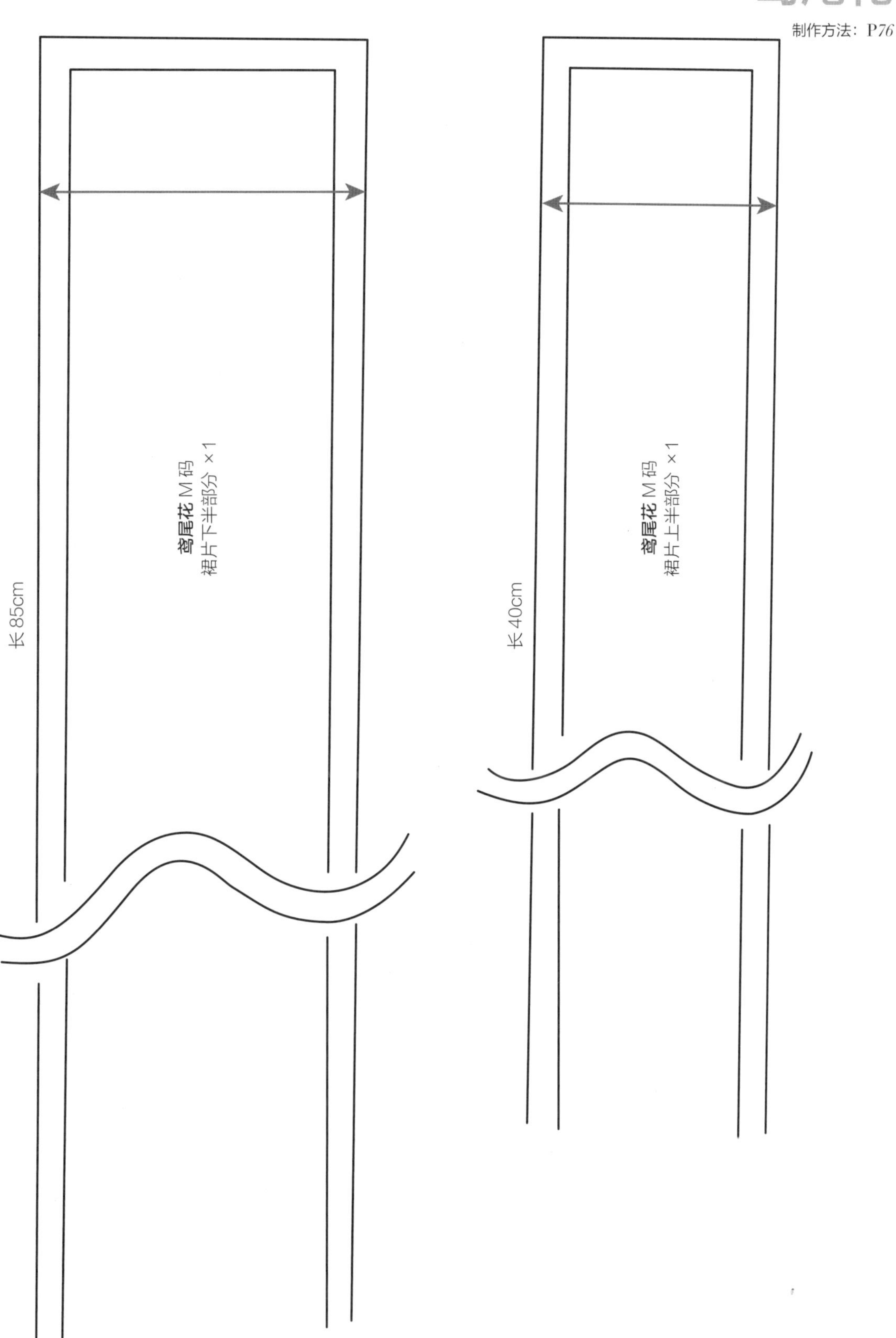

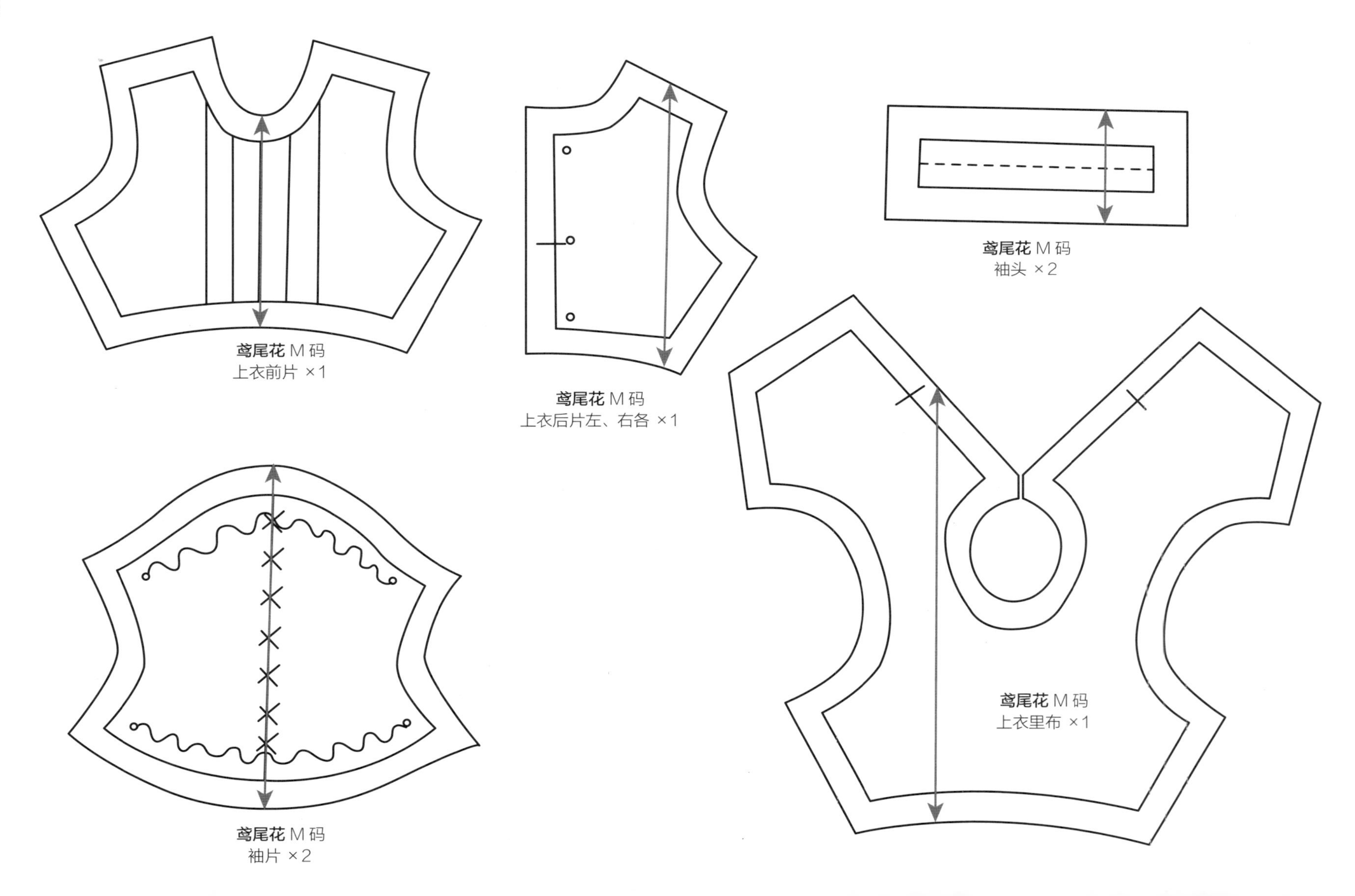
鸢尾花 M码
上衣前片 ×1
鸢尾花 M码
上衣后片左、右各 ×1
鸢尾花 M码
袖头 ×2
鸢尾花 M码
袖片 ×2
鸢尾花 M码
上衣里布 ×1

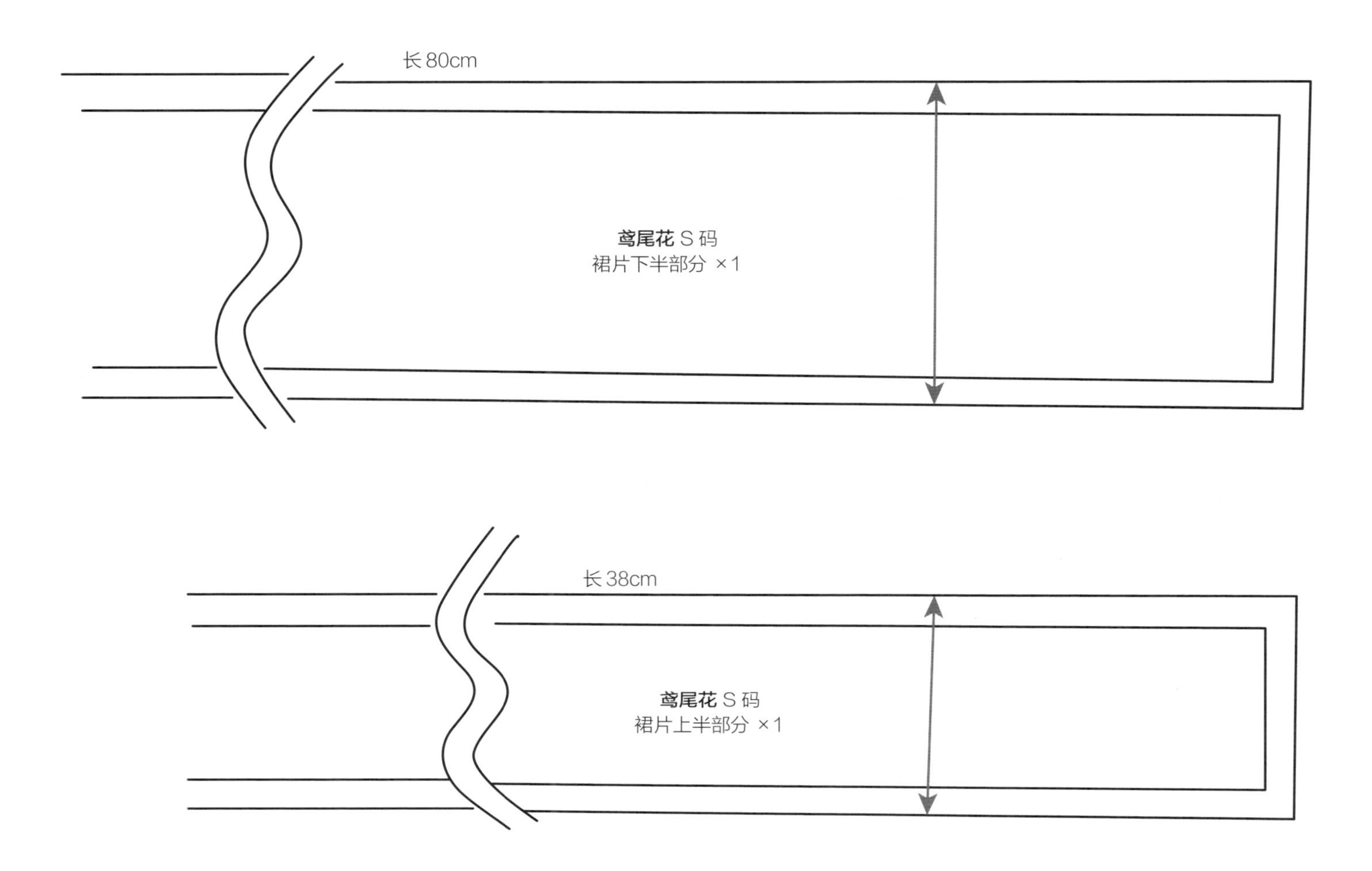

长 80cm
鸢尾花 S 码
裙片下半部分 ×1
长 38cm
鸢尾花 S 码
裙片上半部分 ×1

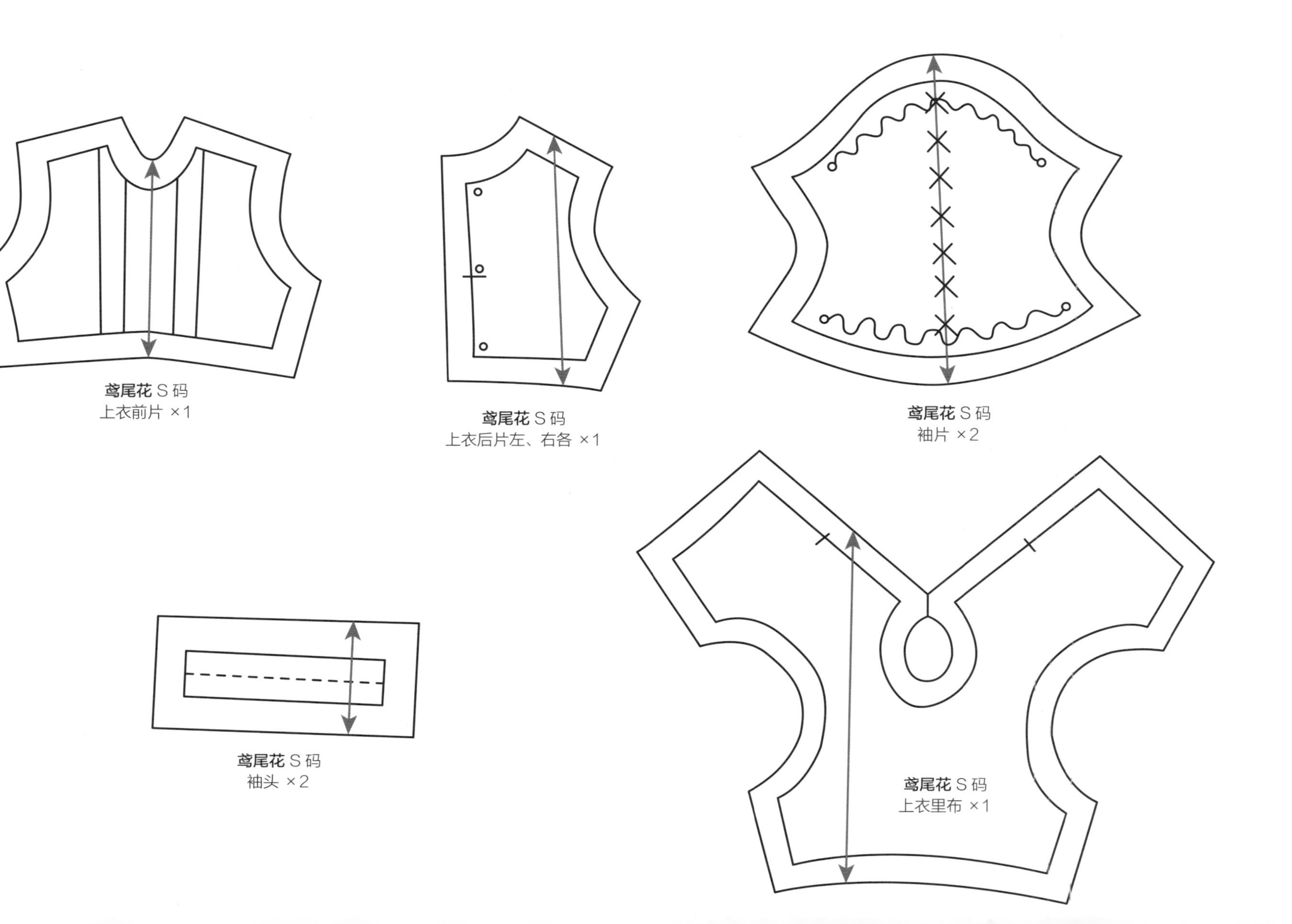
鸢尾花 S码
上衣前片 ×1
鸢尾花 S码
上衣后片左、右各 ×1
鸢尾花 S码
袖片 ×2
鸢尾花 S码
袖头 ×2
鸢尾花 S码
上衣里布 ×1

复古泡泡袖高腰连衣裙

制作方法：P82

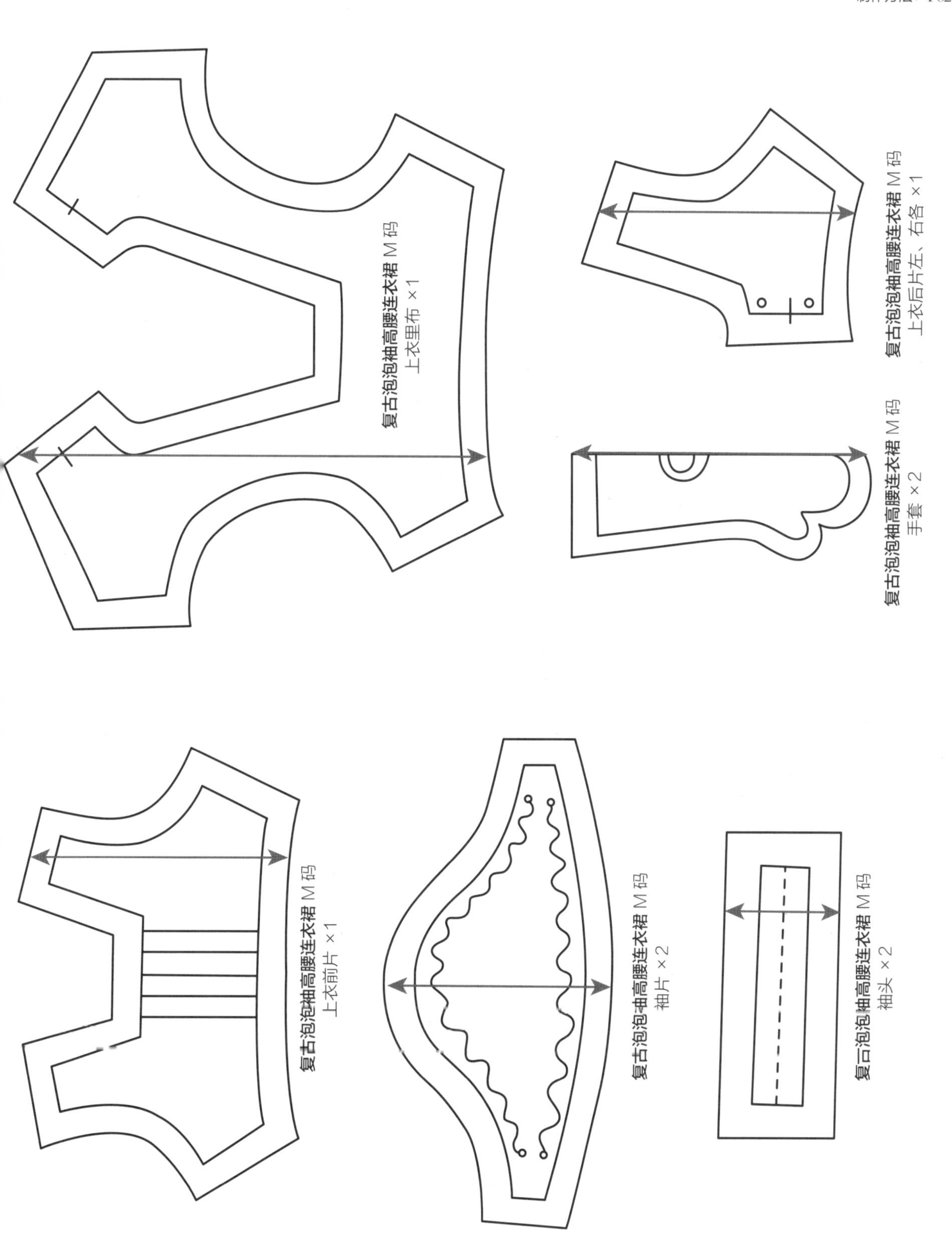

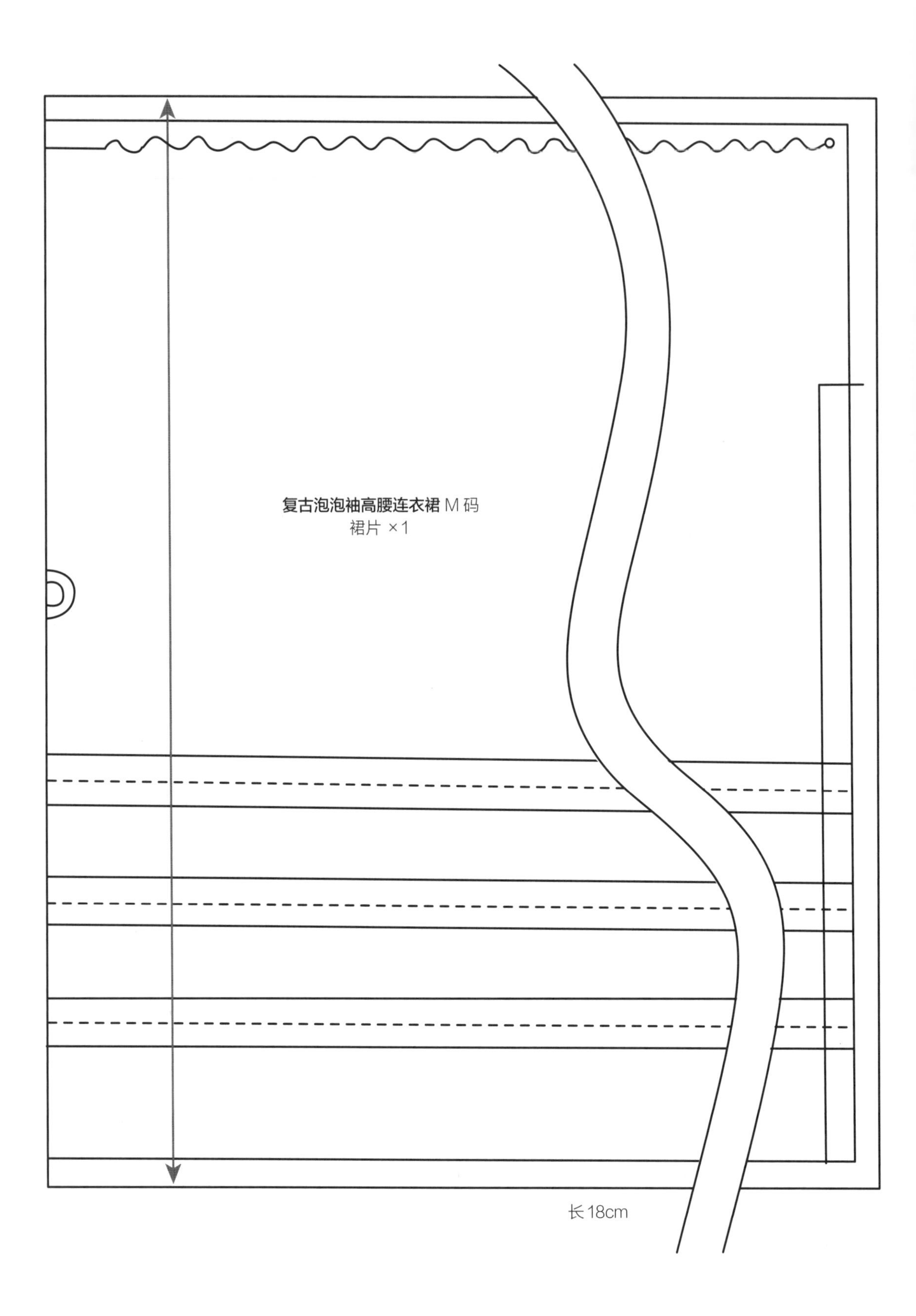
复古泡泡袖高腰连衣裙 M 码
裙片 ×1
长 18cm

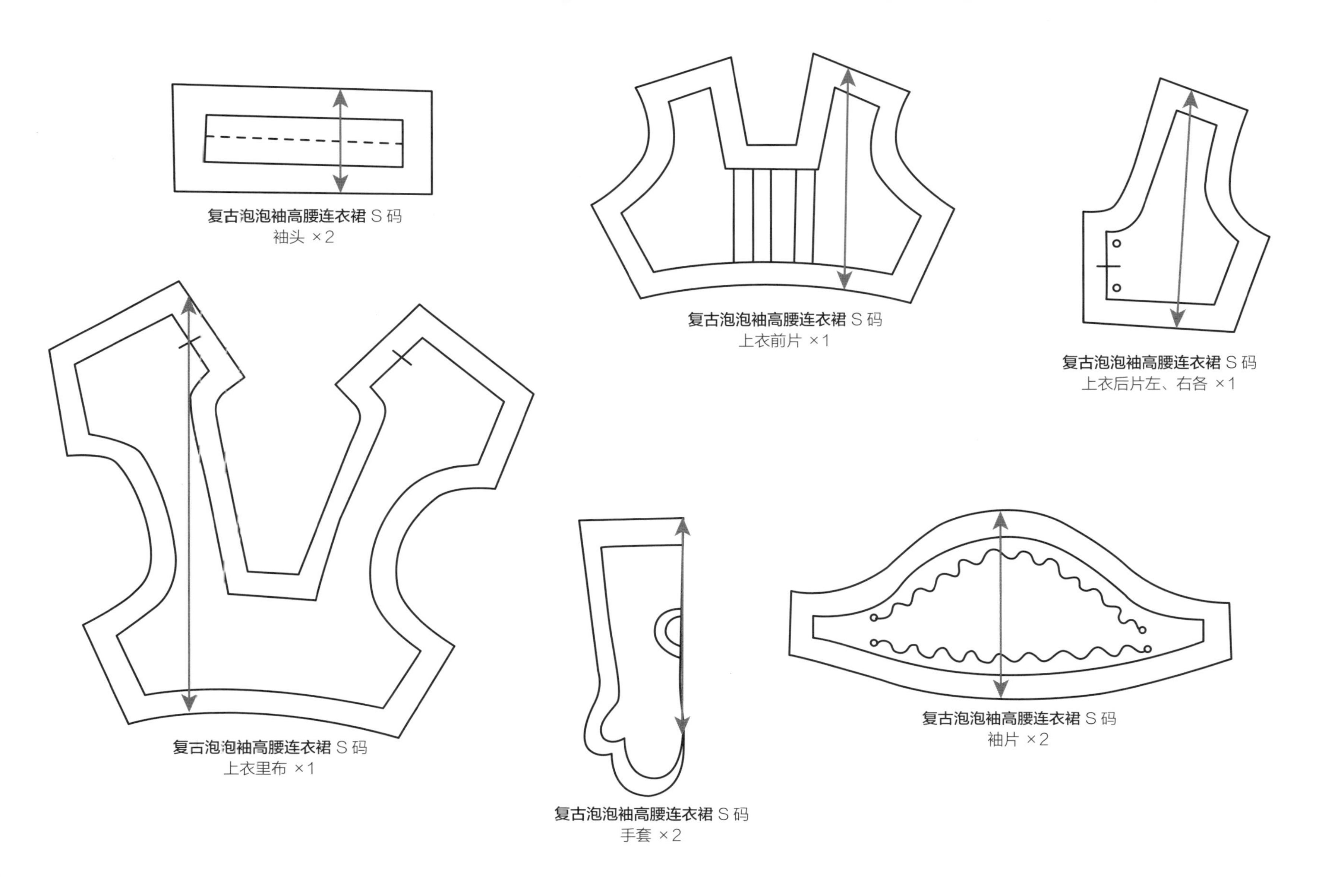
复古泡泡袖高腰连衣裙 S码
袖头 ×2
复古泡泡袖高腰连衣裙 S码
上衣前片 ×1
复古泡泡袖高腰连衣裙 S码
上衣后片左、右各 ×1
复古泡泡袖高腰连衣裙 S码
上衣里布 ×1
复古泡泡袖高腰连衣裙 S码
手套 ×2
复古泡泡袖高腰连衣裙 S码
袖片 ×2

复古泡泡袖高腰连衣裙 S 码

裙片 ×1

露肩小礼服

制作方法：P88

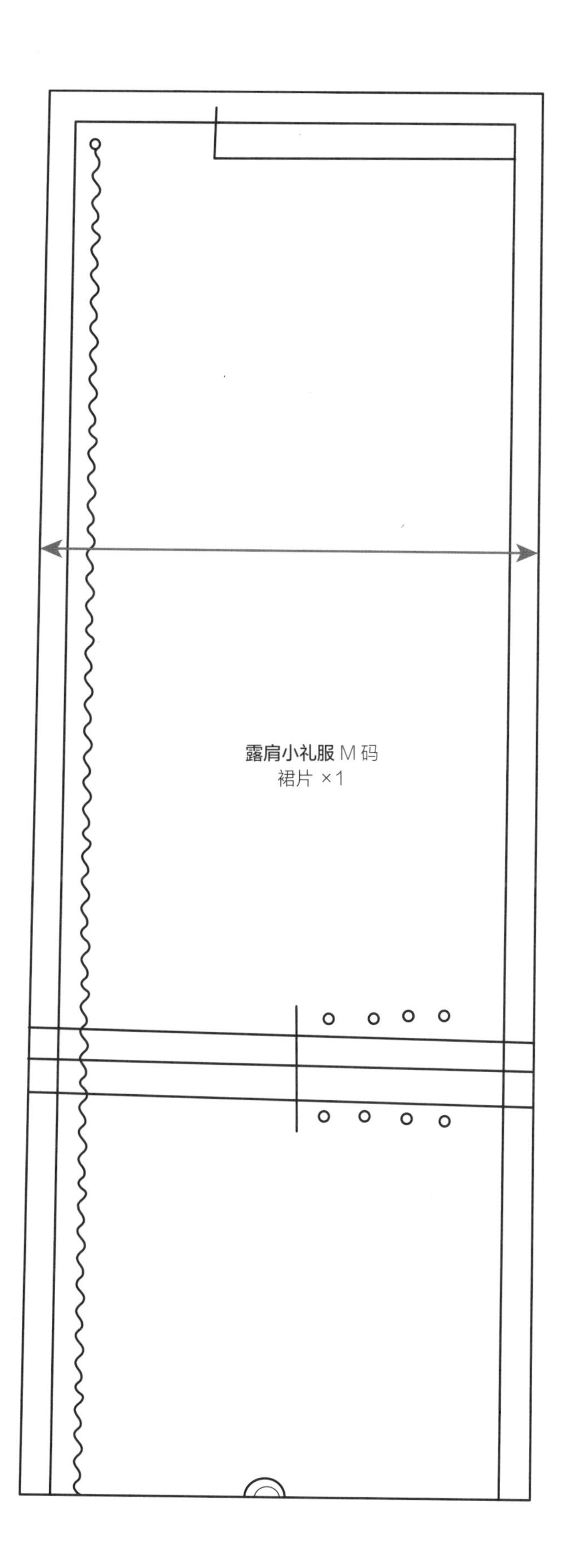

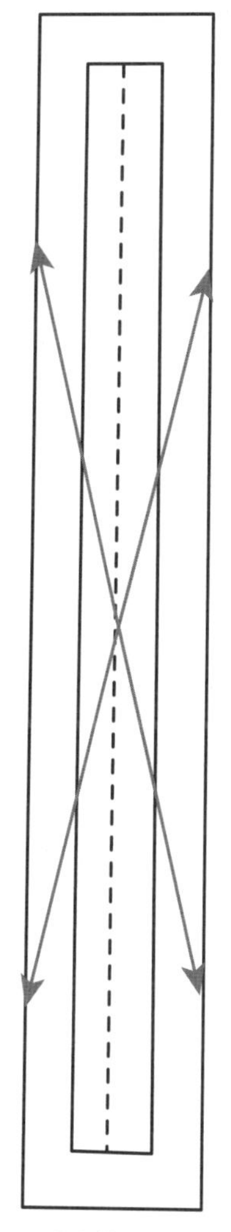

露肩小礼服 M码
领口滚边条 ×1

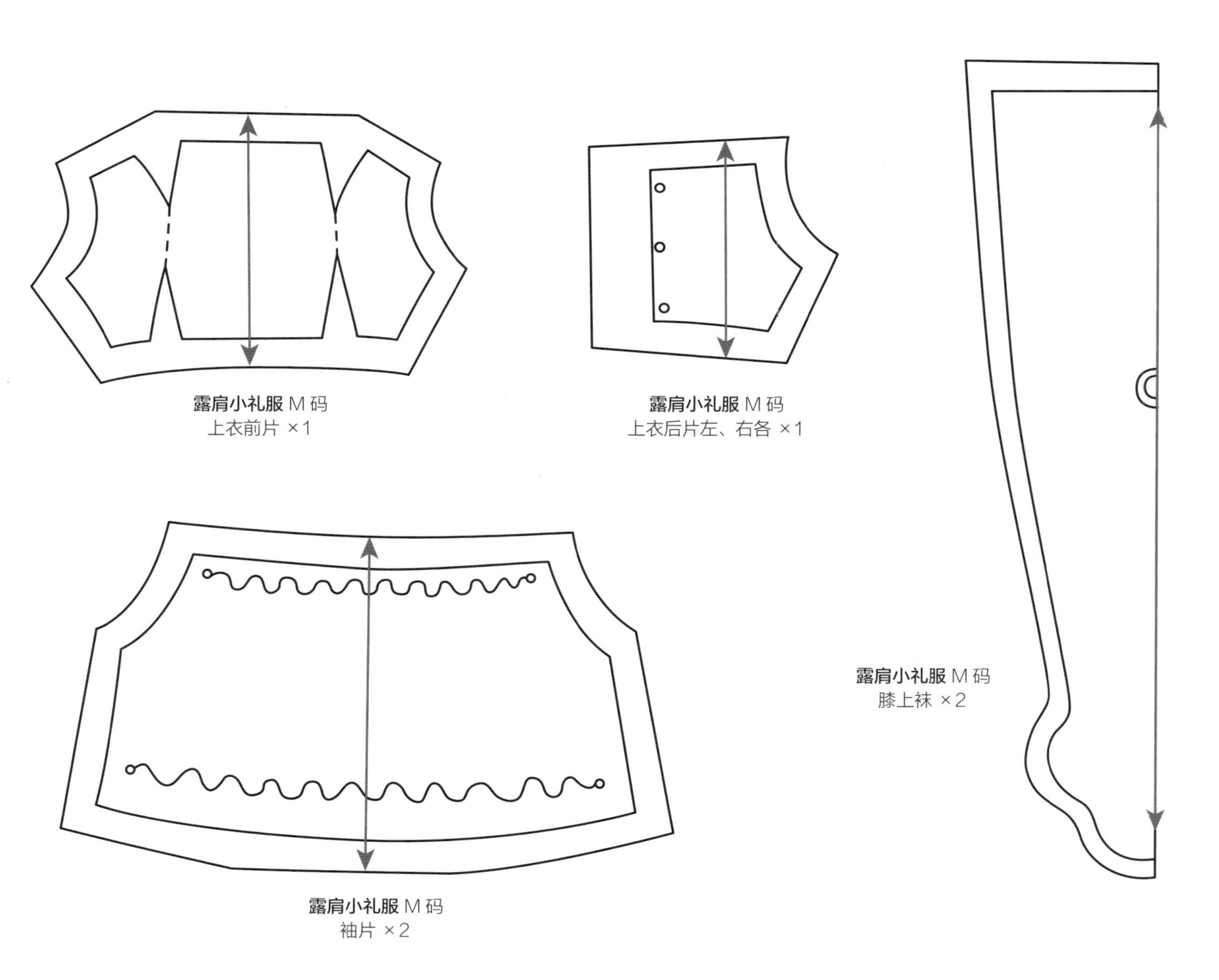
露肩小礼服 M码
上衣前片 ×1
露肩小礼服 M码
上衣后片左、右各 ×1
露肩小礼服 M码
膝上袜 ×2
露肩小礼服 M码
袖片 ×2

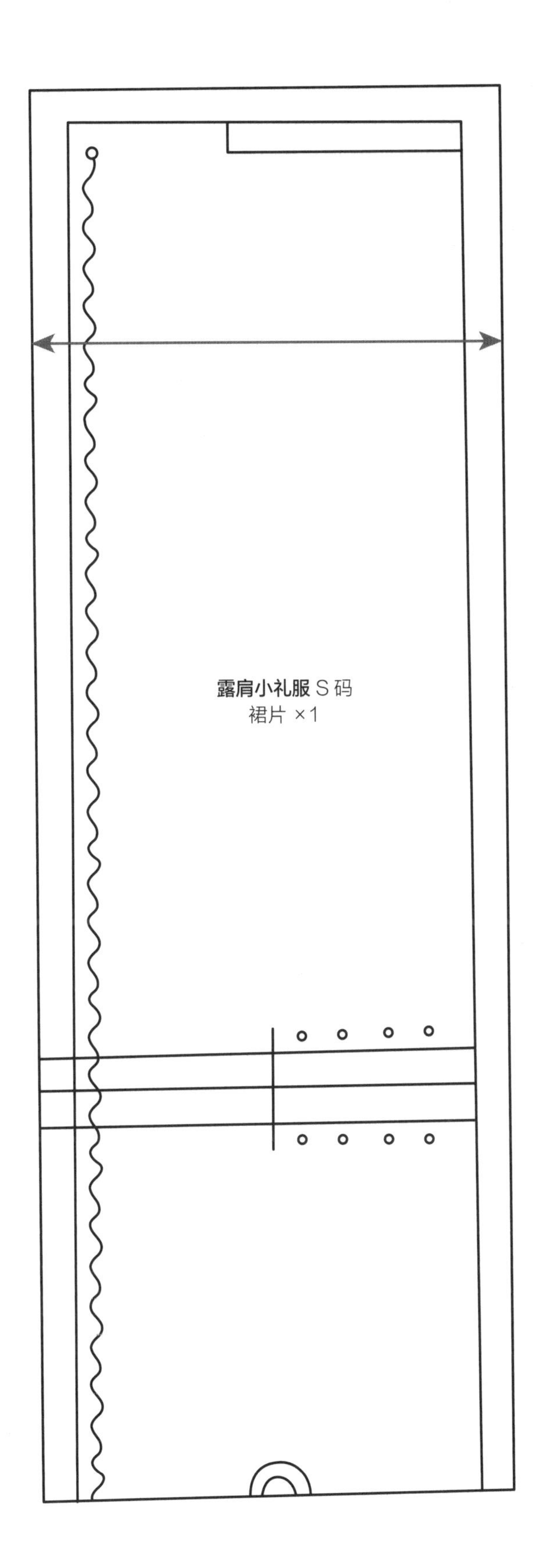

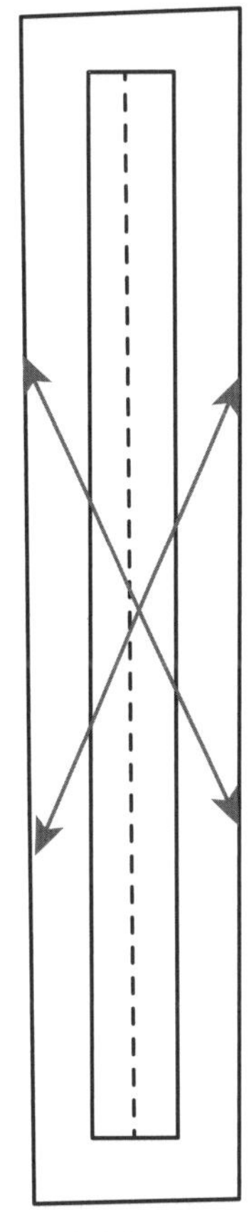

露肩小礼服 S 码
领口滚边条 ×1

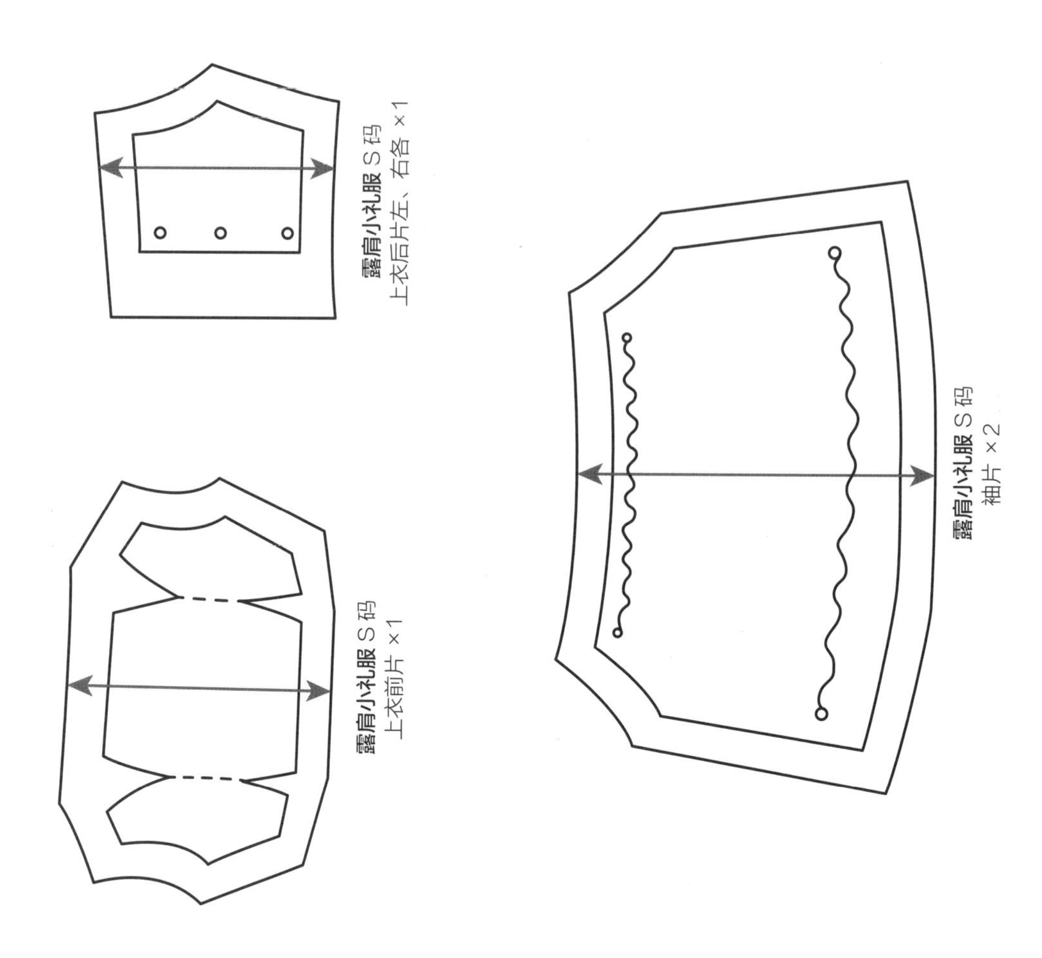
露肩小礼服 S 码
上衣后片左、右各 ×1
露肩小礼服 S 码
上衣前片 ×1
露肩小礼服 S 码
袖片 ×2

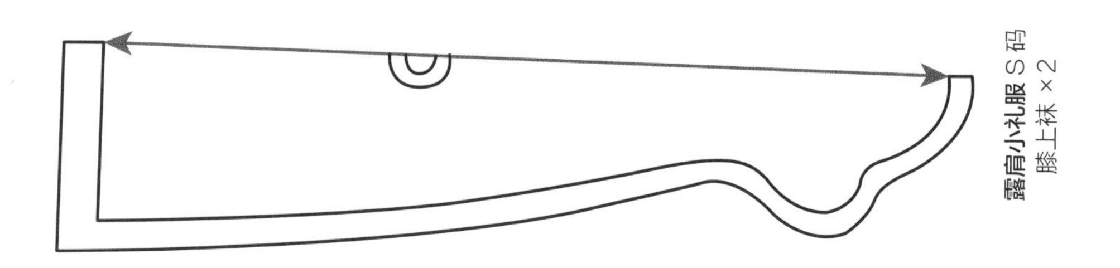
露肩小礼服 S 码
膝上袜 ×2

蓬蓬纱裙礼服

制作方法：P.94

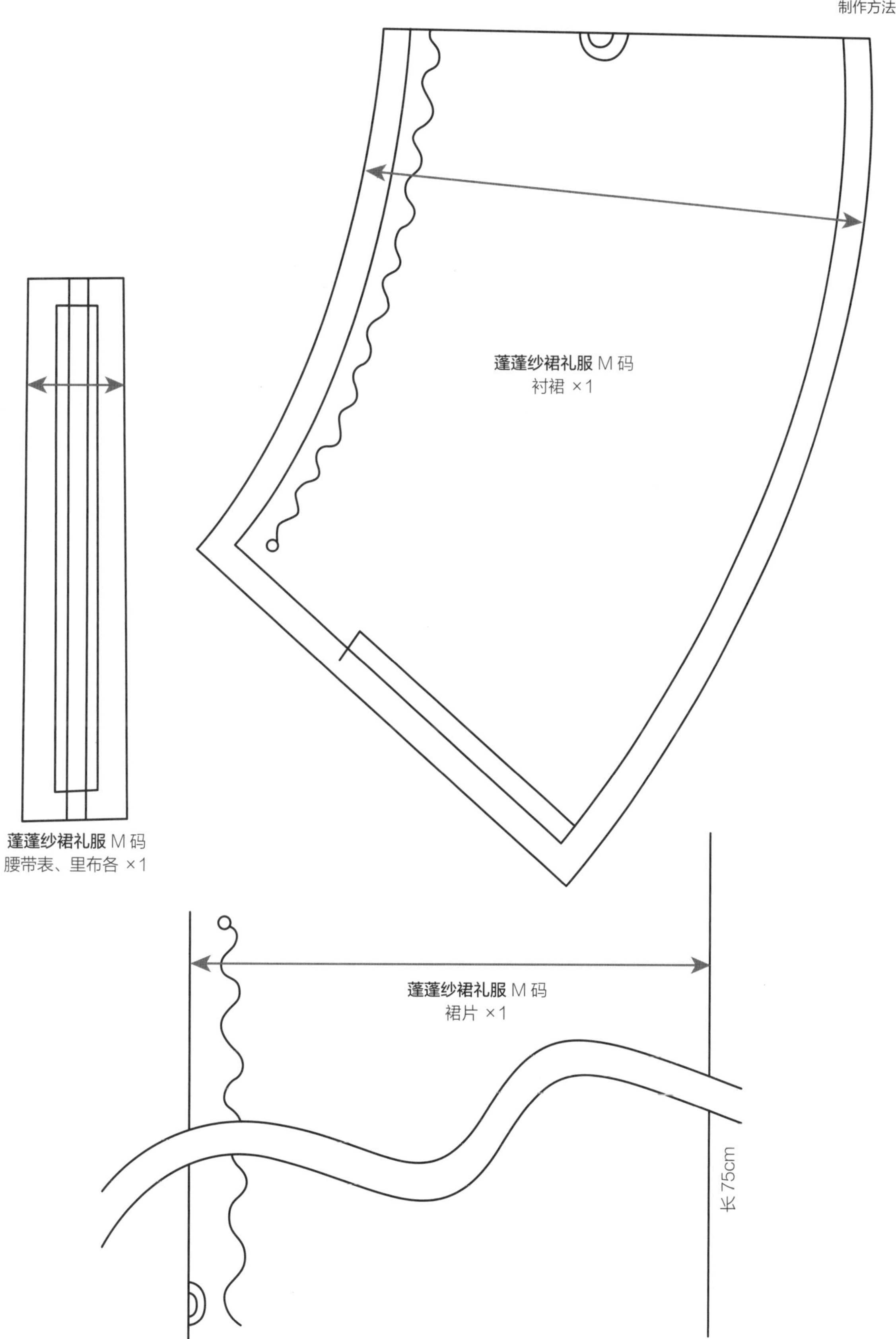

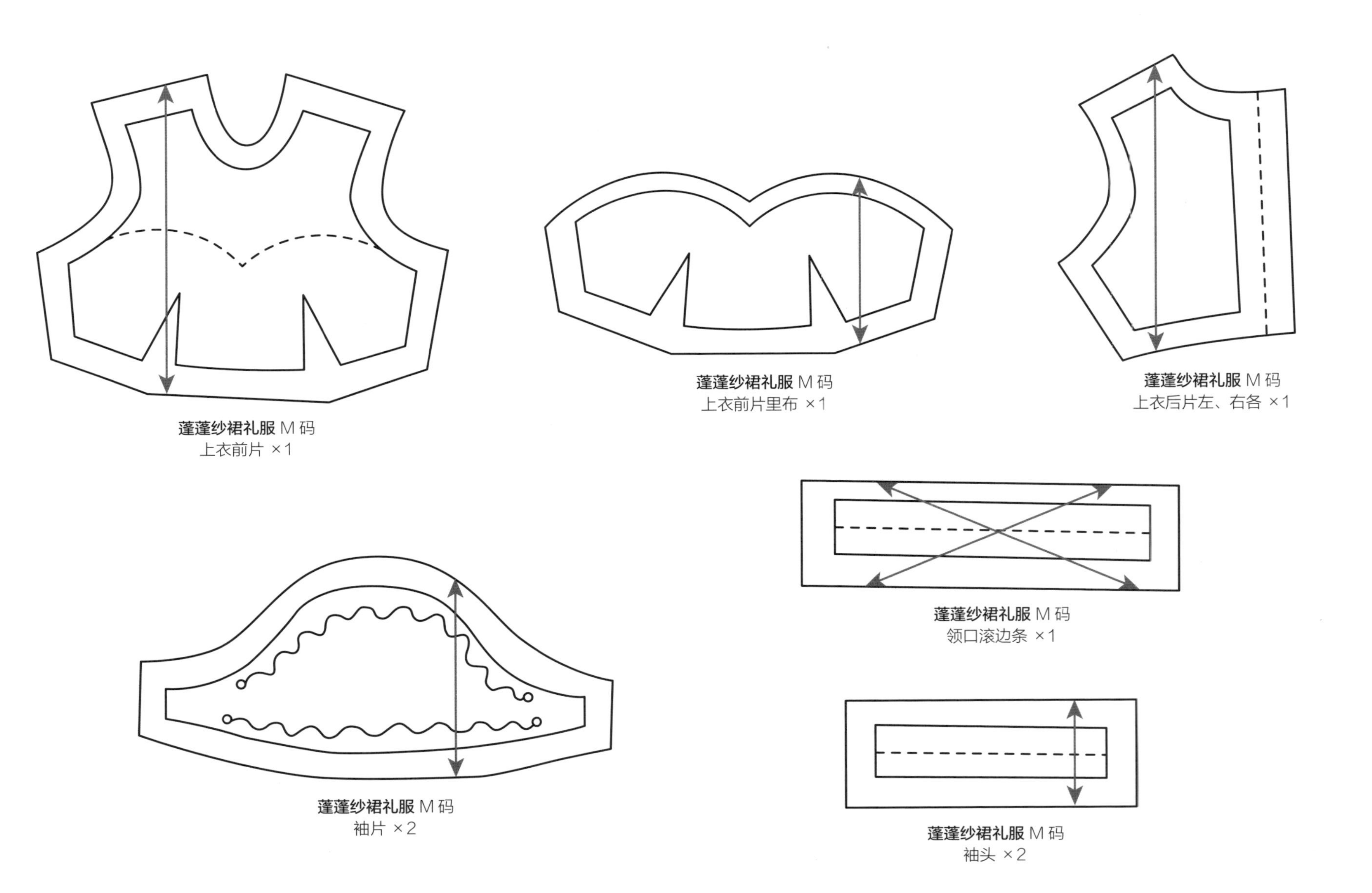
蓬蓬纱裙礼服 M 码
上衣前片 ×1
蓬蓬纱裙礼服 M 码
上衣前片里布 ×1
蓬蓬纱裙礼服 M 码
上衣后片左、右各 ×1
蓬蓬纱裙礼服 M 码
领口滚边条 ×1
蓬蓬纱裙礼服 M 码
袖片 ×2
蓬蓬纱裙礼服 M 码
袖头 ×2

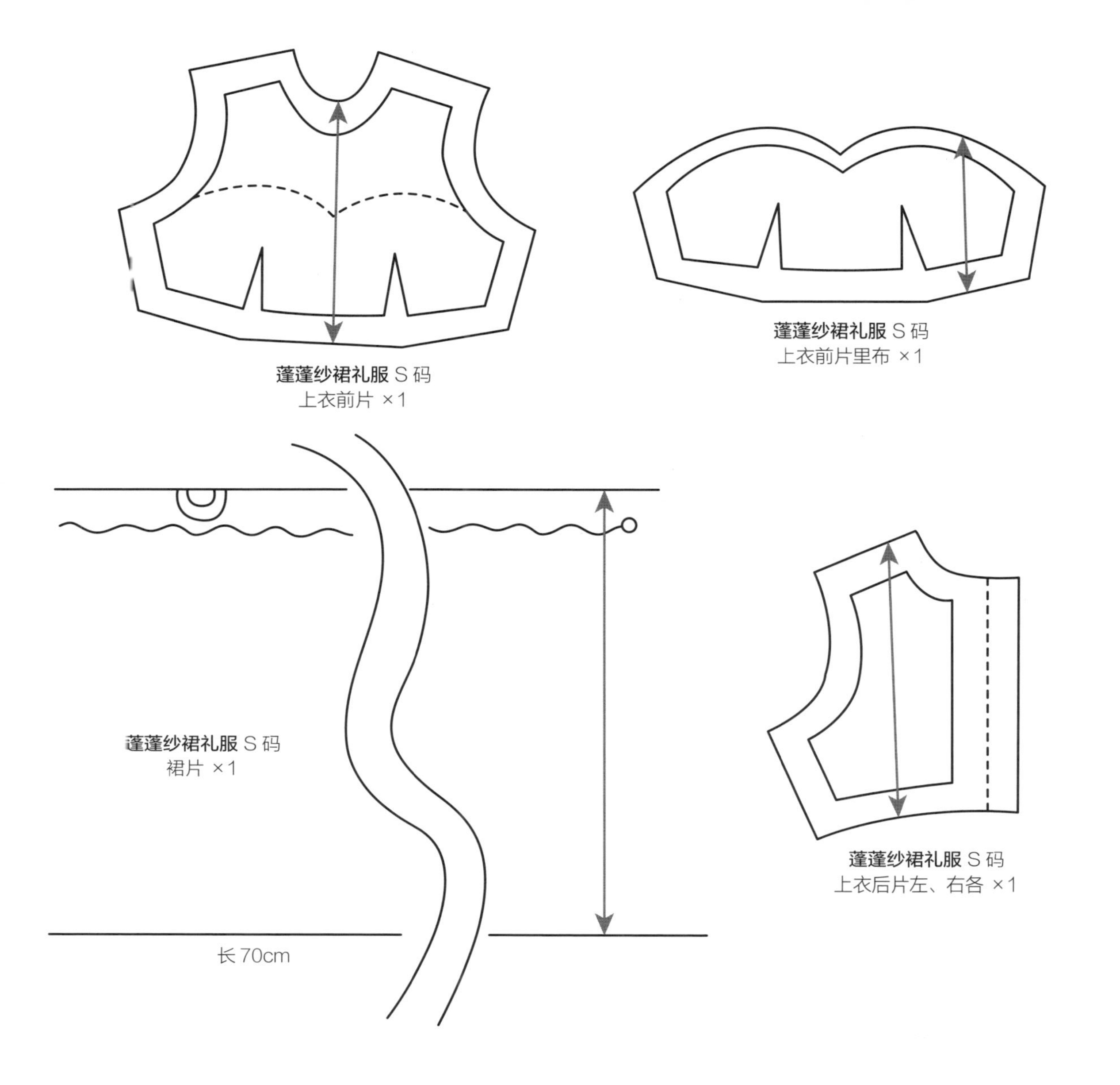
蓬蓬纱裙礼服 S 码
上衣前片 ×1
蓬蓬纱裙礼服 S 码
上衣前片里布 ×1
蓬蓬纱裙礼服 S 码
裙片 ×1
长 70cm
蓬蓬纱裙礼服 S 码
上衣后片左、右各 ×1

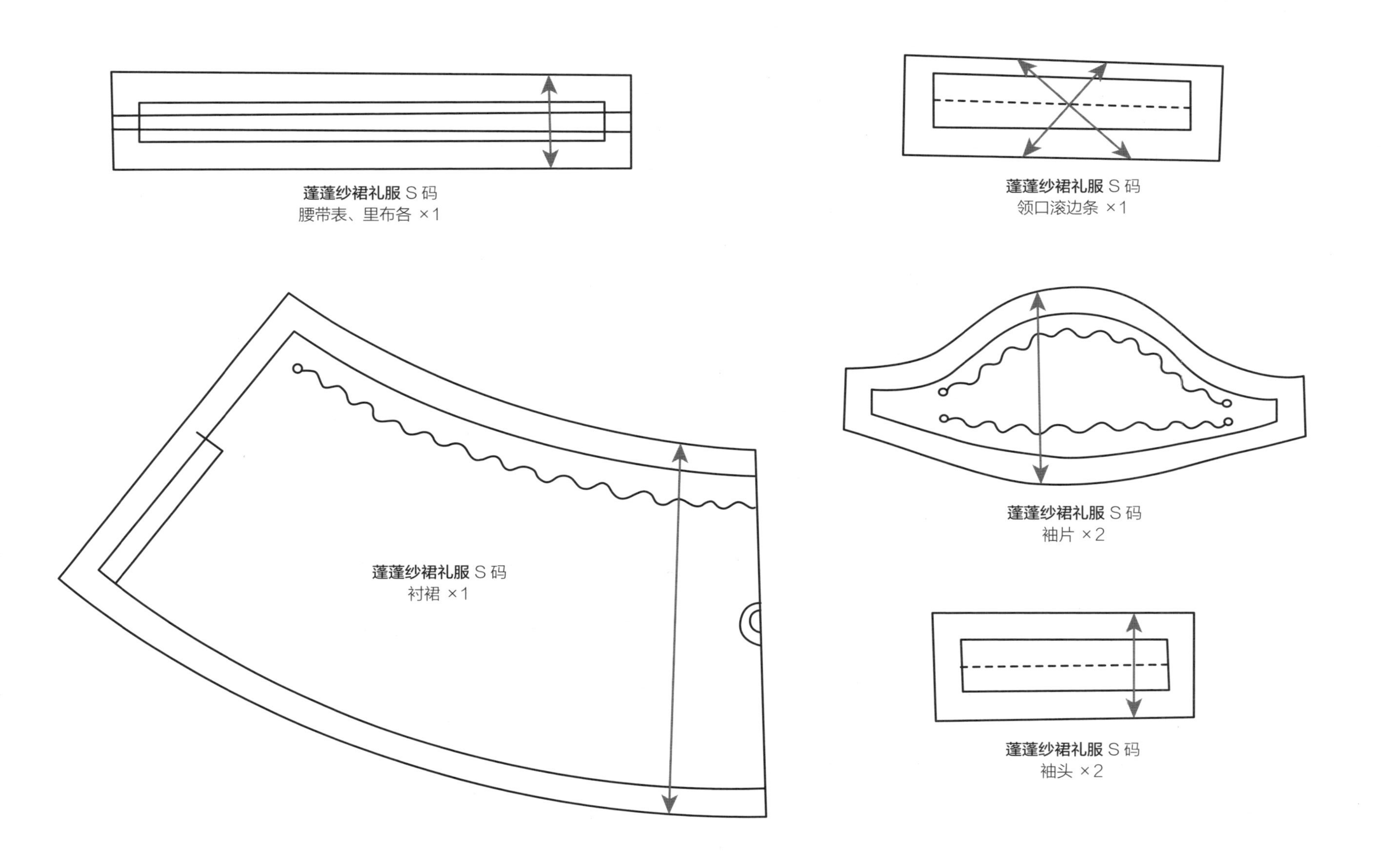
蓬蓬纱裙礼服 S码
腰带表、里布各 ×1
蓬蓬纱裙礼服 S码
领口滚边条 ×1
蓬蓬纱裙礼服 S码
衬裙 ×1
蓬蓬纱裙礼服 S码
袖片 ×2
蓬蓬纱裙礼服 S码
袖头 ×2

欧式田园风连衣裙

制作方法：P*100*

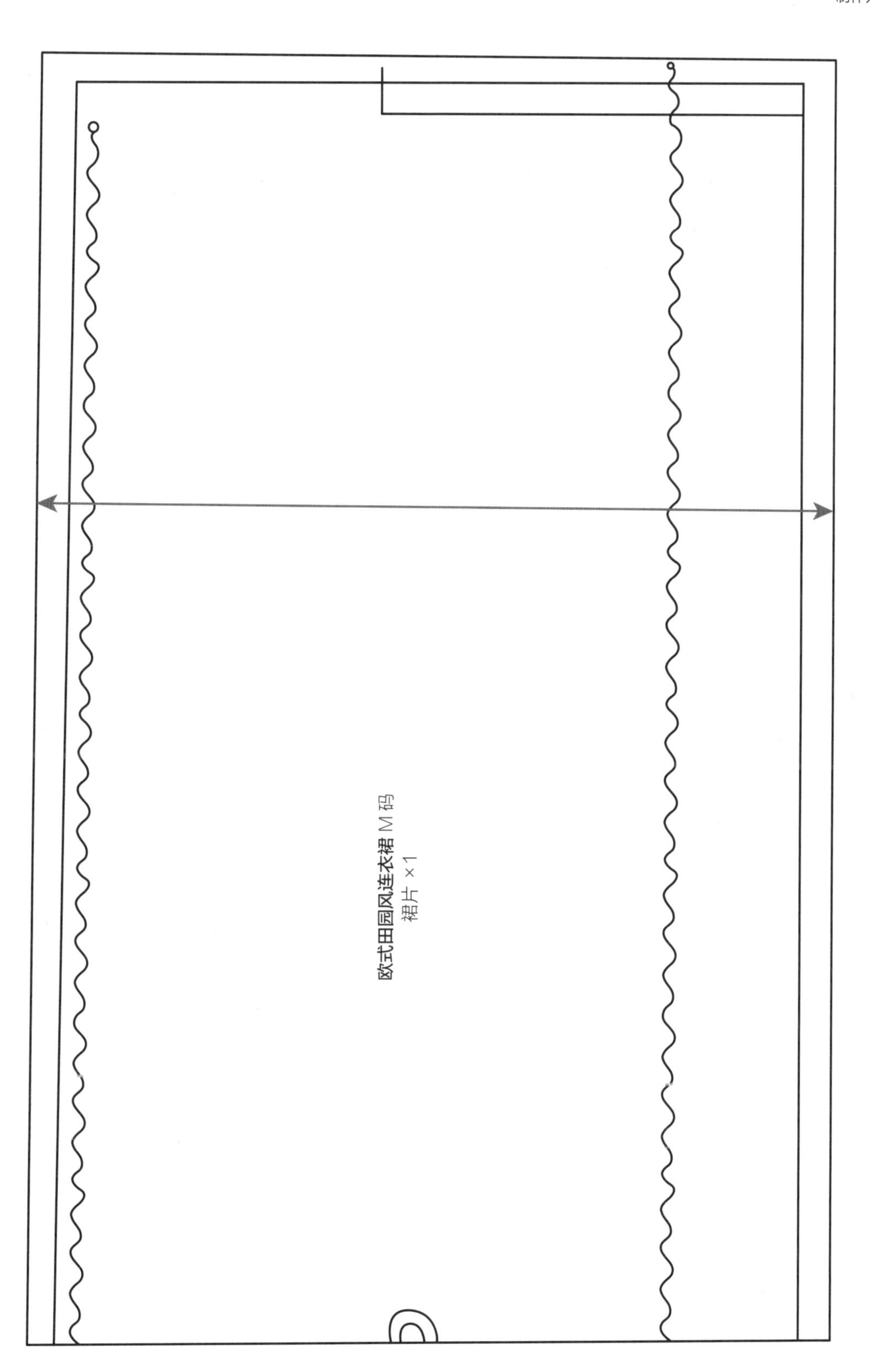

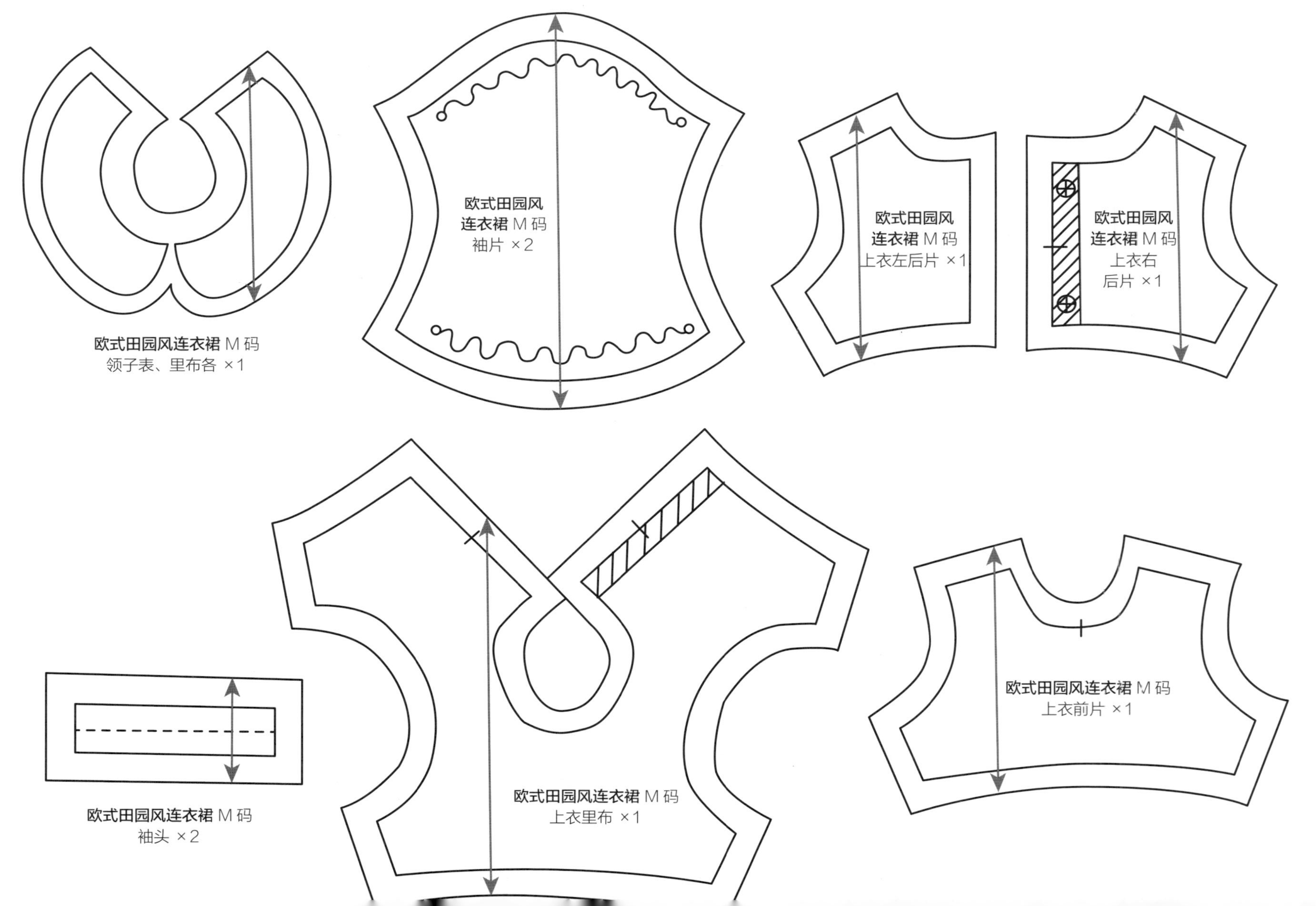
欧式田园风连衣裙 M 码
领子表、里布各 ×1
欧式田园风
连衣裙 M 码
袖片 ×2
欧式田园风
连衣裙 M 码
上衣左后片 ×1
欧式田园风
连衣裙 M 码
上衣右
后片 ×1
欧式田园风连衣裙 M 码
袖头 ×2
欧式田园风连衣裙 M 码
上衣里布 ×1
欧式田园风连衣裙 M 码
上衣前片 ×1

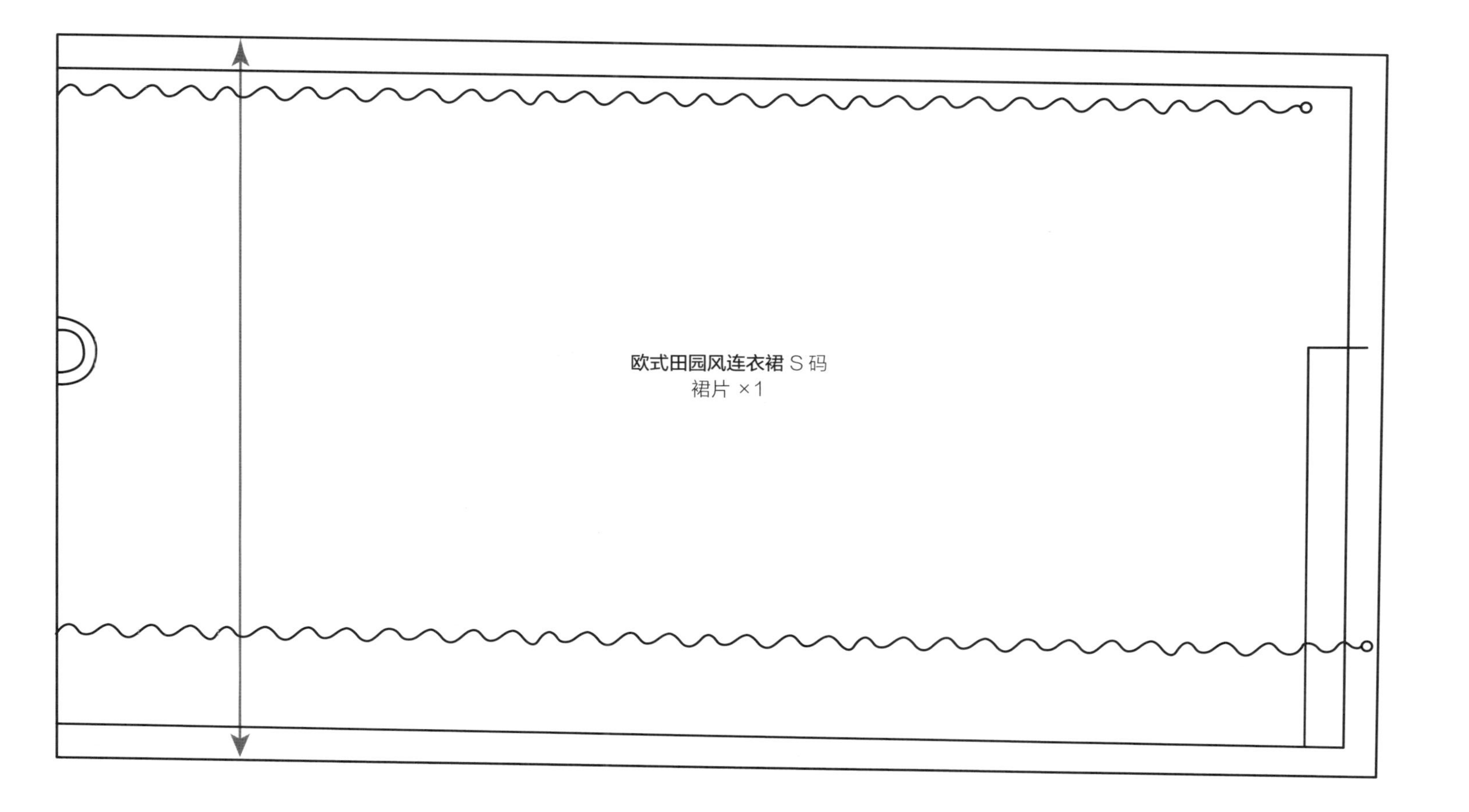
欧式田园风连衣裙 S码
裙片 ×1

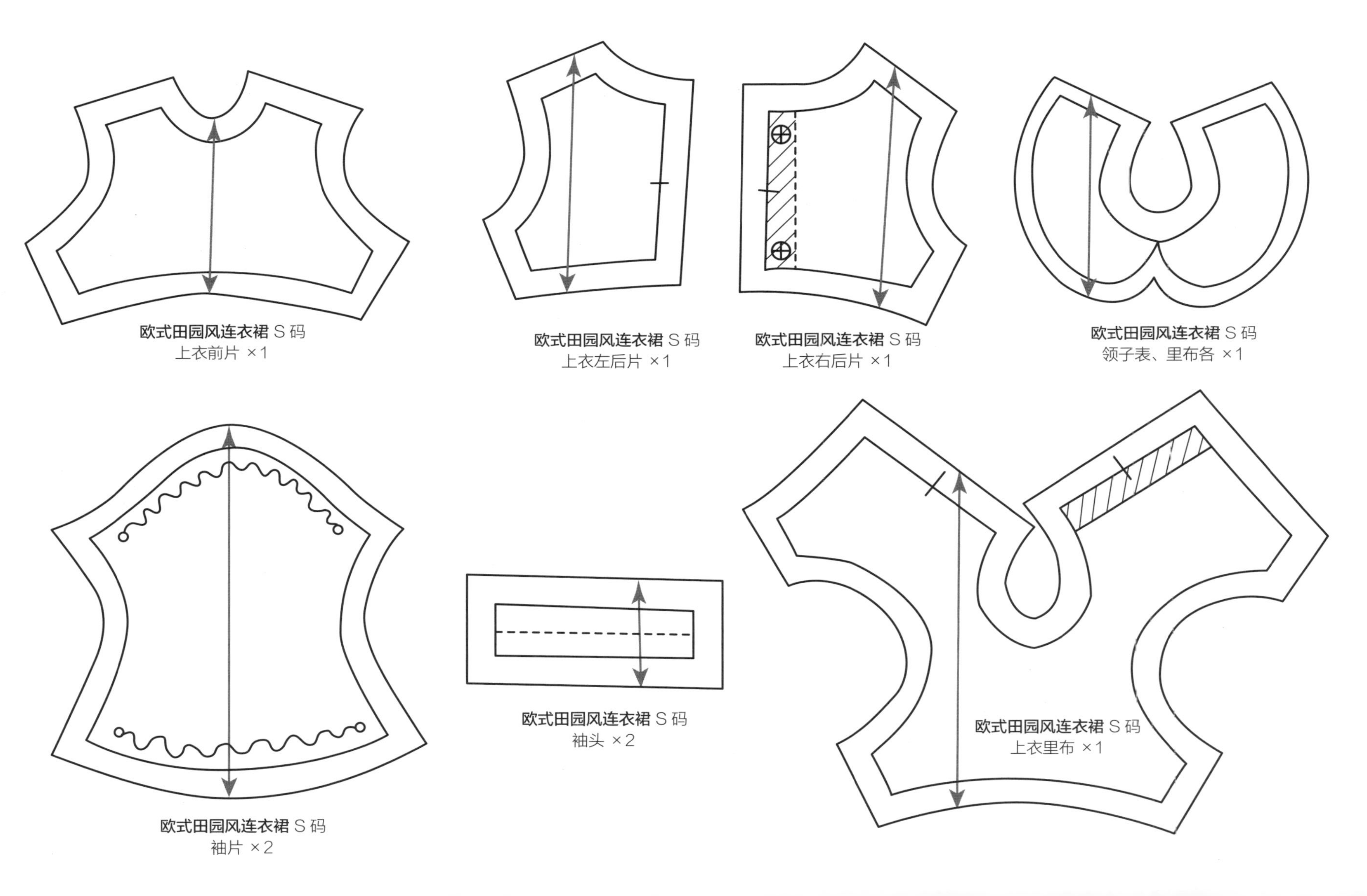
欧式田园风连衣裙 S 码
上衣前片 ×1
欧式田园风连衣裙 S 码
上衣左后片 ×1
欧式田园风连衣裙 S 码
上衣右后片 ×1
欧式田园风连衣裙 S 码
领子表、里布各 ×1
欧式田园风连衣裙 S 码
袖片 ×2
欧式田园风连衣裙 S 码
袖头 ×2
欧式田园风连衣裙 S 码
上衣里布 ×1

欧式田园风背心裙

制作方法：P*106*

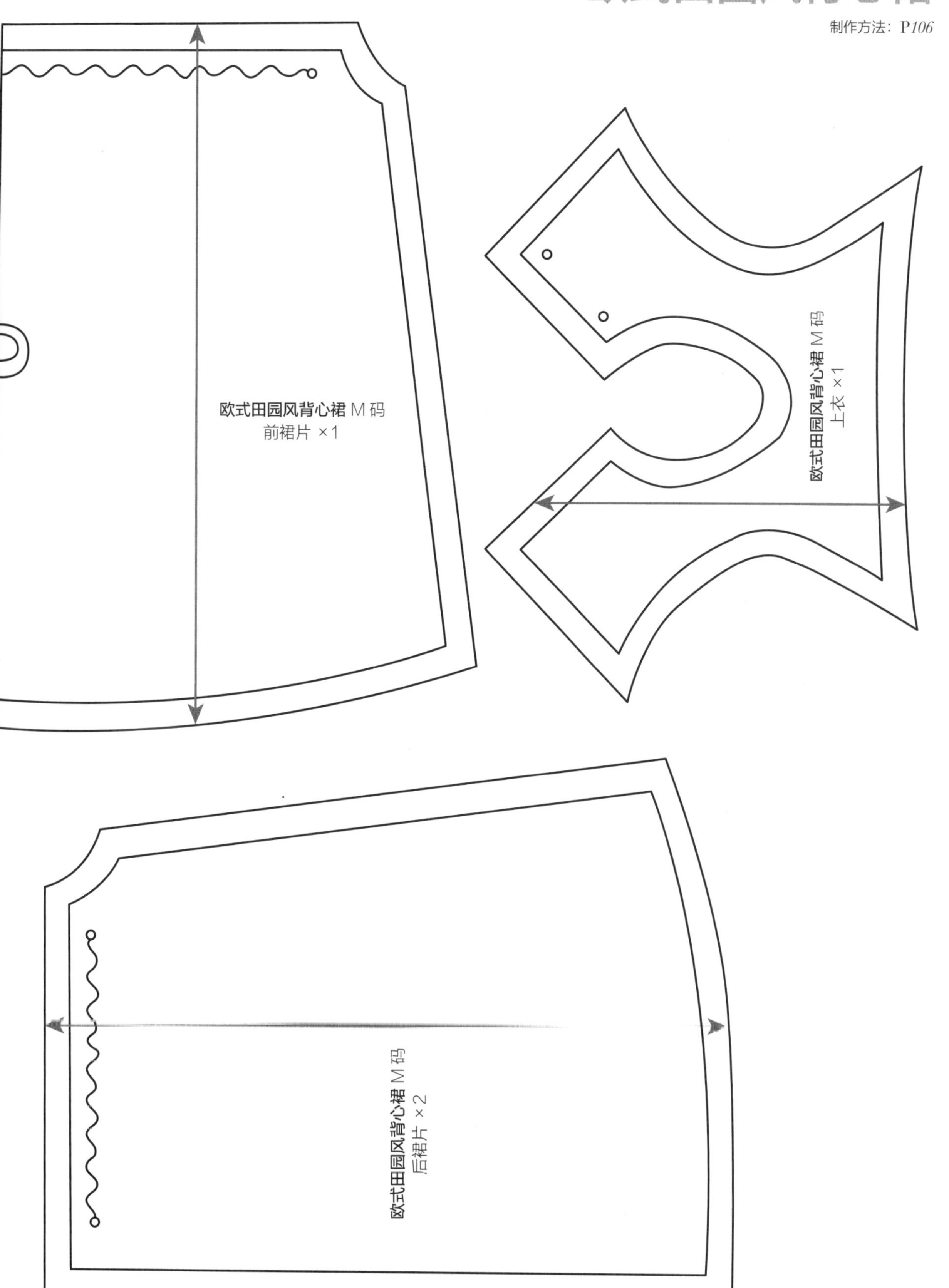

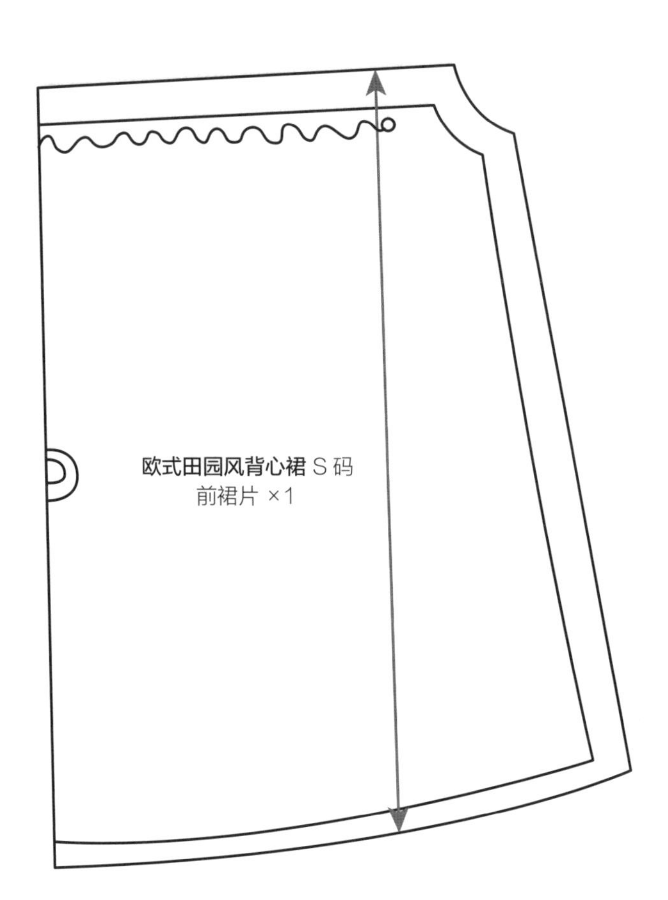
欧式田园风背心裙 S 码
前裙片 ×1

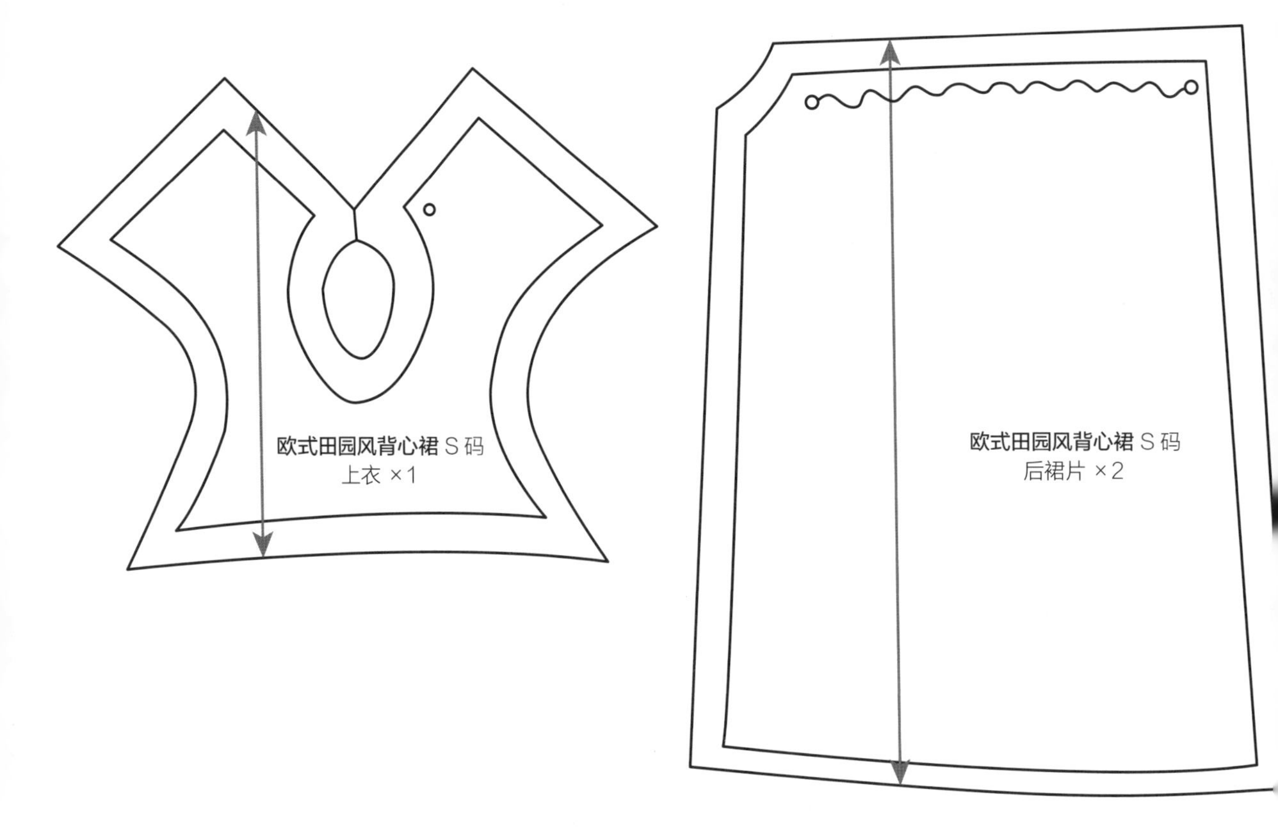
欧式田园风背心裙 S 码
上衣 ×1
欧式田园风背心裙 S 码
后裙片 ×2

洛可可式连衣裙

制作方法：P*110*

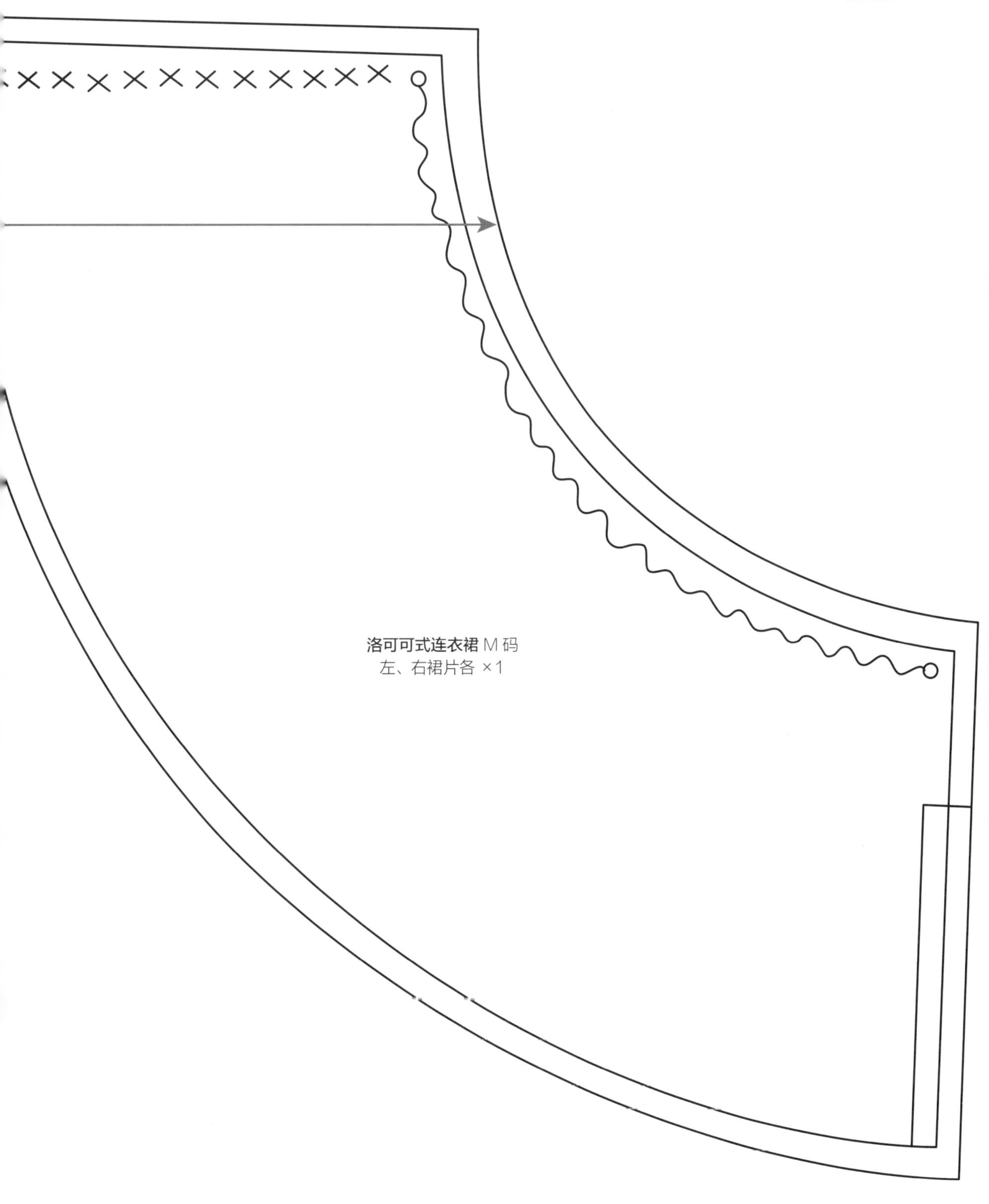

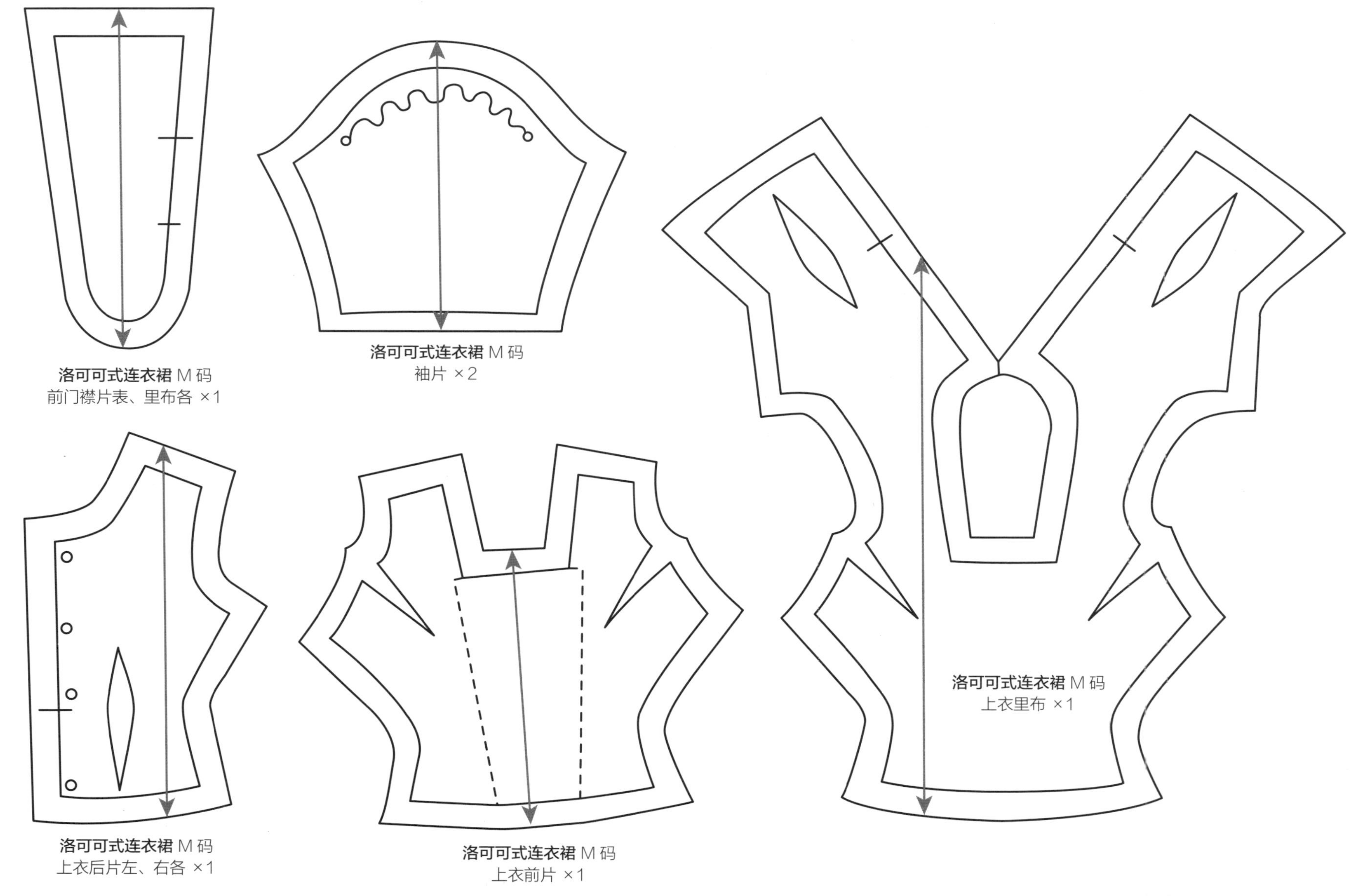
洛可可式连衣裙 M码
前门襟片表、里布各 ×1
洛可可式连衣裙 M码
袖片 ×2
洛可可式连衣裙 M码
上衣里布 ×1
洛可可式连衣裙 M码
上衣后片左、右各 ×1
洛可可式连衣裙 M码
上衣前片 ×1

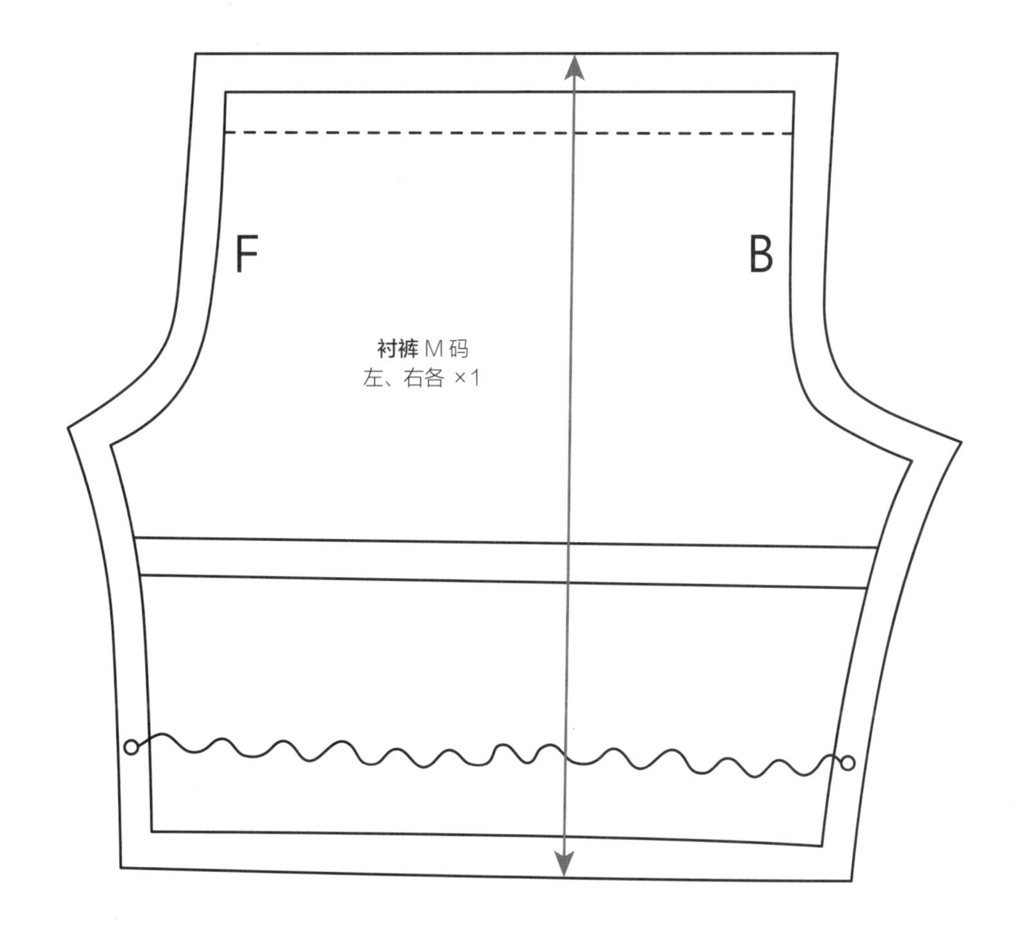
F
B
衬裤 M码
左、右各 ×1

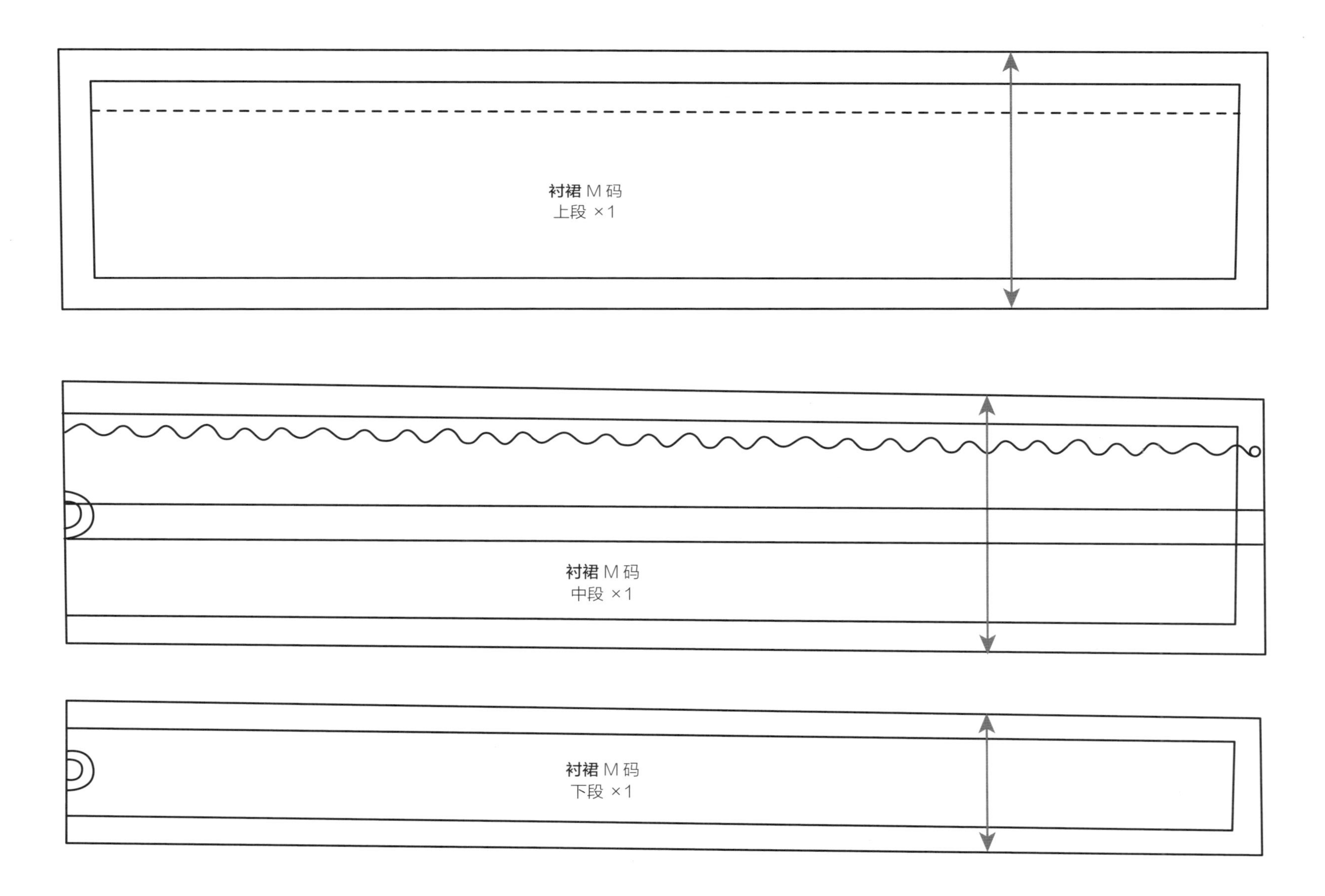
衬裙 M 码
上段 ×1
衬裙 M 码
中段 ×1
衬裙 M 码
下段 ×1

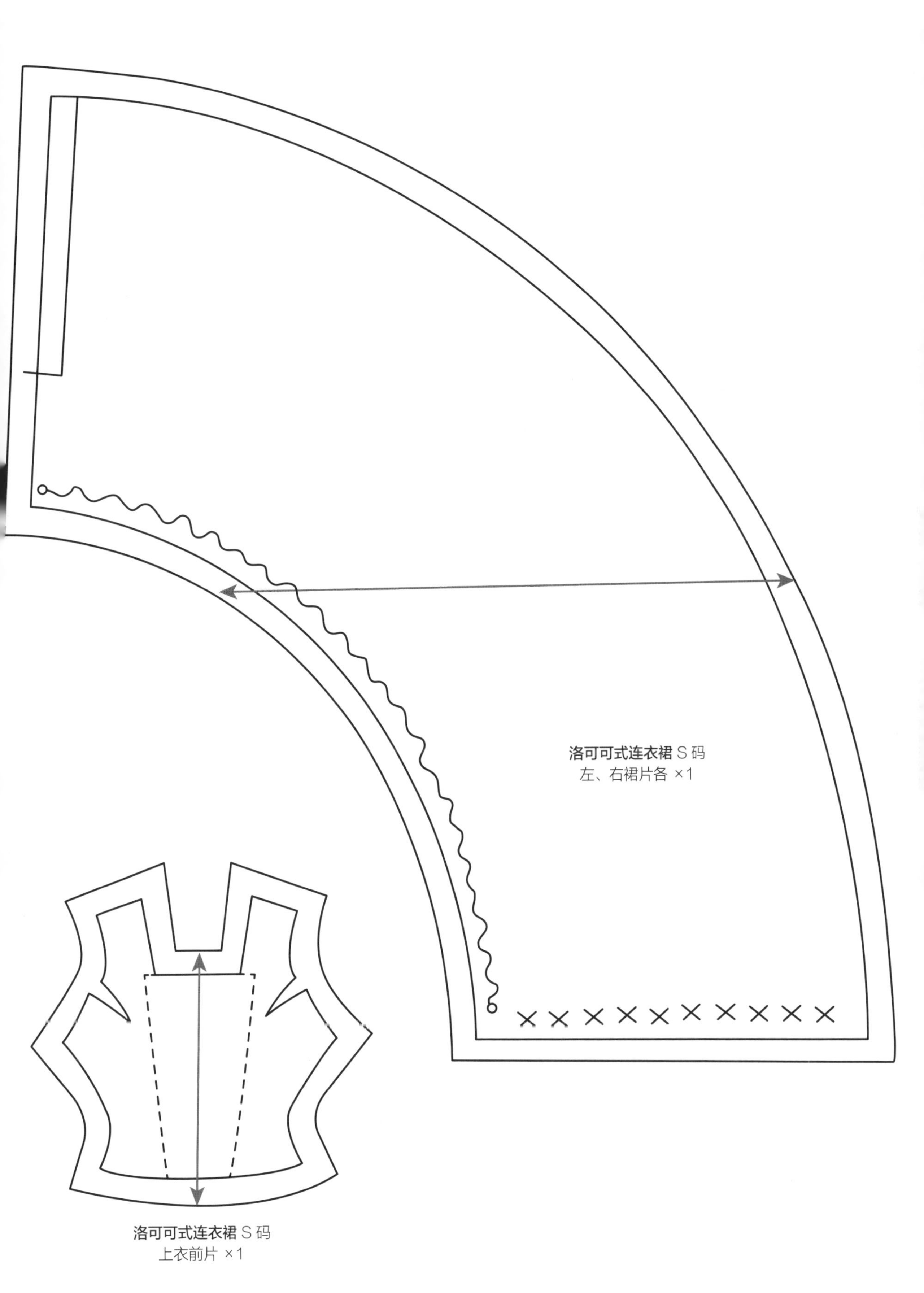
洛可可式连衣裙 S 码
左、右裙片各 ×1
洛可可式连衣裙 S 码
上衣前片 ×1

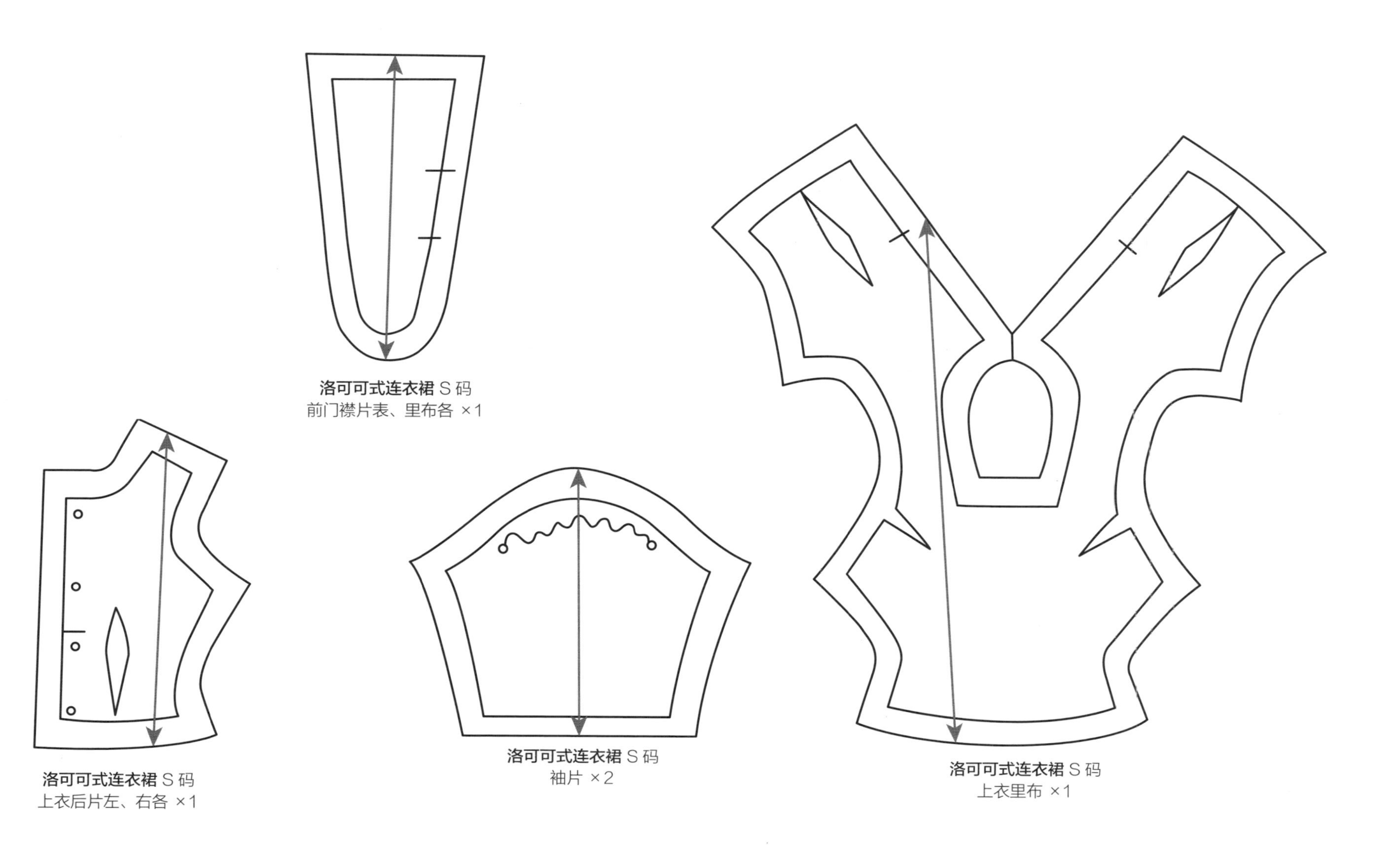
洛可可式连衣裙 S 码
前门襟片表、里布各 ×1
洛可可式连衣裙 S 码
上衣后片左、右各 ×1
洛可可式连衣裙 S 码
袖片 ×2
洛可可式连衣裙 S 码
上衣里布 ×1

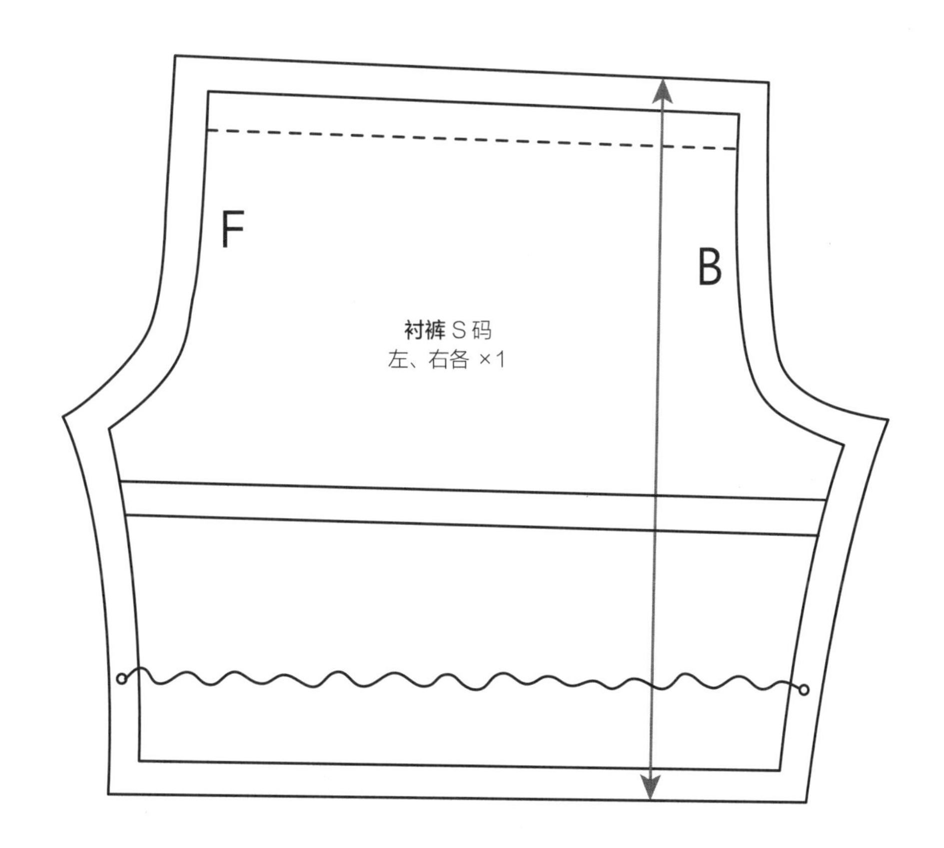
F
B
衬裤 S 码
左、右各 ×1

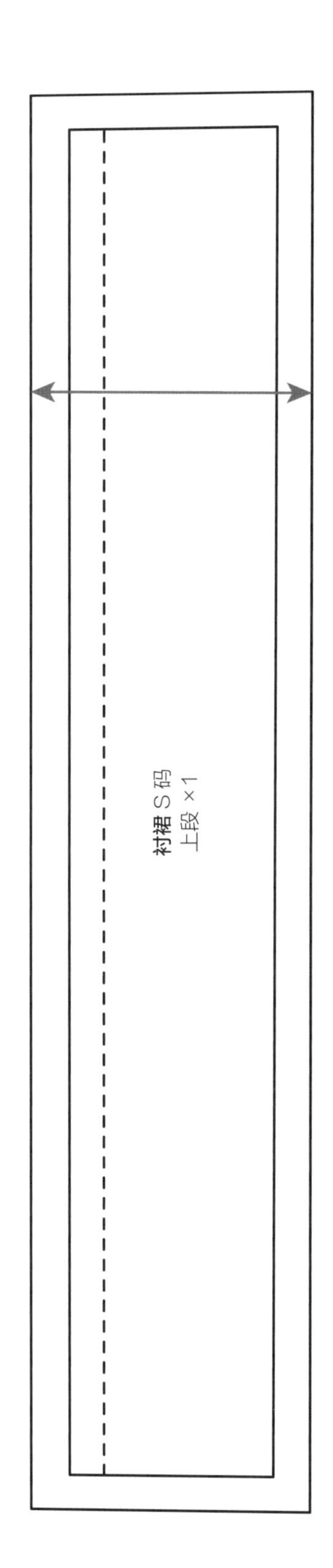
衬裙 S 码
上段 ×1

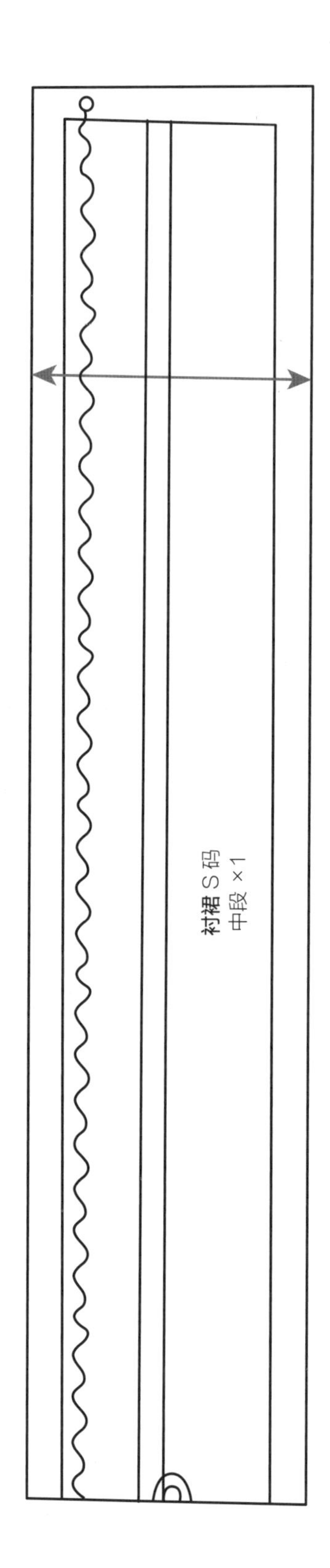
衬裙 S 码
中段 ×1

衬裙 S 码
下段 ×1

制作方法：P122

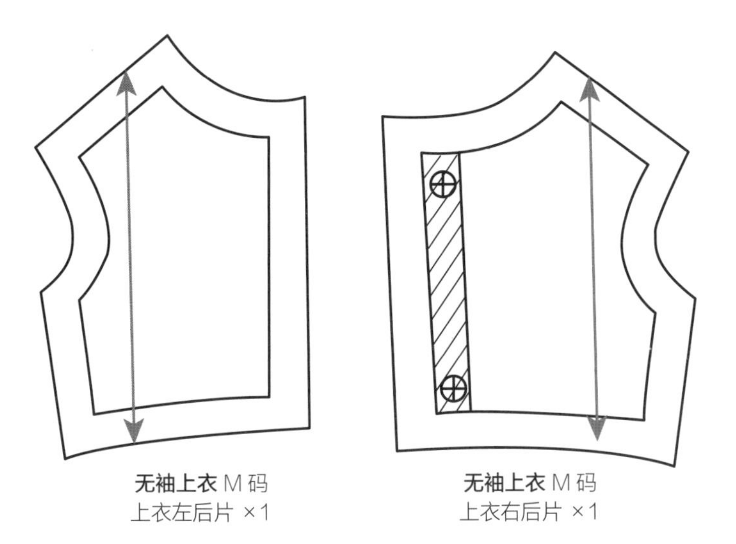

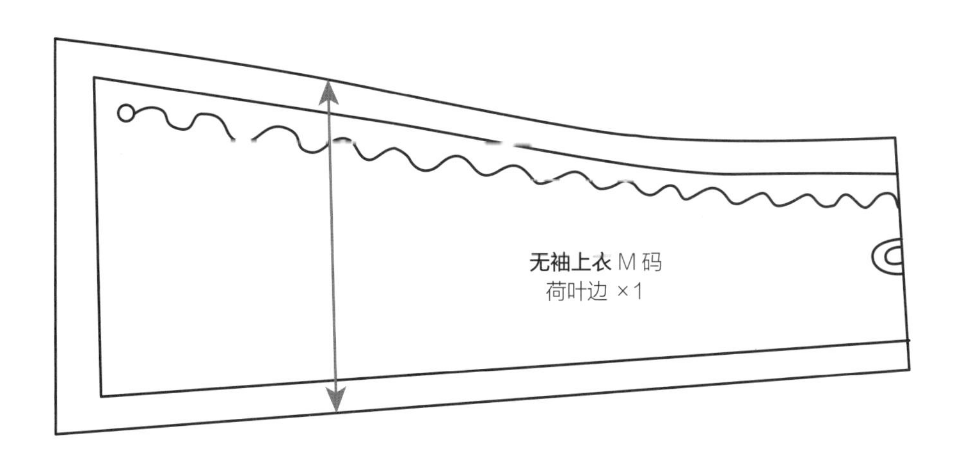

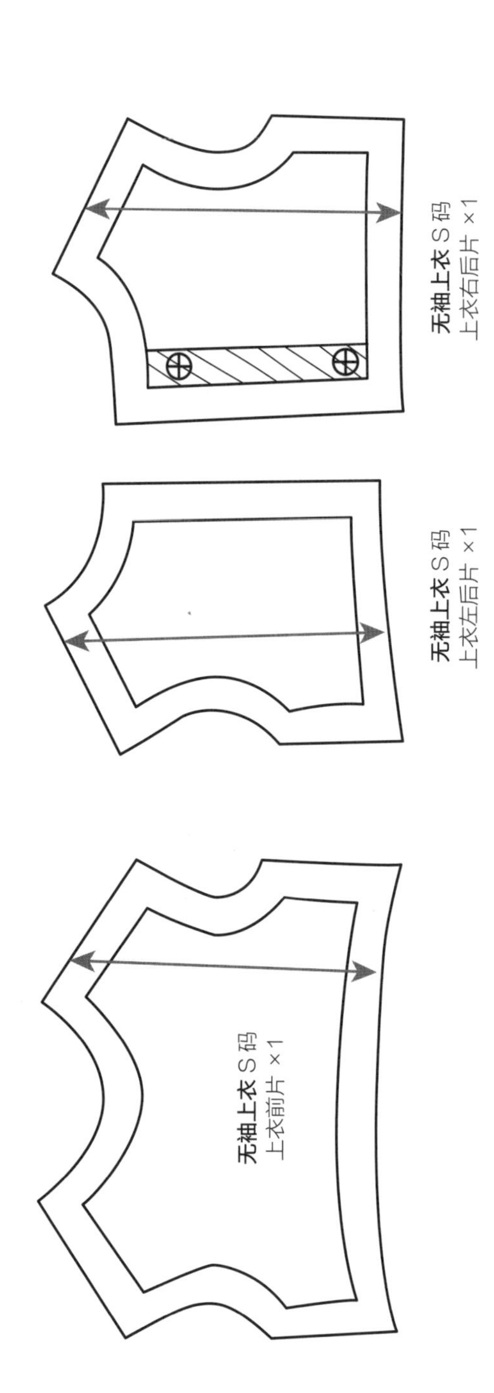
无袖上衣 S 码
上衣右后片 ×1
无袖上衣 S 码
上衣左后片 ×1
无袖上衣 S 码
上衣前片 ×1

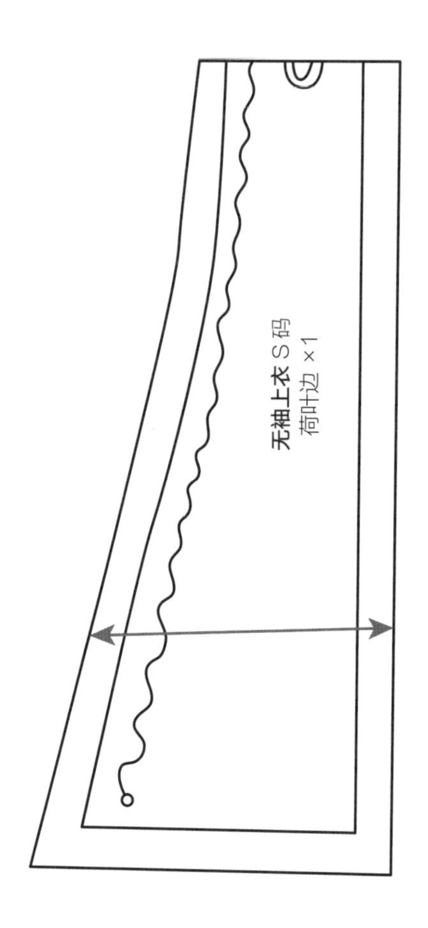
无袖上衣 S 码
荷叶边 ×1

垮裤（低裆裤）

制作方法：P126

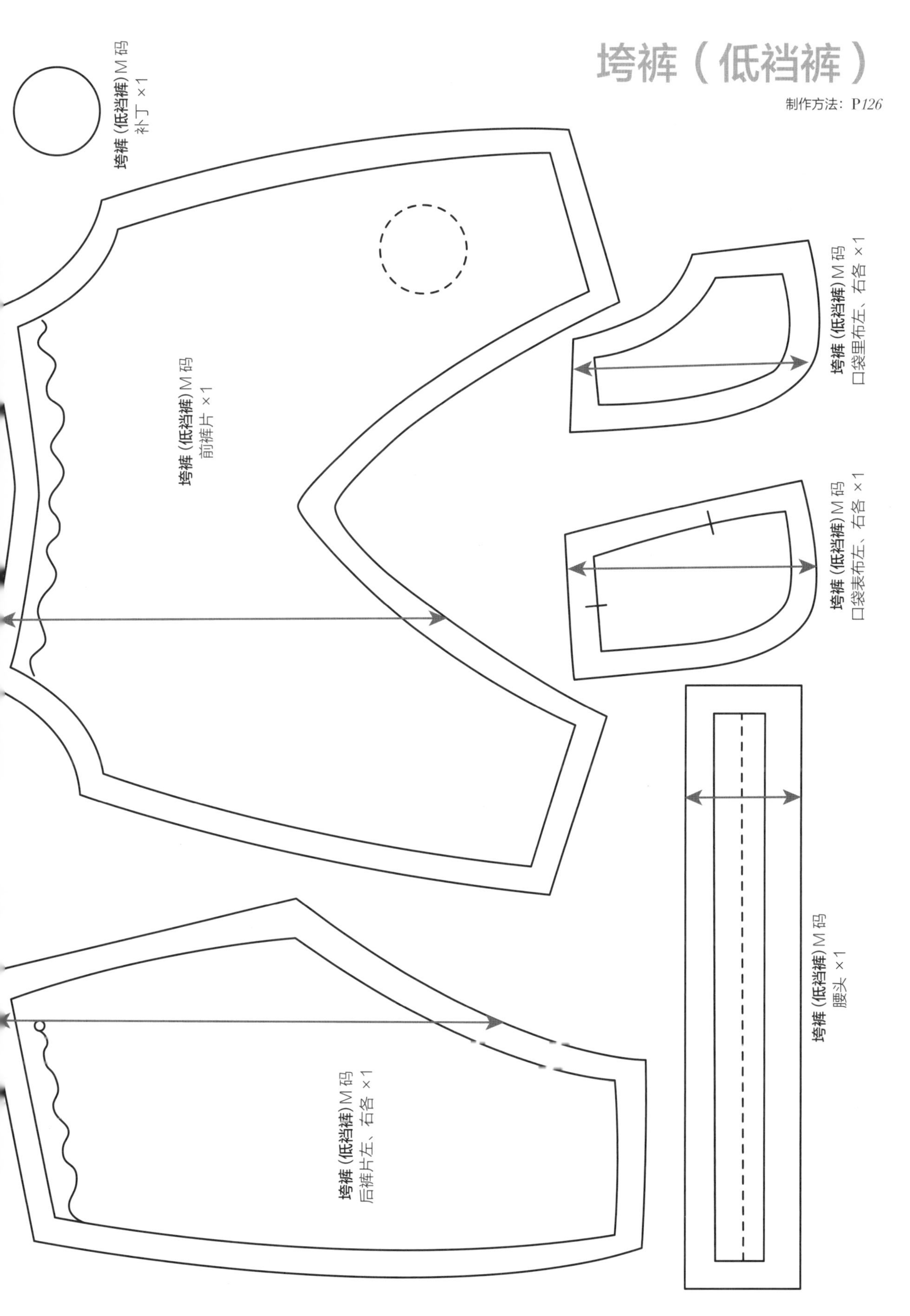

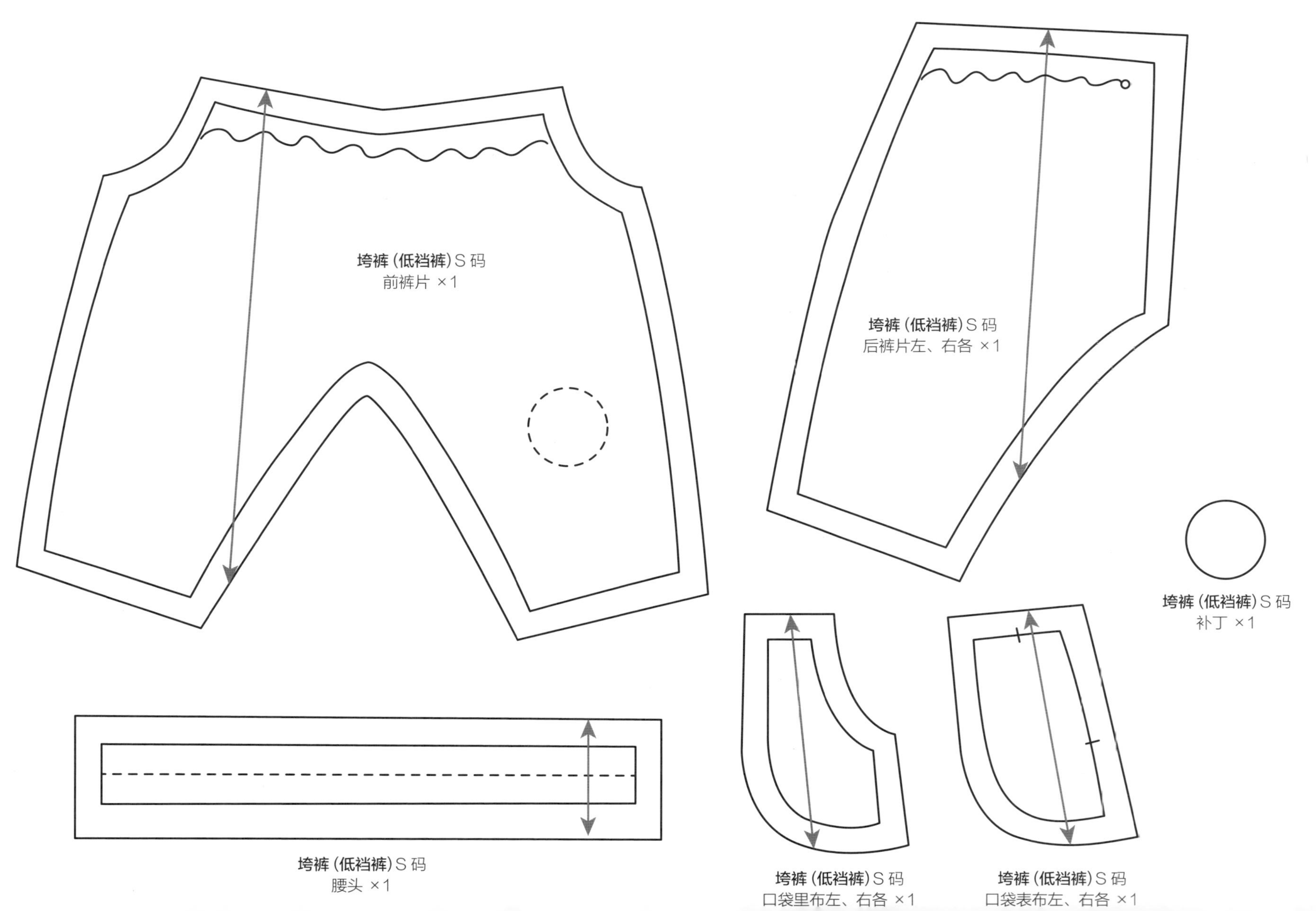
垮裤（低裆裤）S码
前裤片 ×1
垮裤（低裆裤）S码
后裤片左、右各 ×1
垮裤（低裆裤）S码
补丁 ×1
垮裤（低裆裤）S码
腰头 ×1
垮裤（低裆裤）S码
口袋里布左、右各 ×1
垮裤（低裆裤）S码
口袋表布左、右各 ×1

大衣

制作方法：P*130*

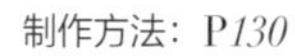

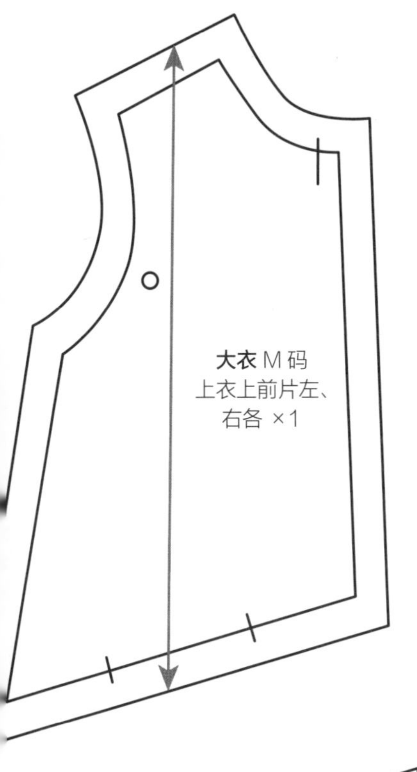
大衣 M 码
上衣上前片左、
右各 ×1

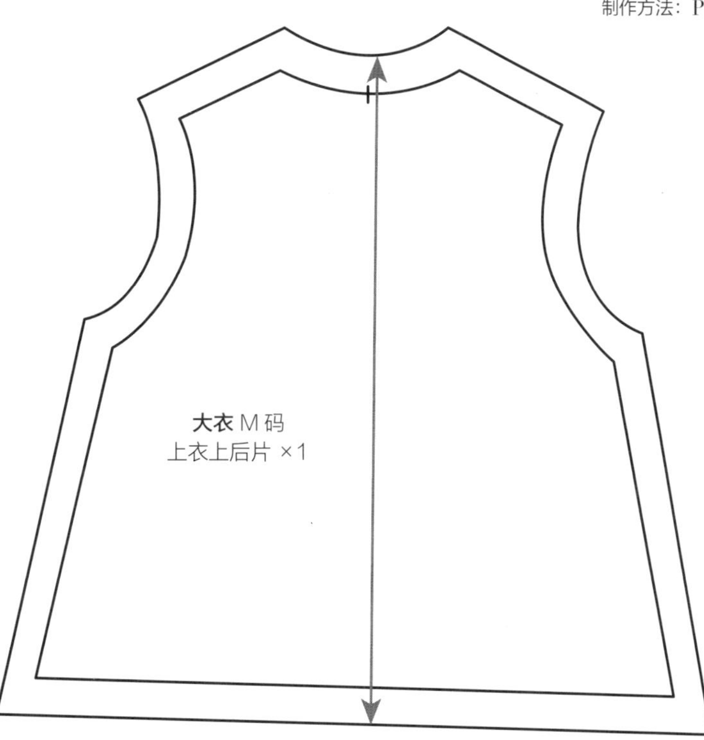
大衣 M 码
上衣上后片 ×1

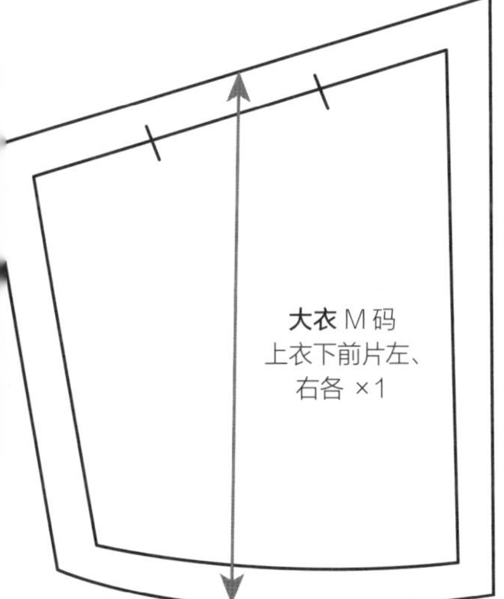
大衣 M 码
上衣下前片左、
右各 ×1

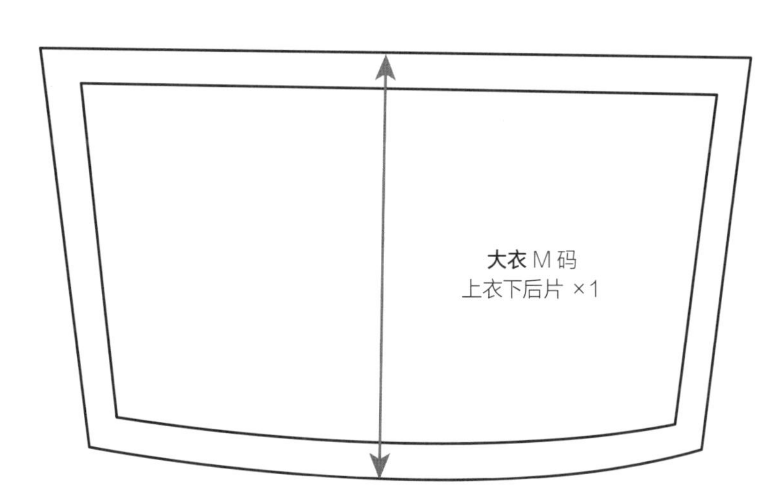
大衣 M 码
上衣下后片 ×1

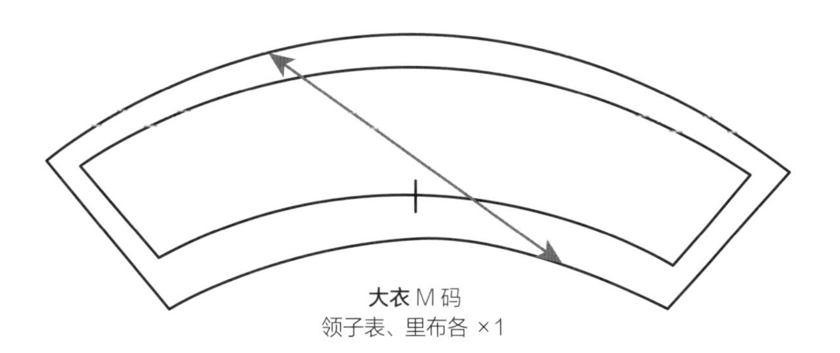
大衣 M 码
领子表、里布各 ×1

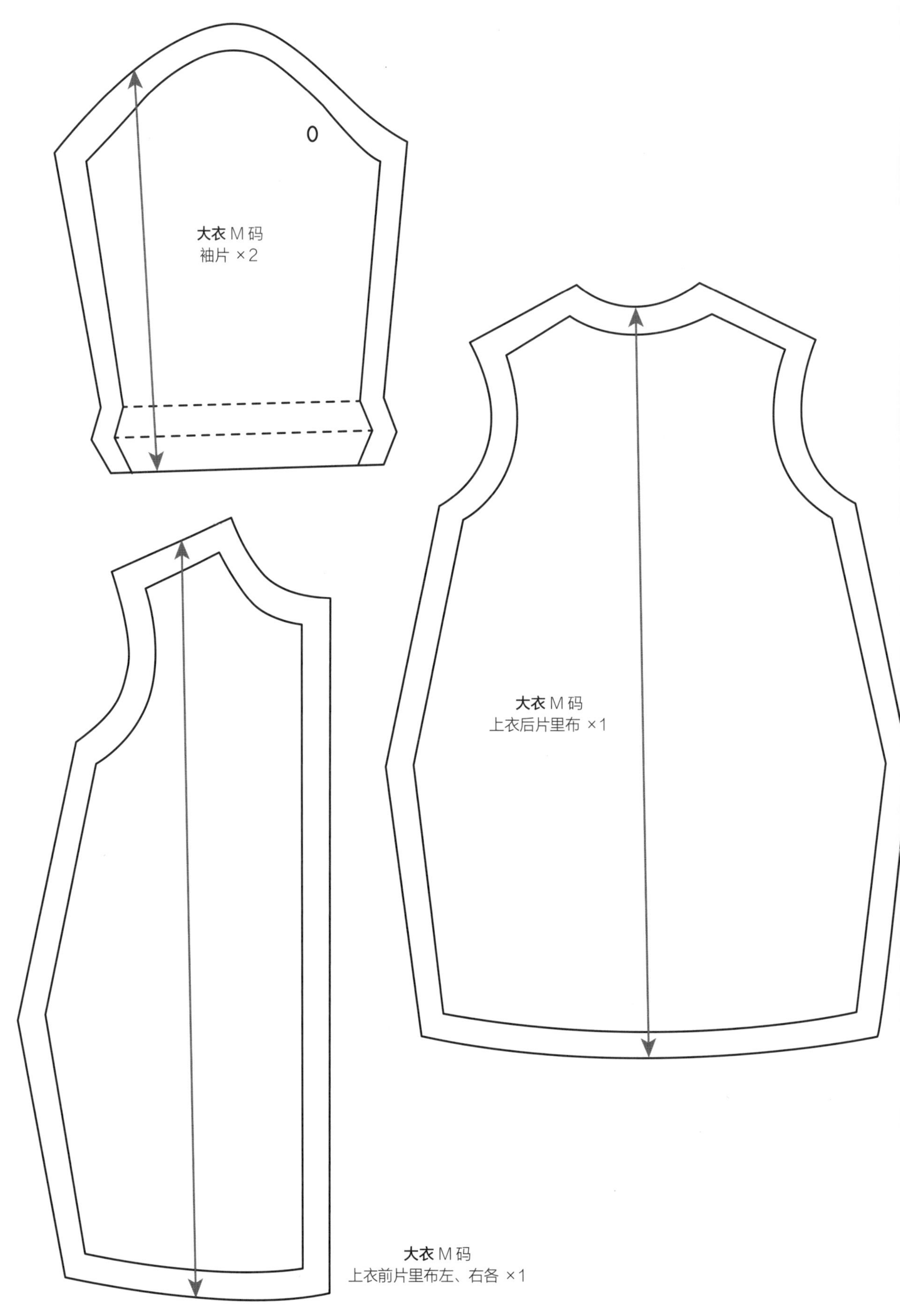

大衣 M 码
袖片 ×2
大衣 M 码
上衣后片里布 ×1
大衣 M 码
上衣前片里布左、右各 ×1

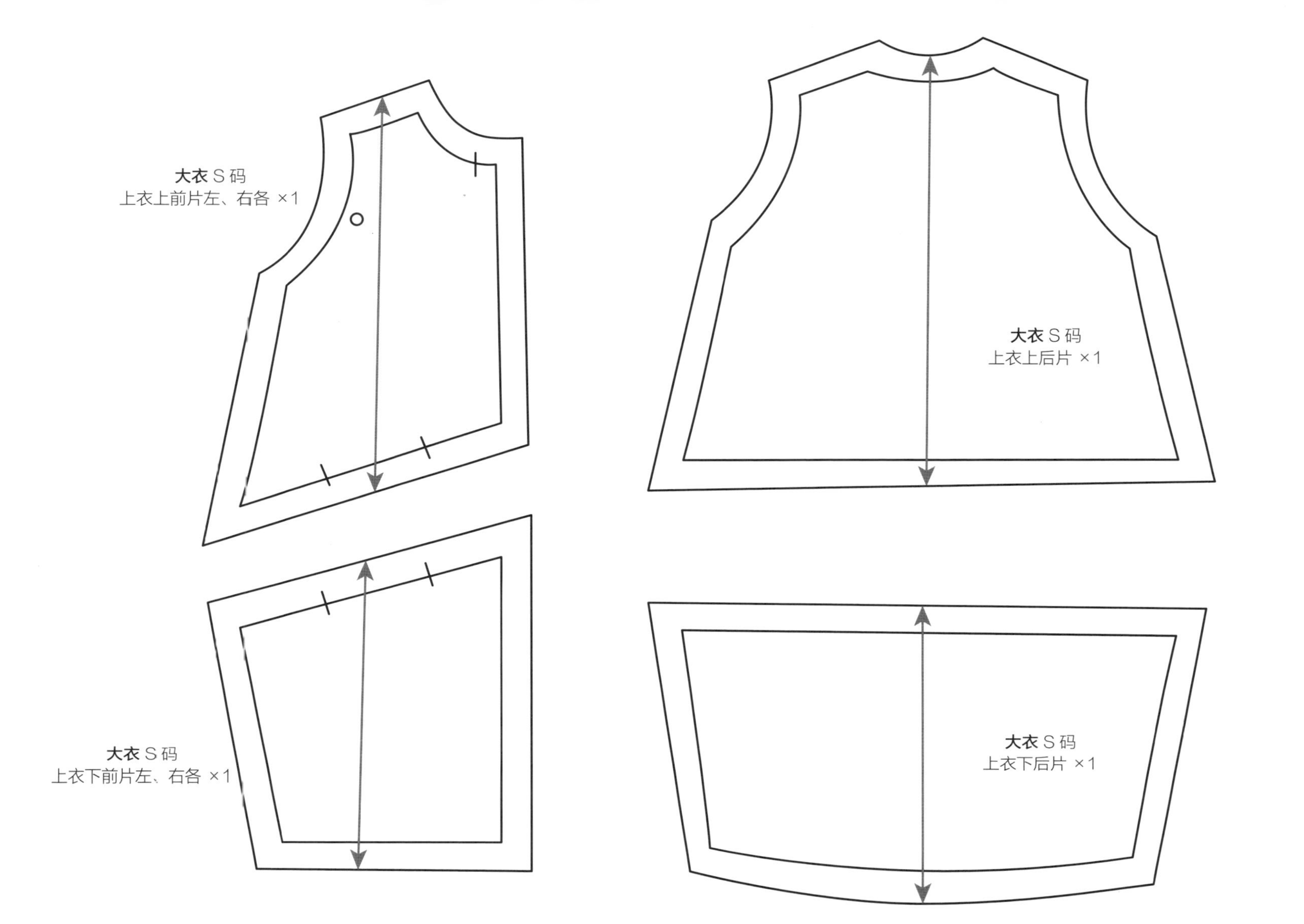

大衣S码
上衣上前片左、右各 ×1
大衣S码
上衣上后片 ×1
大衣S码
上衣下前片左、右各 ×1
大衣S码
上衣下后片 ×1

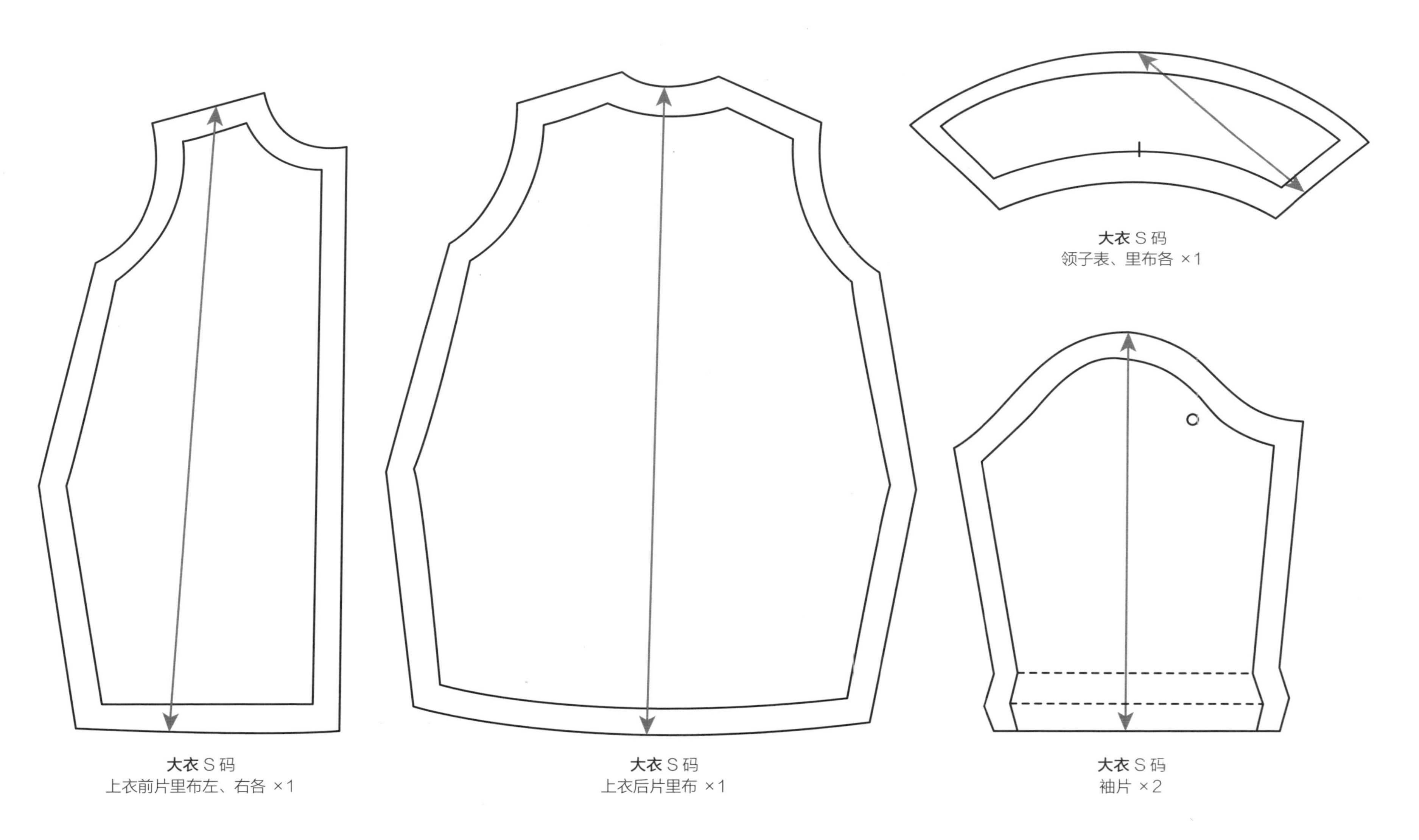

大衣 S 码
上衣前片里布左、右各 ×1

大衣 S 码
上衣后片里布 ×1

大衣 S 码
领子表、里布各 ×1

大衣 S 码
袖片 ×2

衬衣

制作方法：P*136*

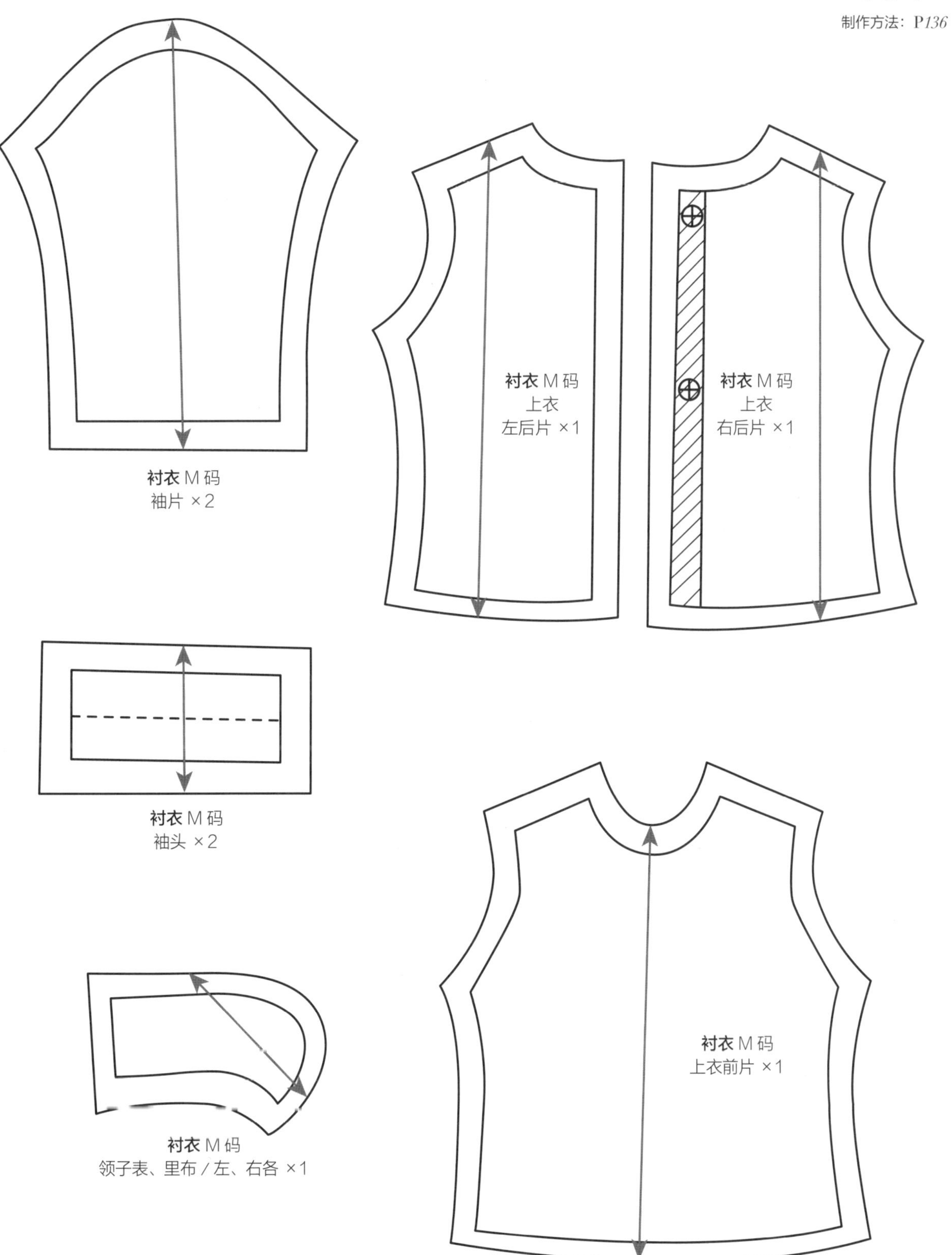

衬衣 M 码
袖片 ×2
衬衣 M 码
上衣
左后片 ×1
衬衣 M 码
上衣
右后片 ×1
衬衣 M 码
袖头 ×2
衬衣 M 码
领子表、里布 / 左、右各 ×1
衬衣 M 码
上衣前片 ×1

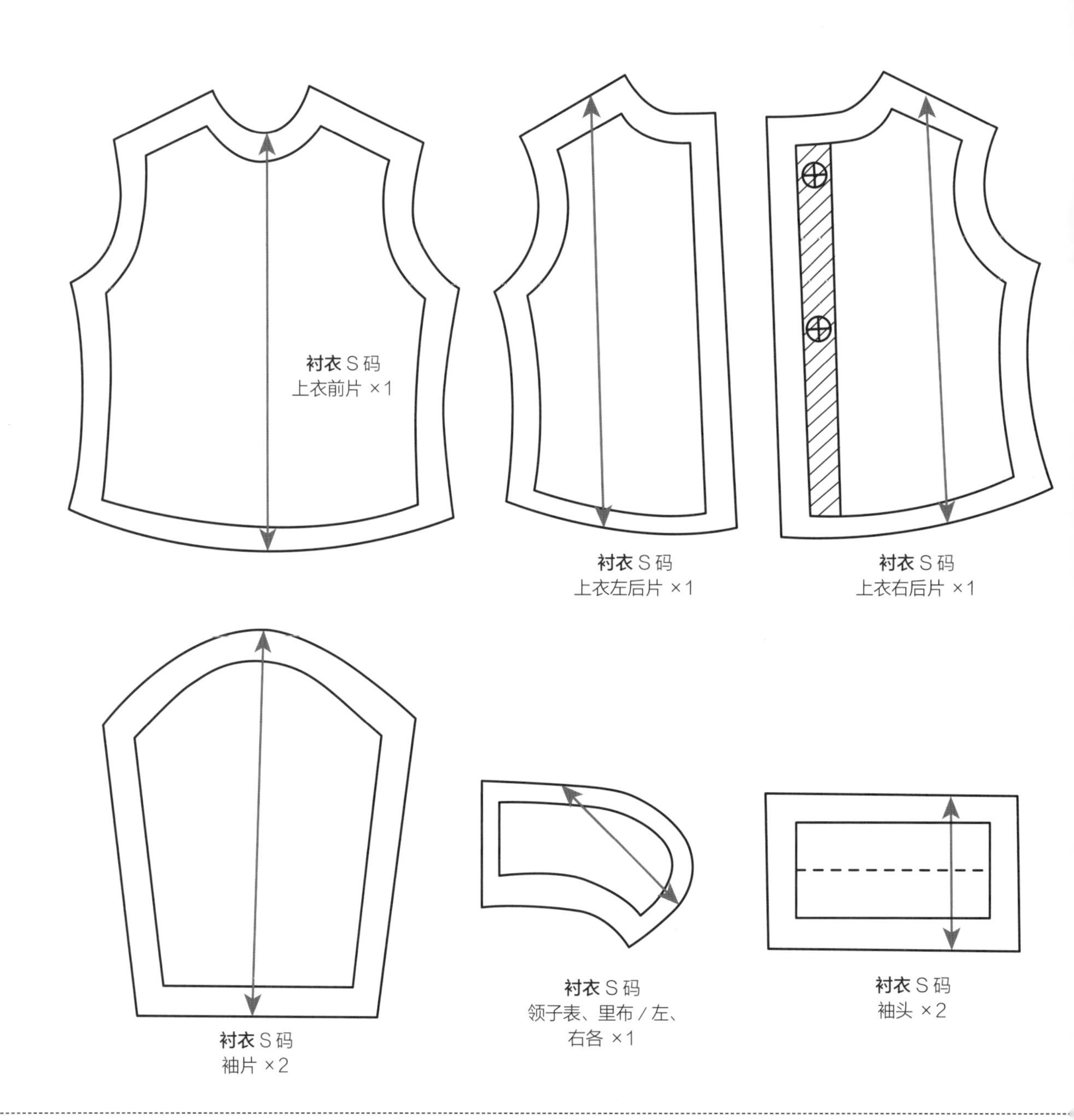

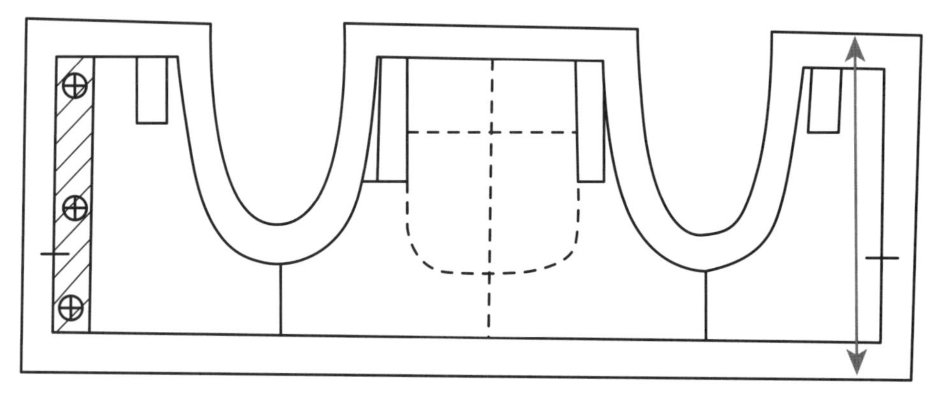

背带裤 M 码
前后上挡片表、里布各 ×1

背带裤

制作方法：P*140*

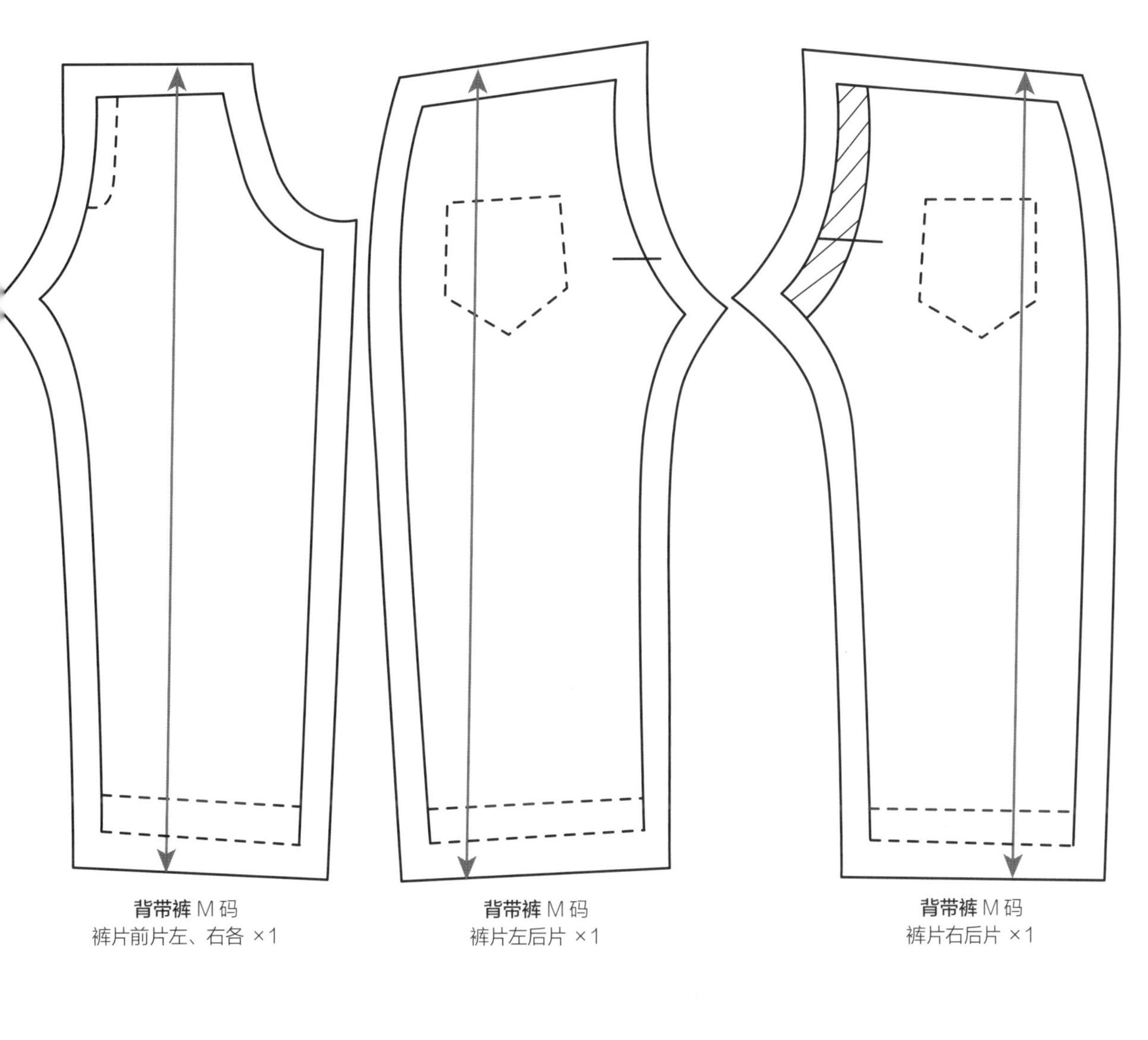

背带裤 M 码
裤片前片左、右各 ×1

背带裤 M 码
裤片左后片 ×1

背带裤 M 码
裤片右后片 ×1

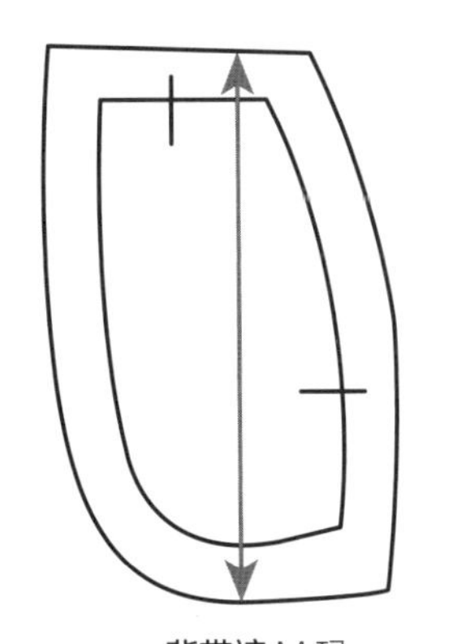

背带裤 M 码
裤片前口袋表布左、右各 ×1

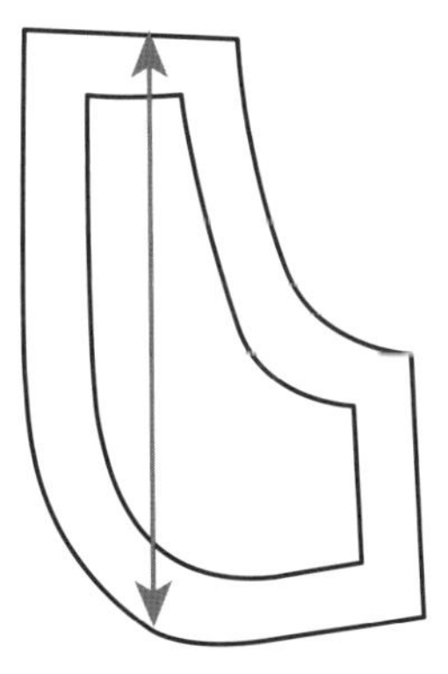

背带裤 M 码
裤片前口袋里布左、右各 ×1

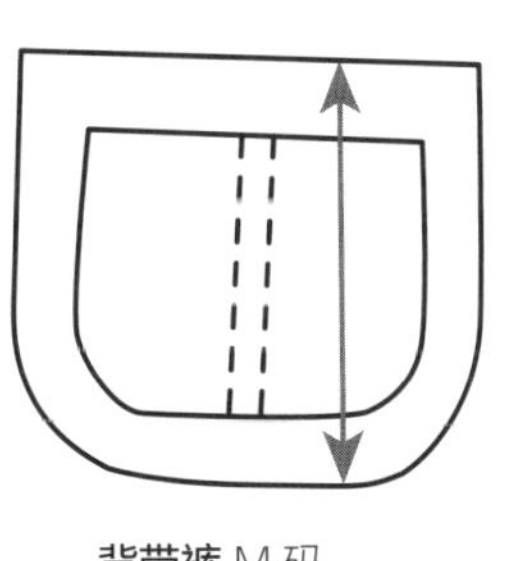

背带裤 M 码
前胸口袋 ×1

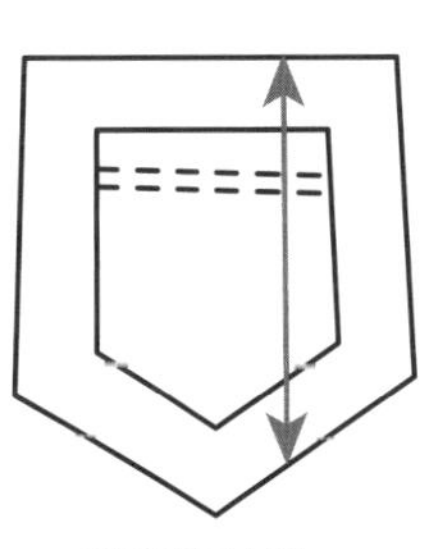

背带裤 M 码
裤片后口袋 ×2

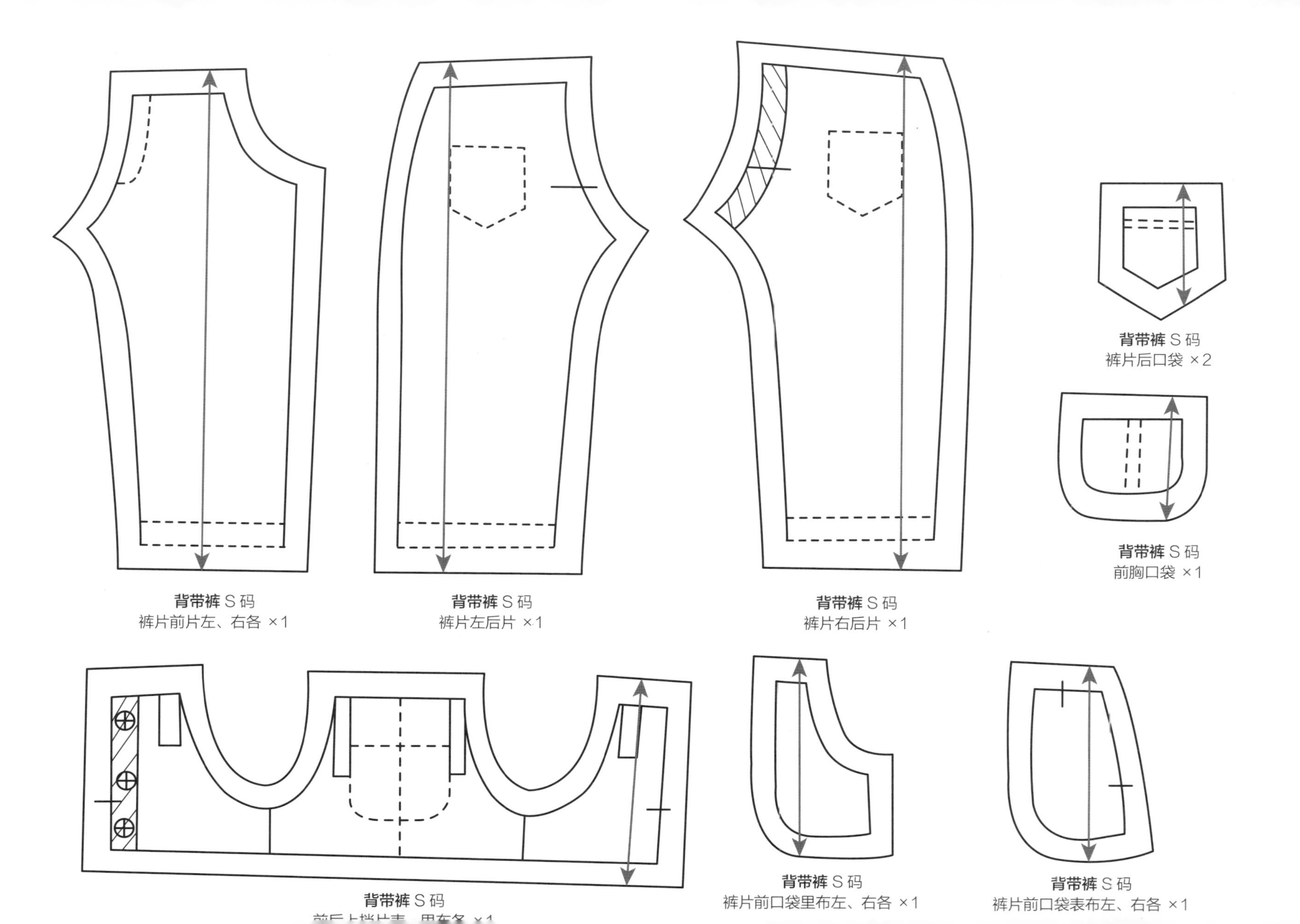

背带裤 S 码
裤片前片左、右各 ×1
背带裤 S 码
裤片左后片 ×1
背带裤 S 码
裤片右后片 ×1
背带裤 S 码
裤片后口袋 ×2
背带裤 S 码
前胸口袋 ×1
背带裤 S 码
背带裤 S 码
裤片前口袋里布左、右各 ×1
背带裤 S 码
裤片前口袋表布左、右各 ×1

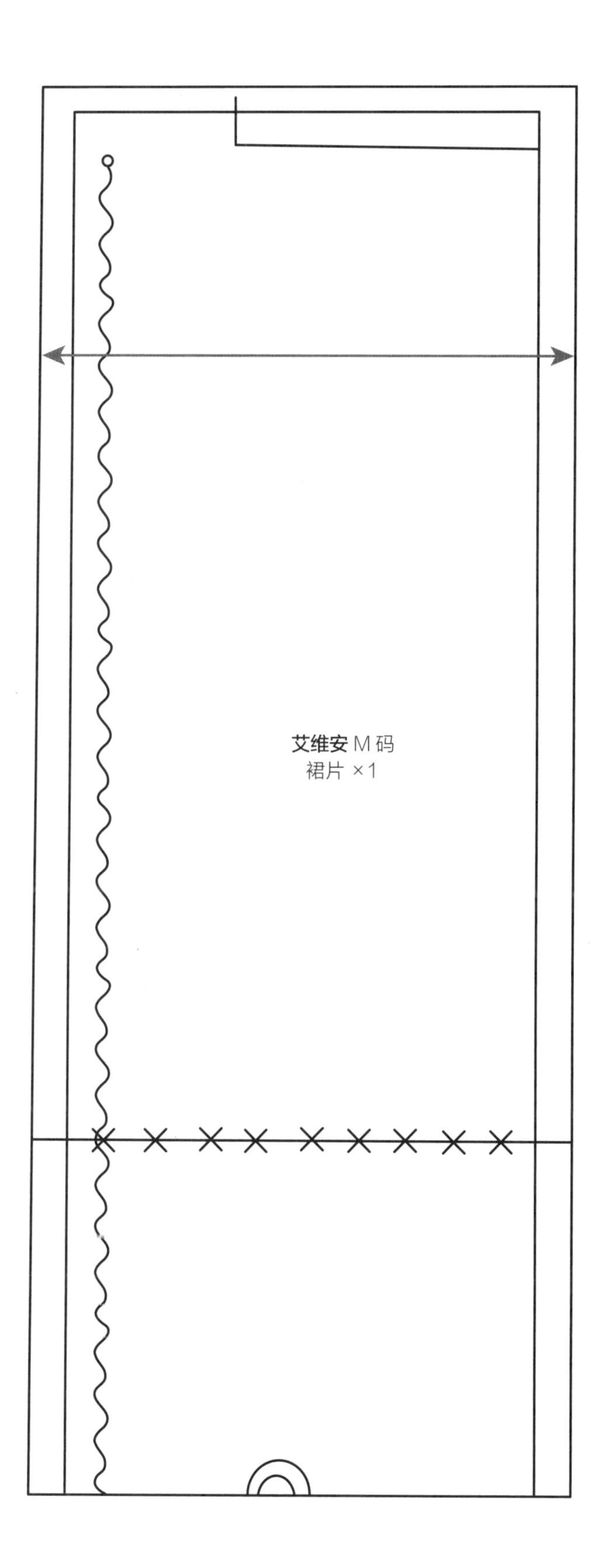
艾维安 M 码
裙片 ×1

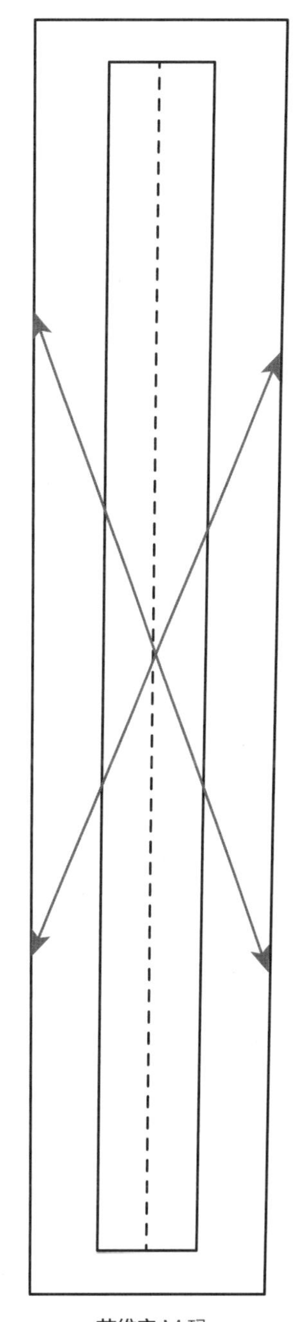
艾维安 M 码
立领 ×1

艾维安 M 码
前胸 U 型区 ×1

艾维安 M 码
袖片 ×2

艾维安 M 码
袖头 ×2

艾维安 M 码
上衣前片 ×1

艾维安 M 码
上衣后片左、右各 ×1

艾维安 M 码
上衣里布 ×1

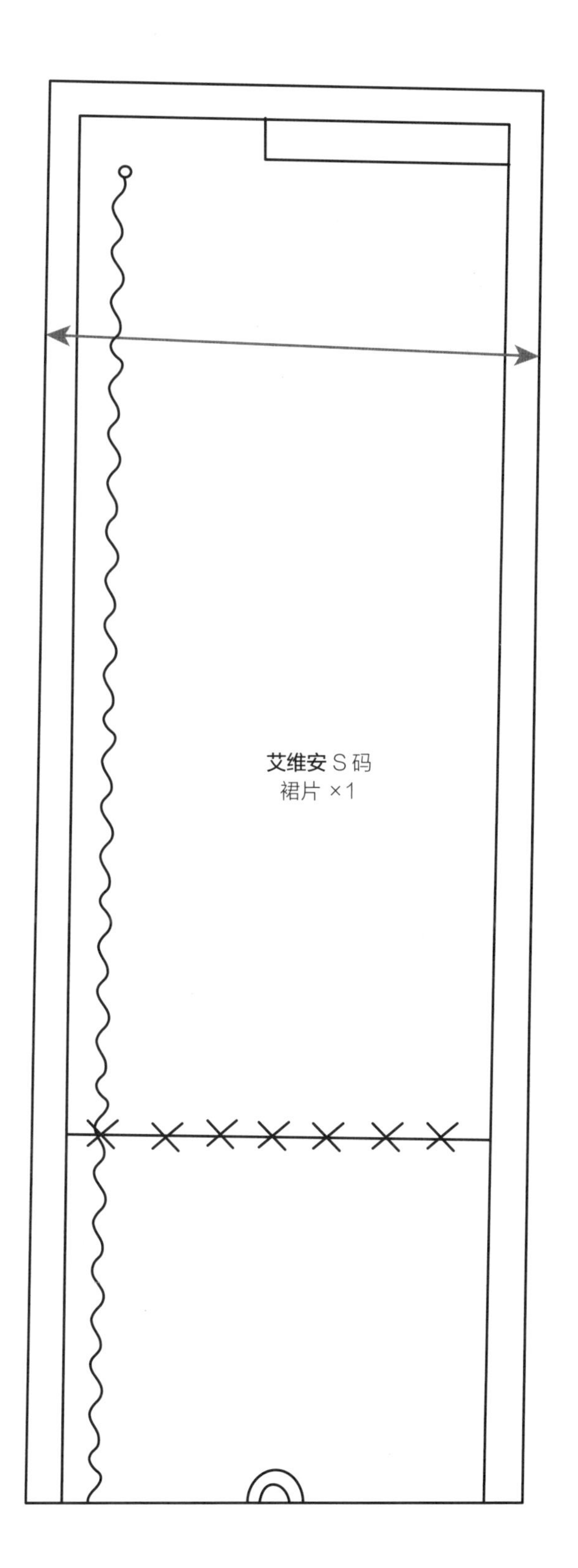
艾维安 S 码
裙片 ×1

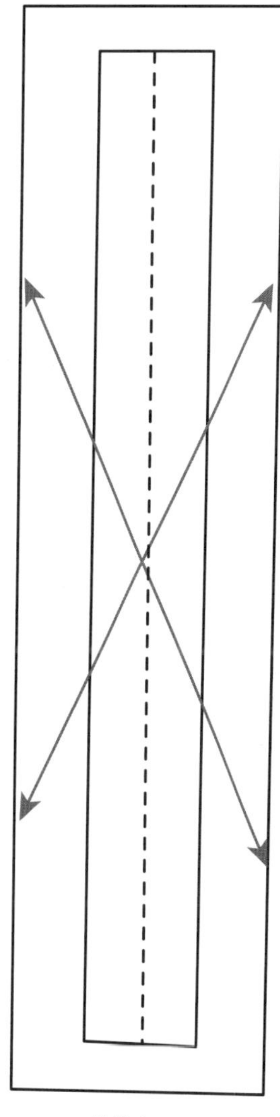
艾维安 S 码
立领 ×1

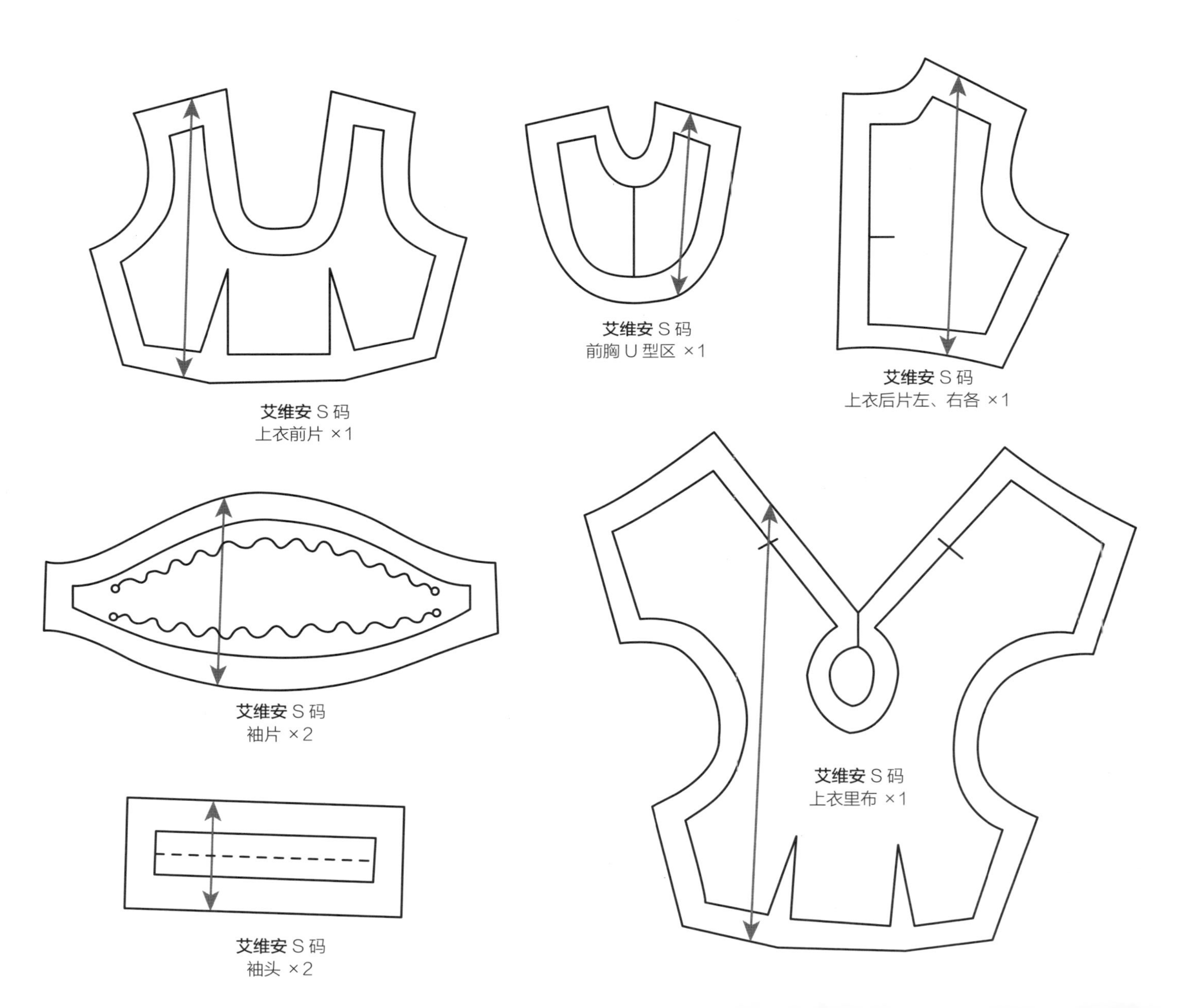
艾维安 S 码
上衣前片 ×1
艾维安 S 码
前胸 U 型区 ×1
艾维安 S 码
上衣后片左、右各 ×1
艾维安 S 码
袖片 ×2
艾维安 S 码
上衣里布 ×1
艾维安 S 码
袖头 ×2

茱莉安

制作方法：P*156*

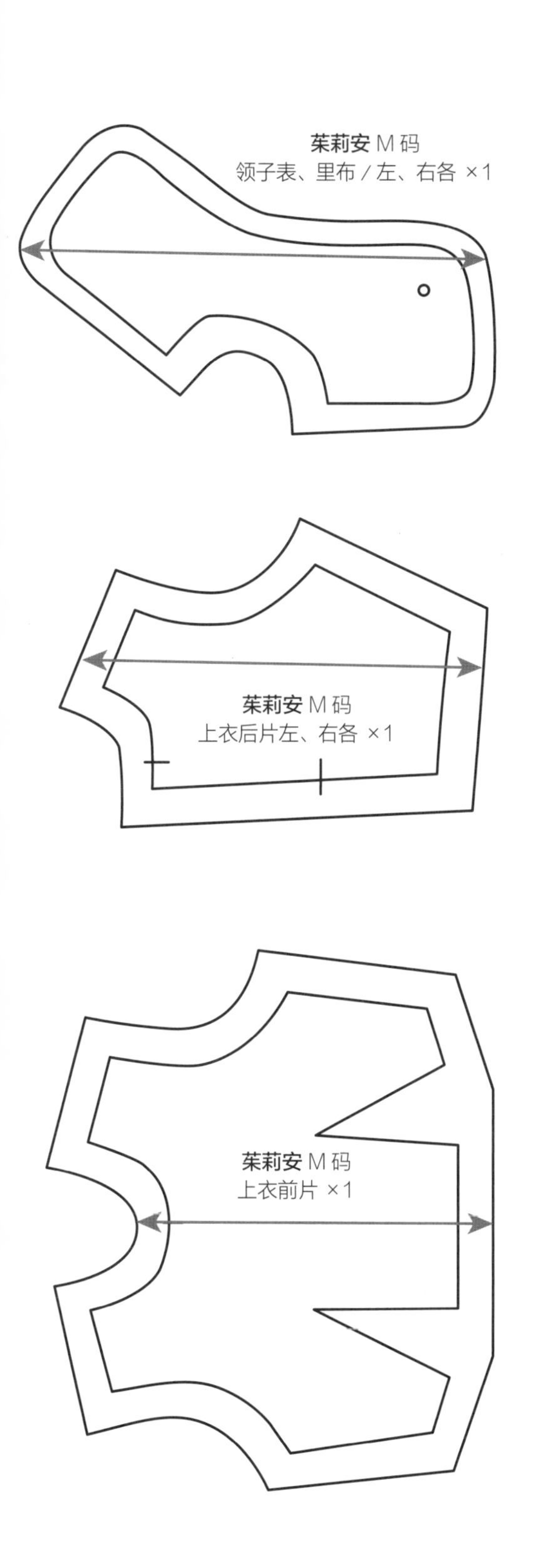

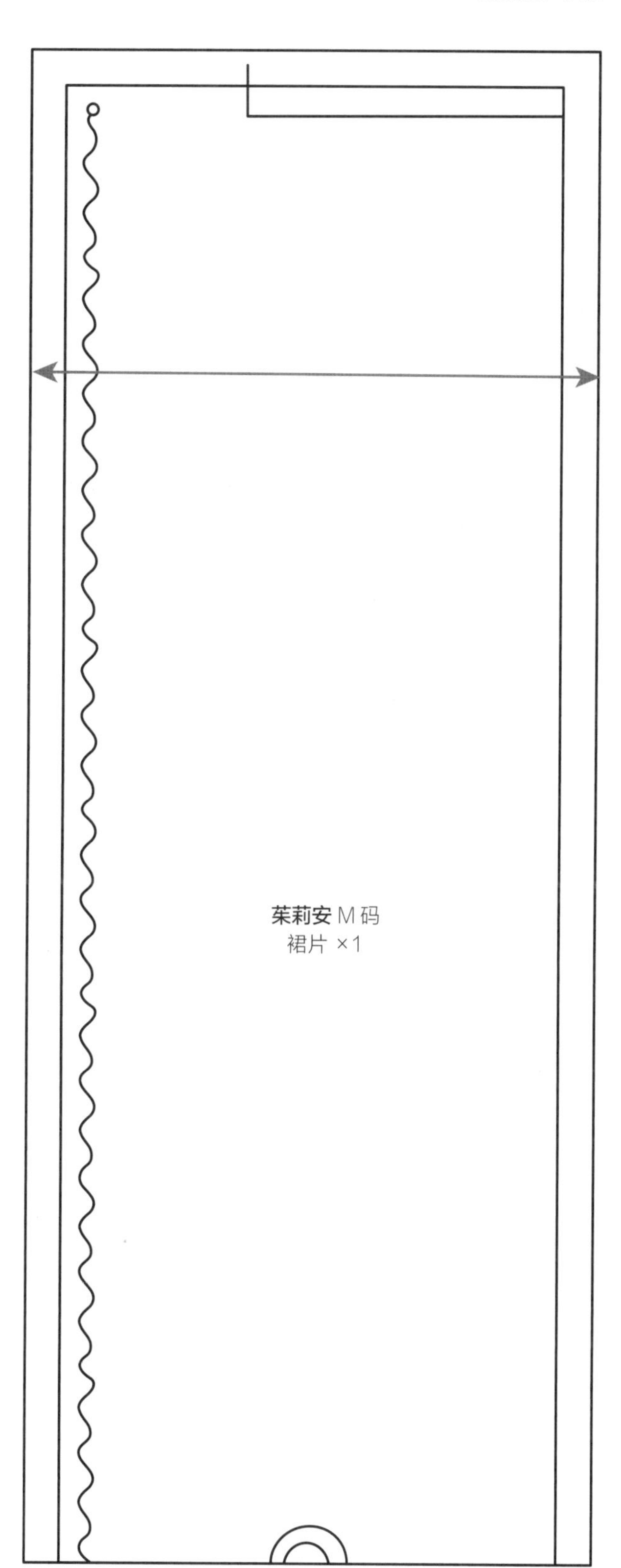

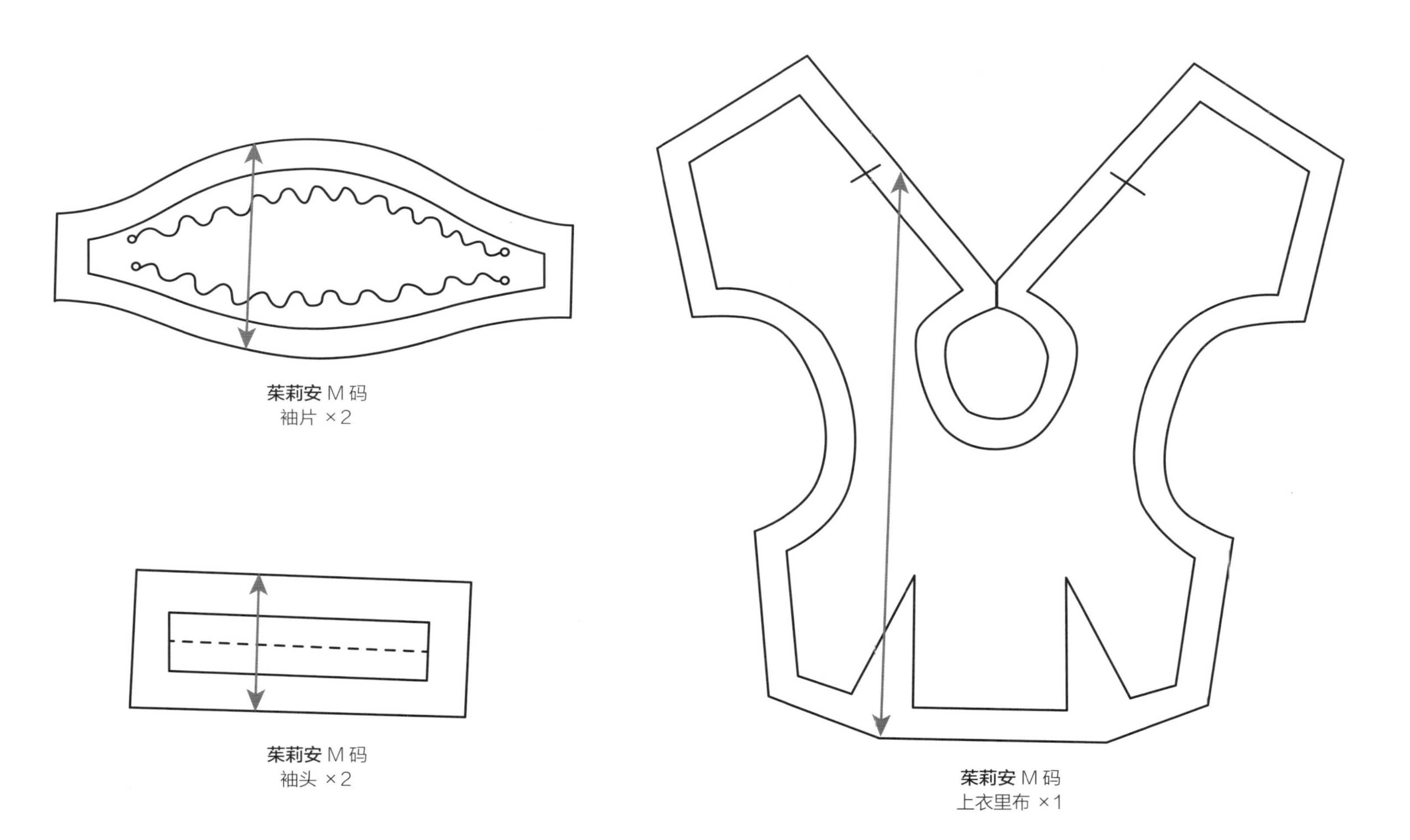
茱莉安 M码
袖片 ×2
茱莉安 M码
袖头 ×2
茱莉安 M码
上衣里布 ×1

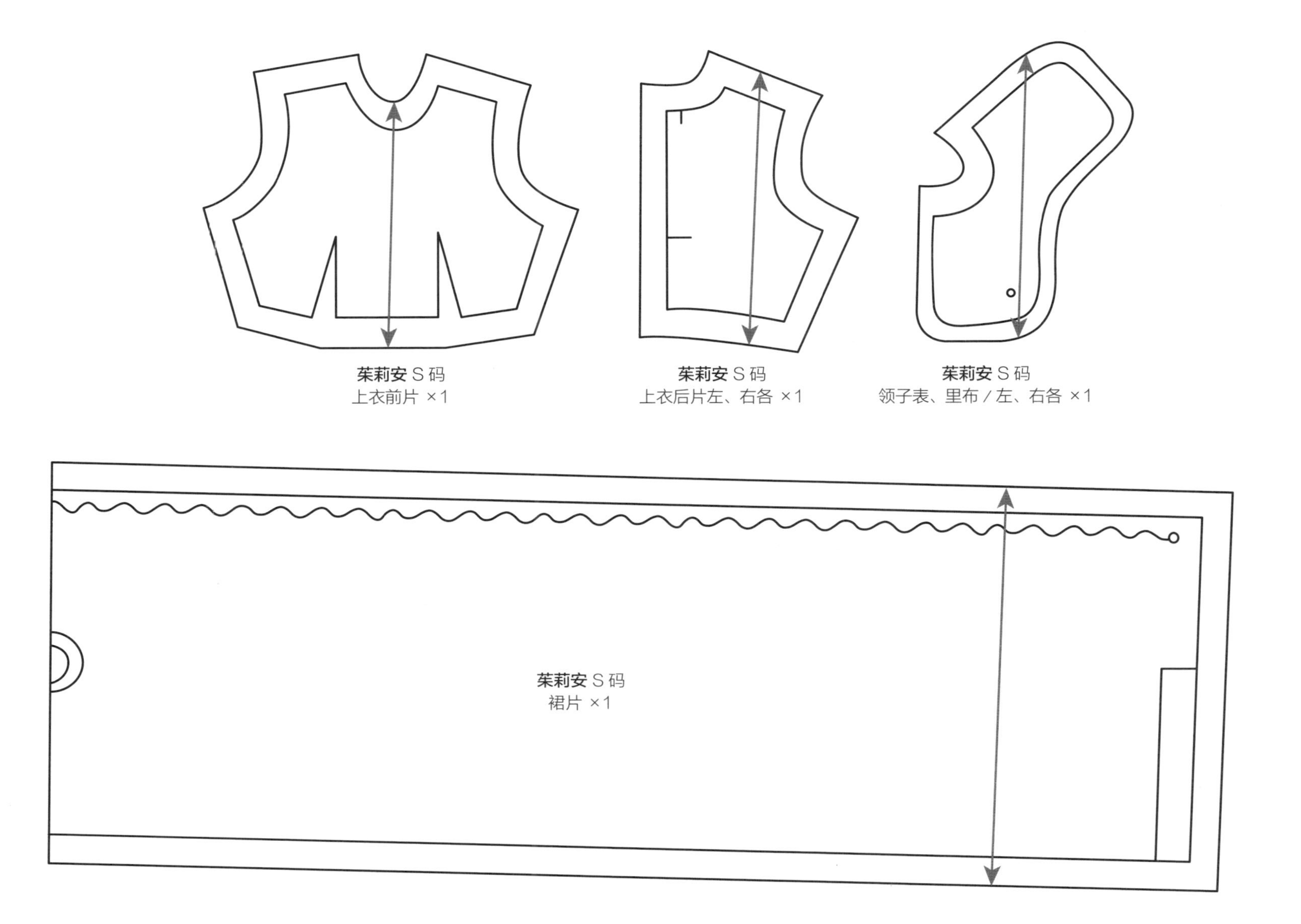
茉莉安 S 码
上衣前片 ×1
茉莉安 S 码
上衣后片左、右各 ×1
茉莉安 S 码
领子表、里布 / 左、右各 ×1
茉莉安 S 码
裙片 ×1

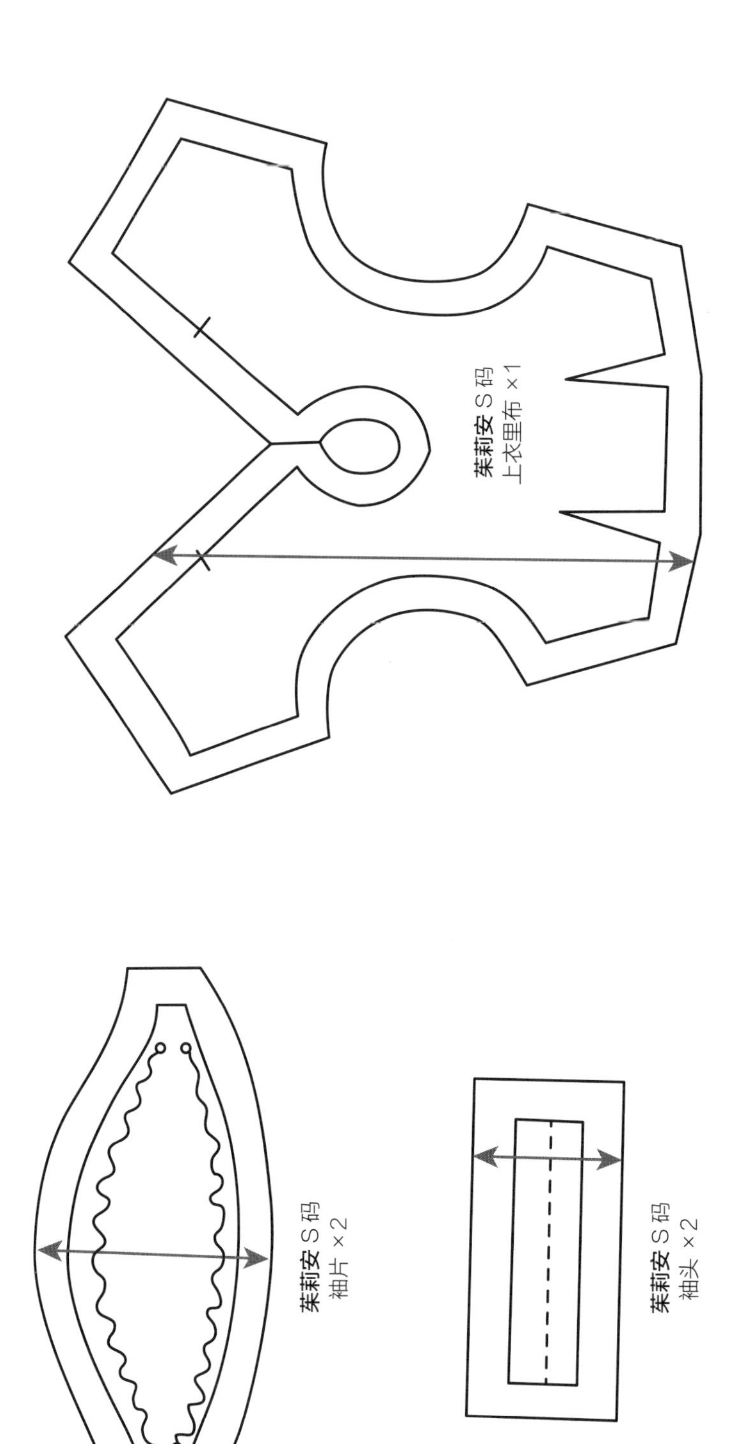
茱莉安 S 码
上衣里布 ×1
茱莉安 S 码
袖片 ×2
茱莉安 S 码
袖头 ×2

制作方法：P164

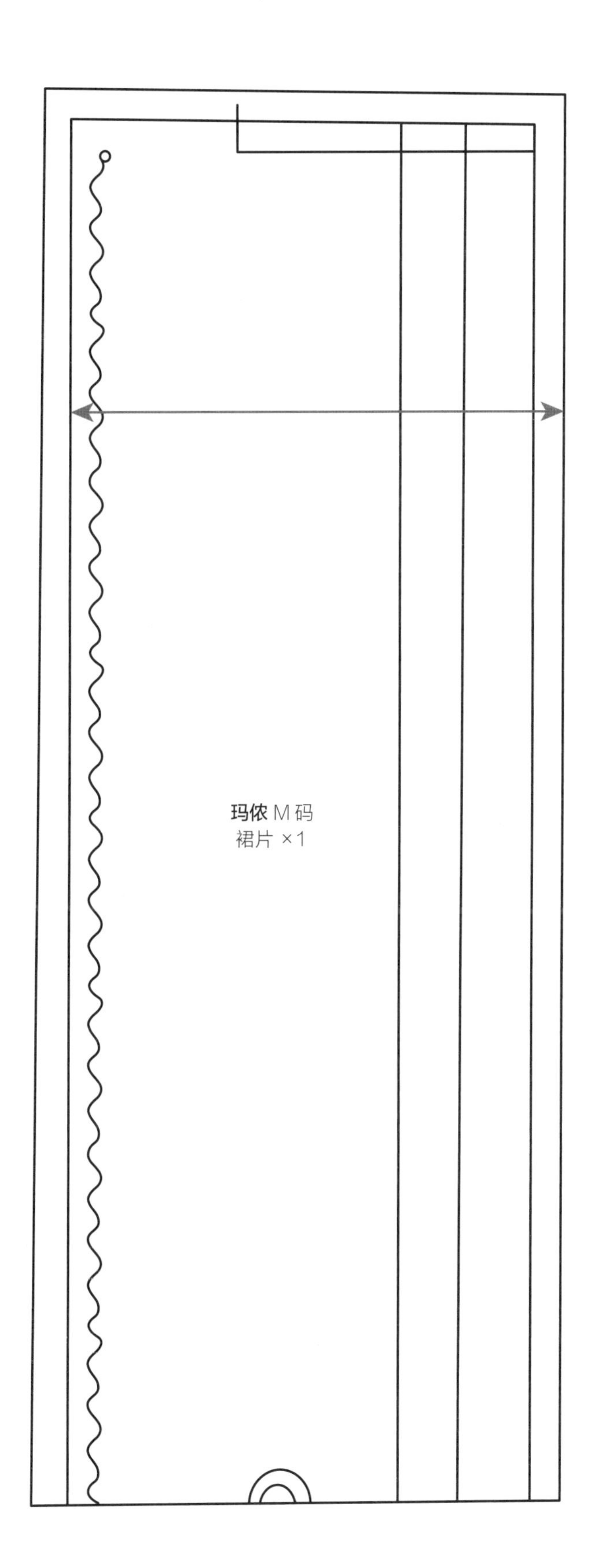

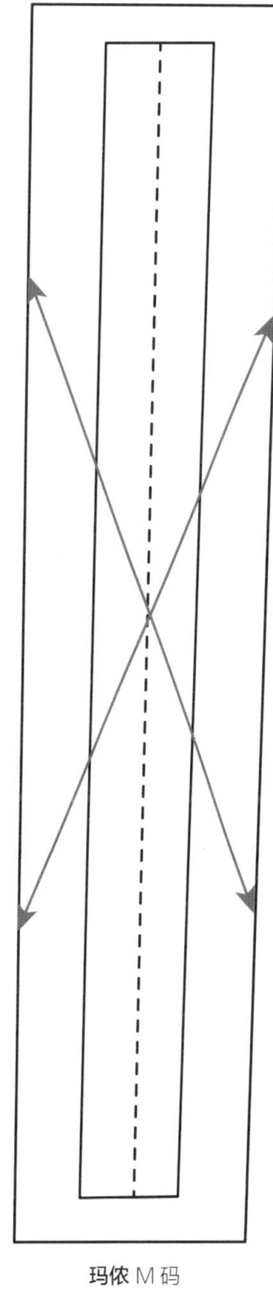

玛依 M 码
立领 ×1

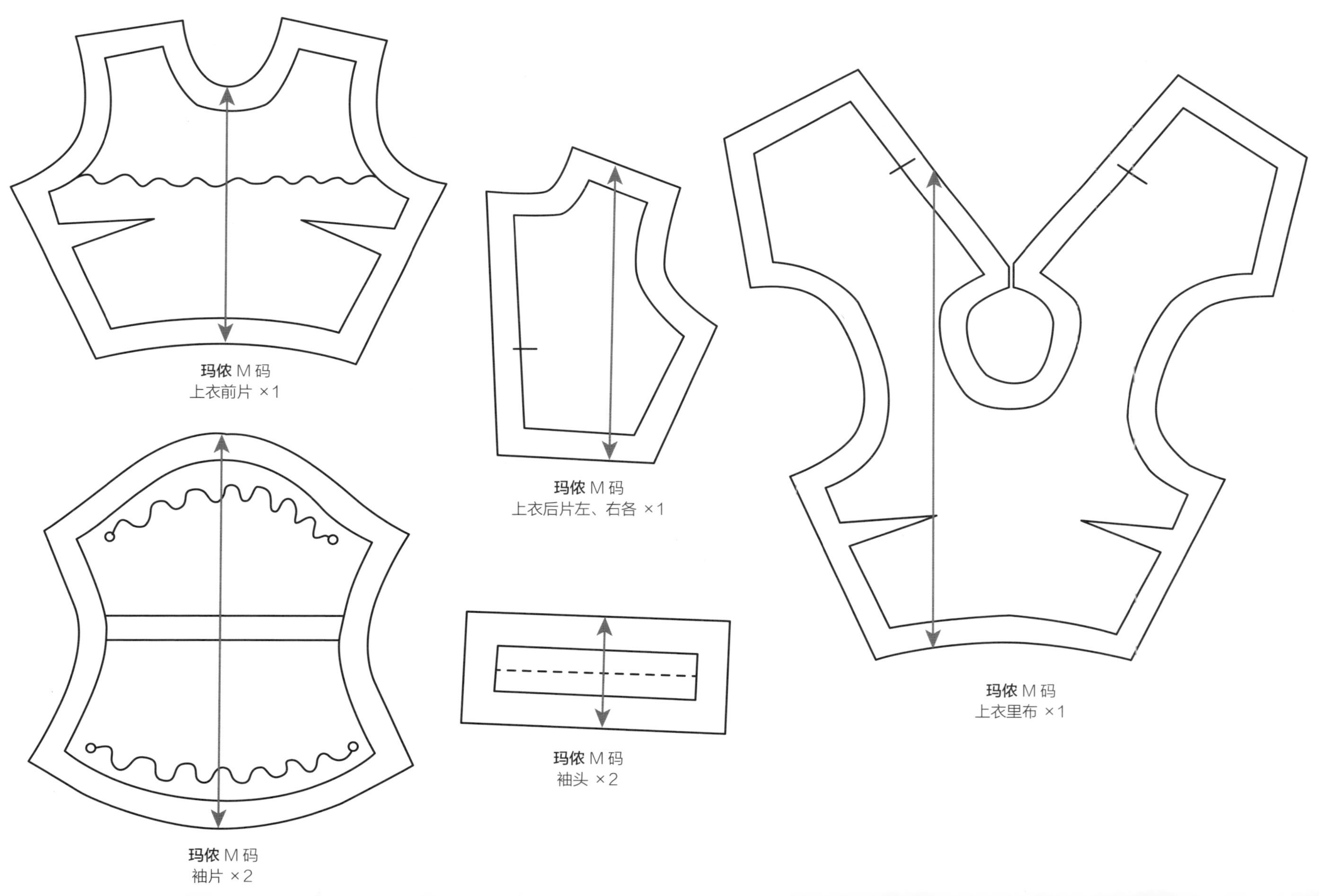
玛依 M码
上衣前片 ×1
玛依 M码
上衣后片左、右各 ×1
玛依 M码
上衣里布 ×1
玛依 M码
袖片 ×2
玛依 M码
袖头 ×2

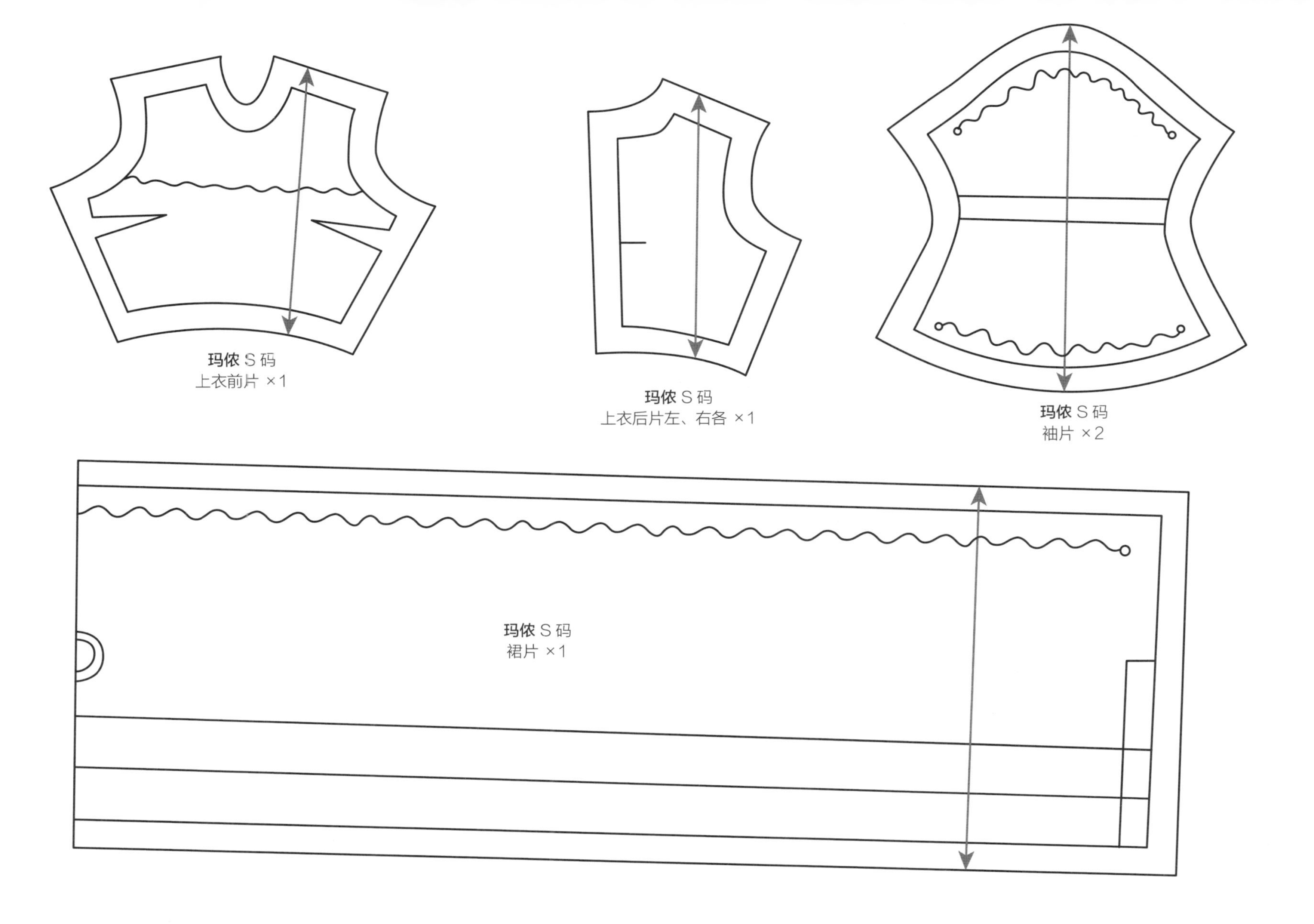
玛依 S 码
上衣前片 ×1
玛依 S 码
上衣后片左、右各 ×1
玛依 S 码
袖片 ×2
玛依 S 码
裙片 ×1

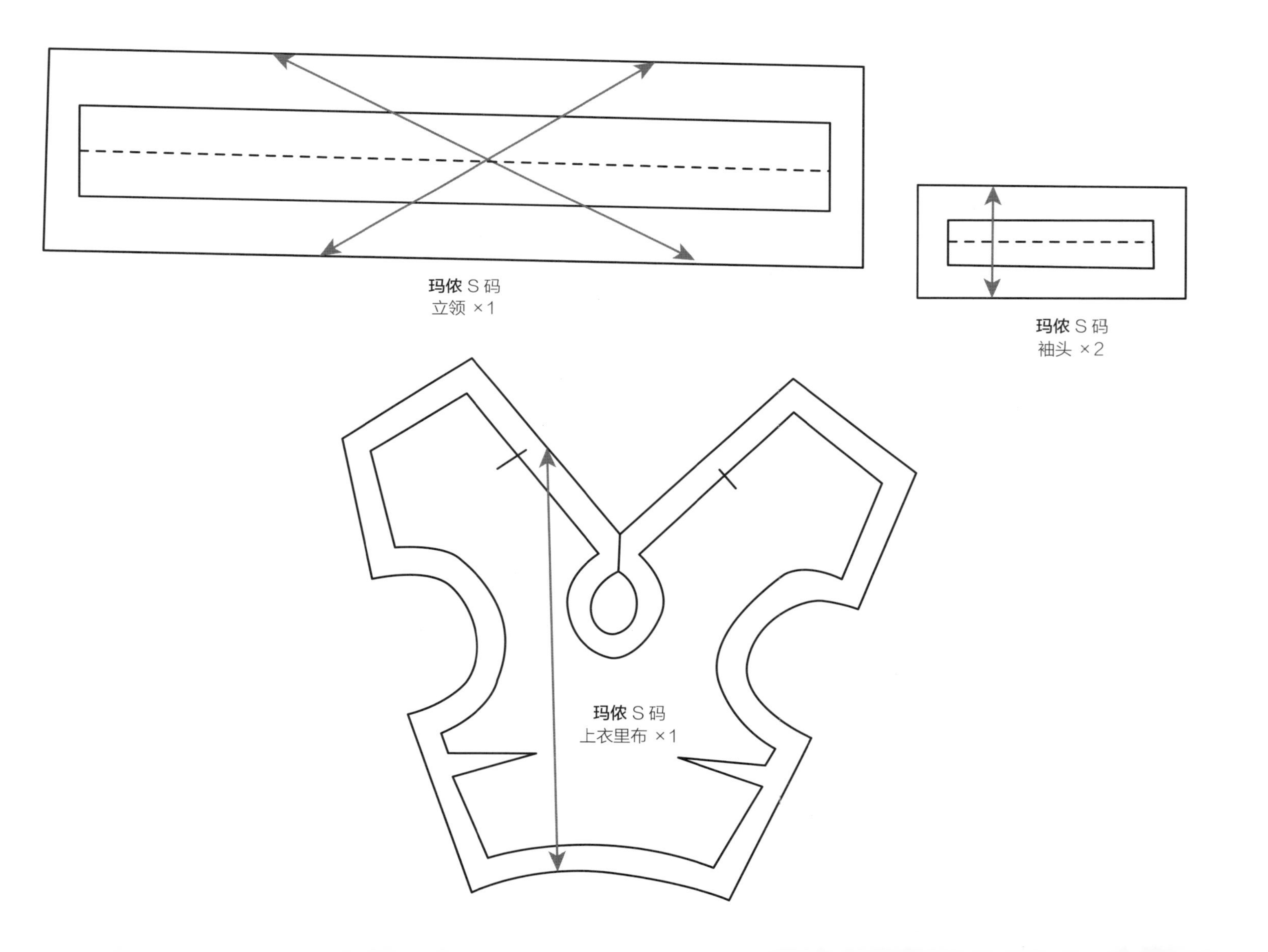
玛依 S 码
立领 ×1
玛依 S 码
袖头 ×2
玛依 S 码
上衣里布 ×1

金属丝发带

制作方法：P*174*

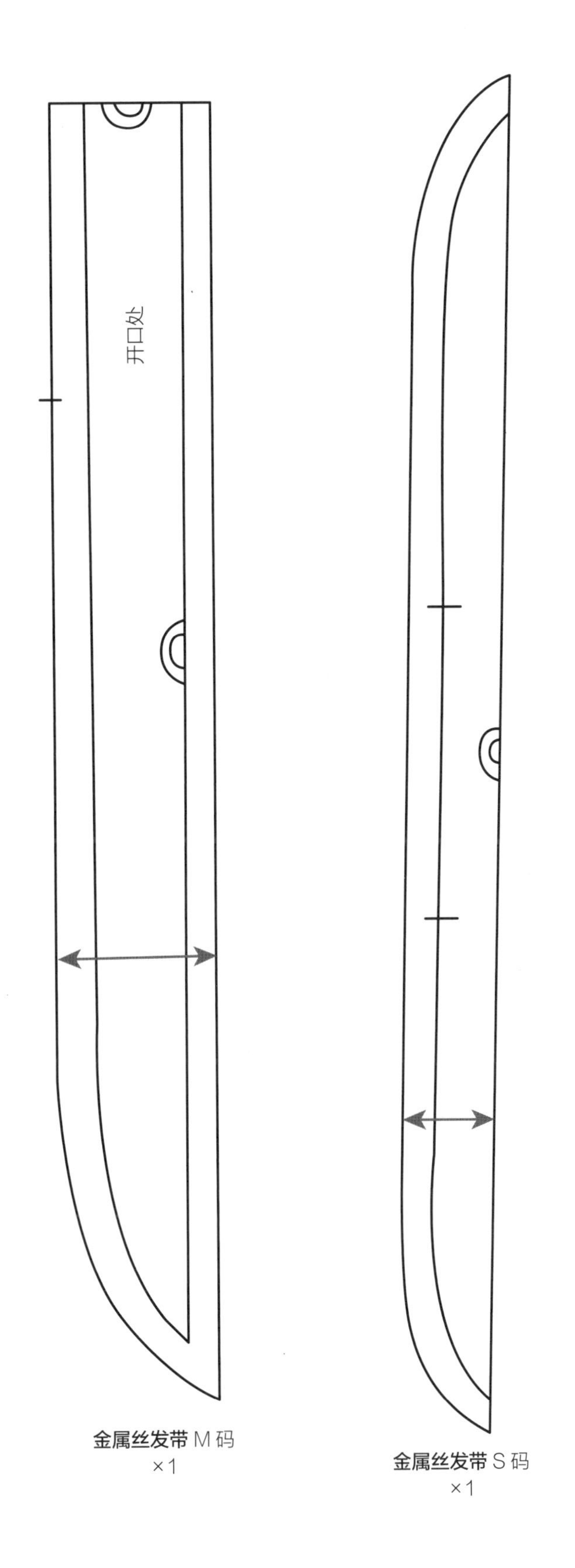

金属丝发带 M 码
×1

金属丝发带 S 码
×1

系带软帽

制作方法：P*176*

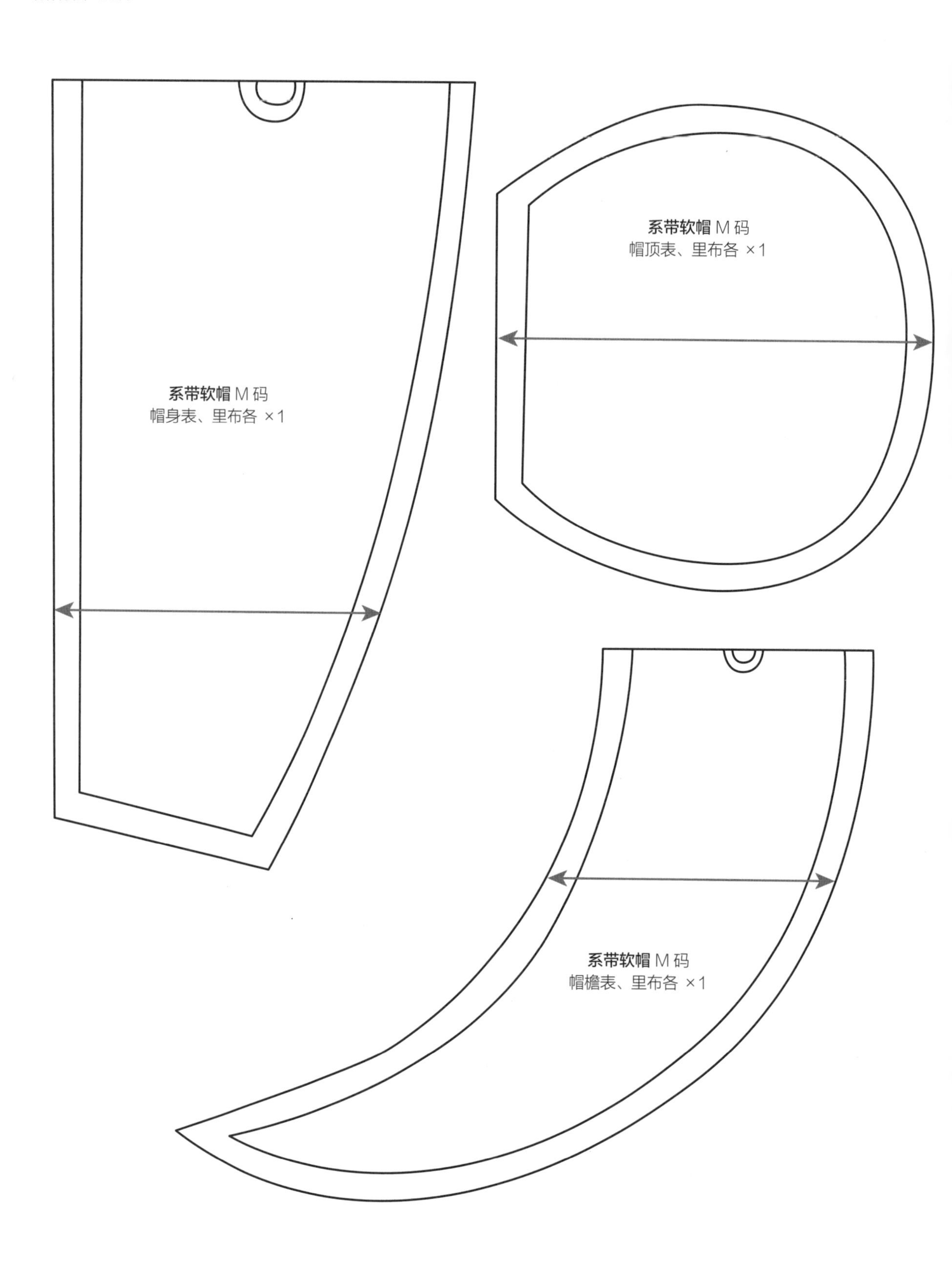

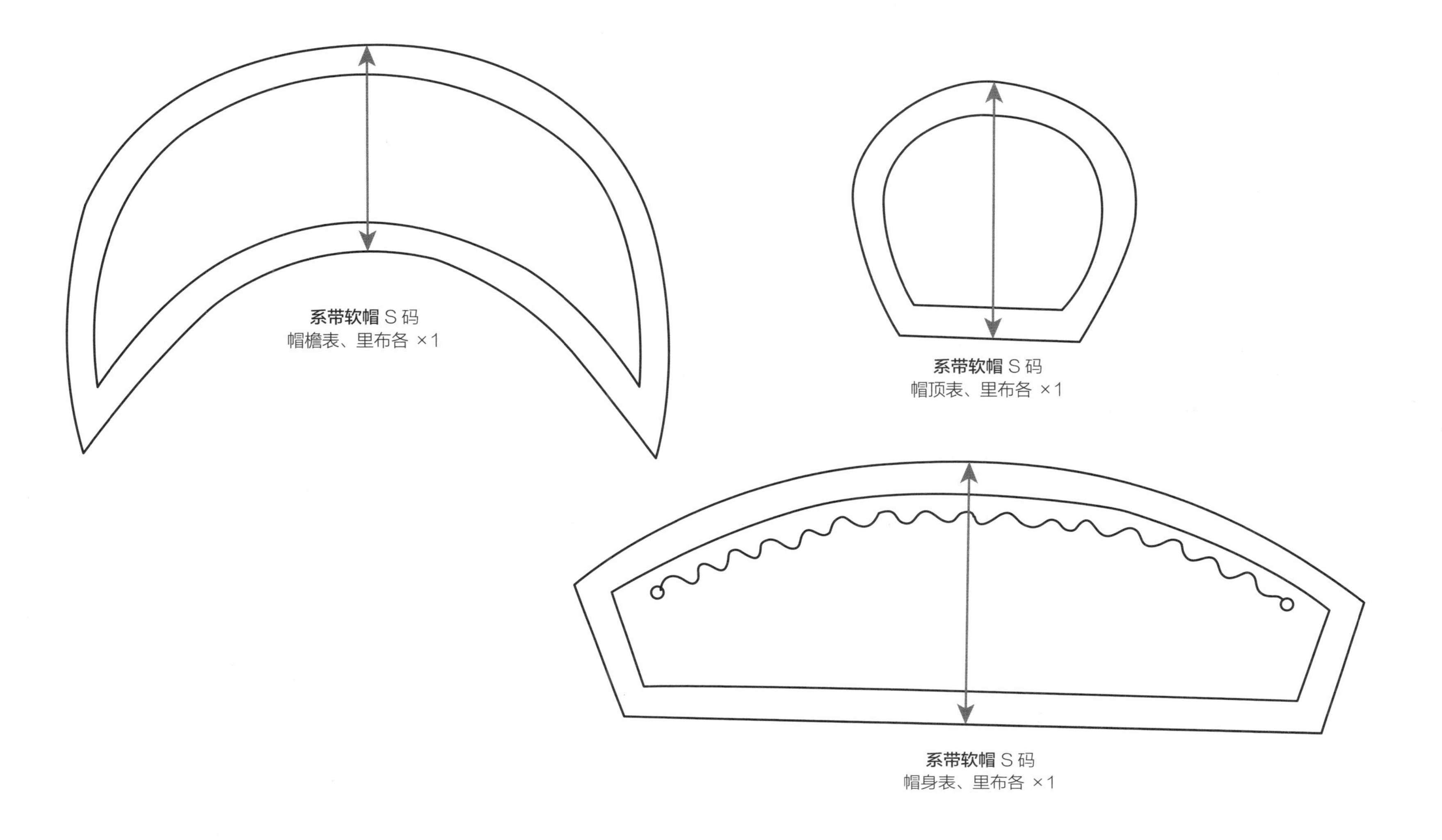
系带软帽 S 码
帽檐表、里布各 ×1
系带软帽 S 码
帽顶表、里布各 ×1
系带软帽 S 码
帽身表、里布各 ×1

裙撑

制作方法：P*180*

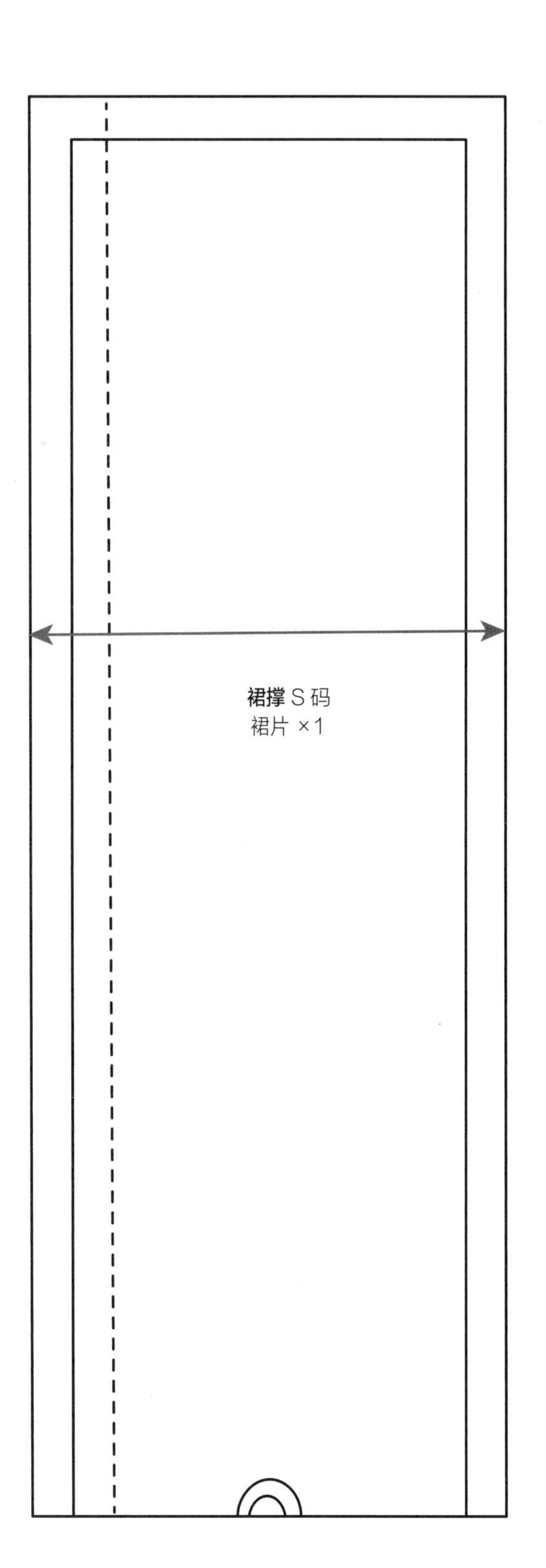

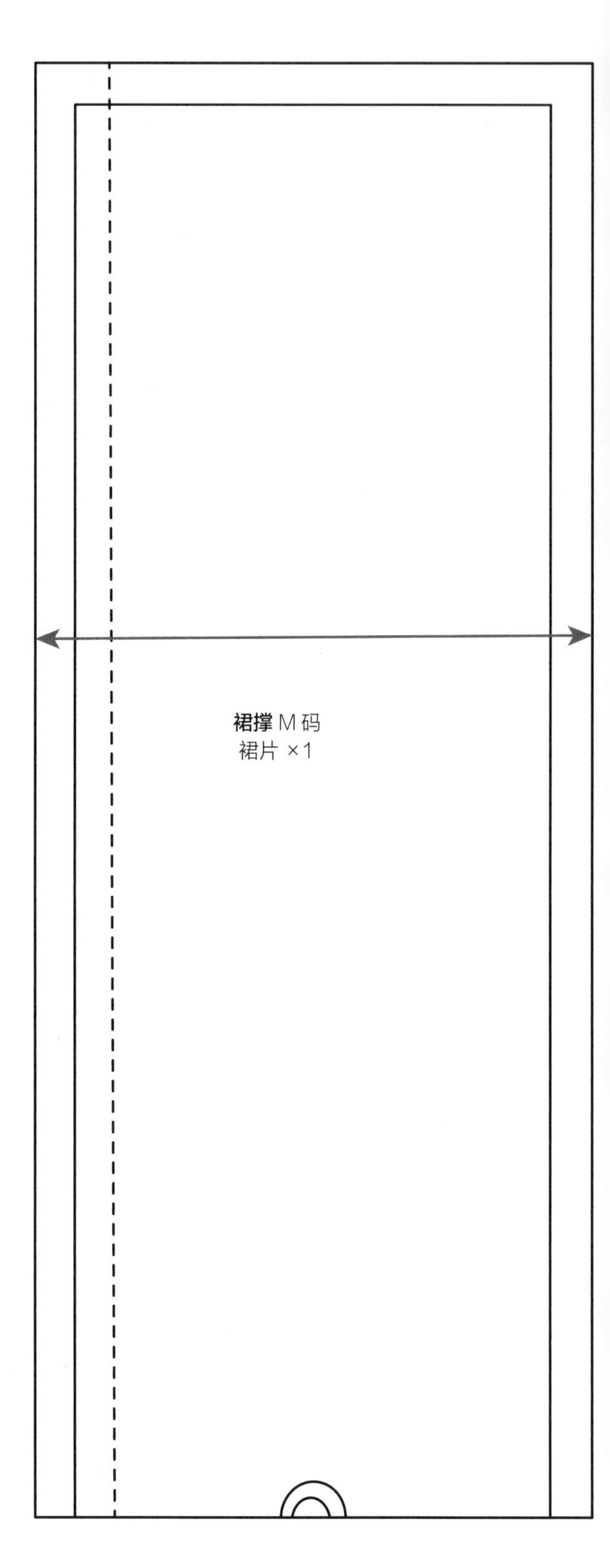

袜子

制作方法：P*182*

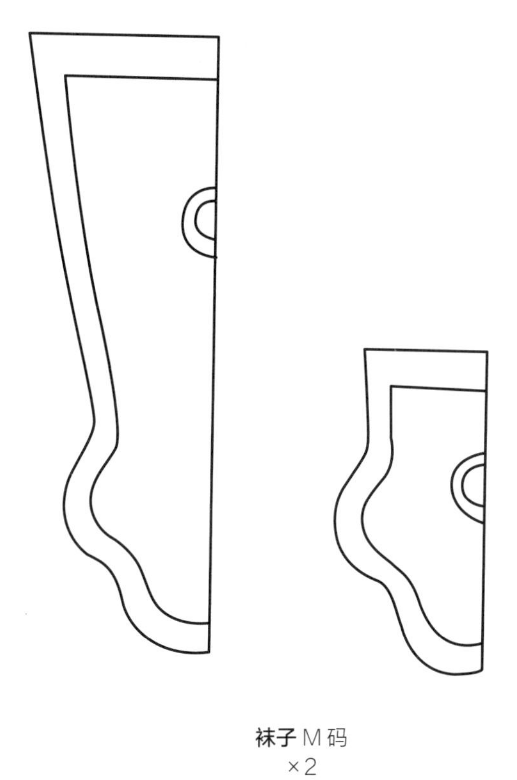

袜子 M 码
×2

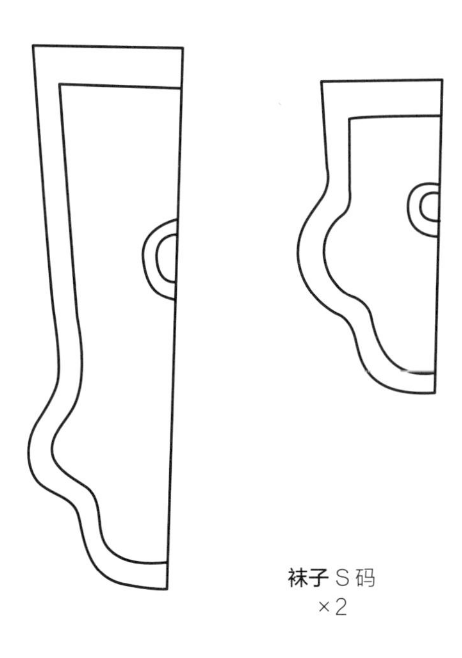

袜子 S 码
×2

环保购物袋

制作方法：P*184*

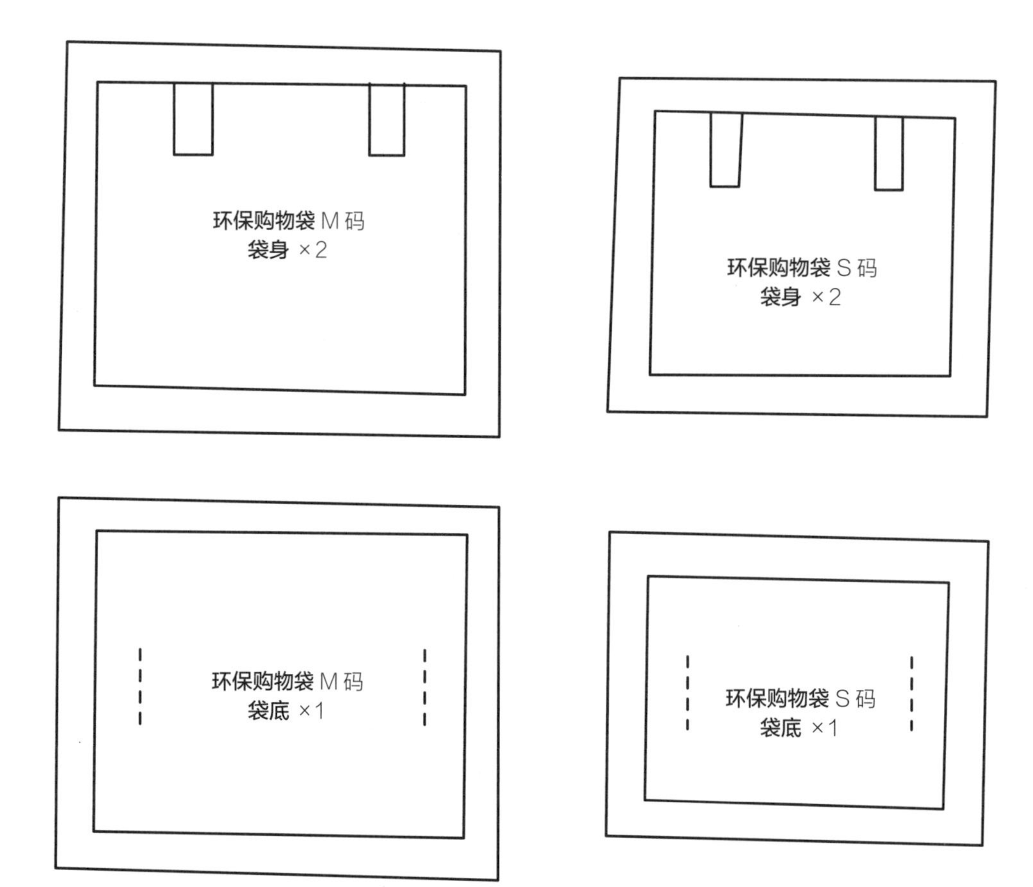

头巾

制作方法：P*188*

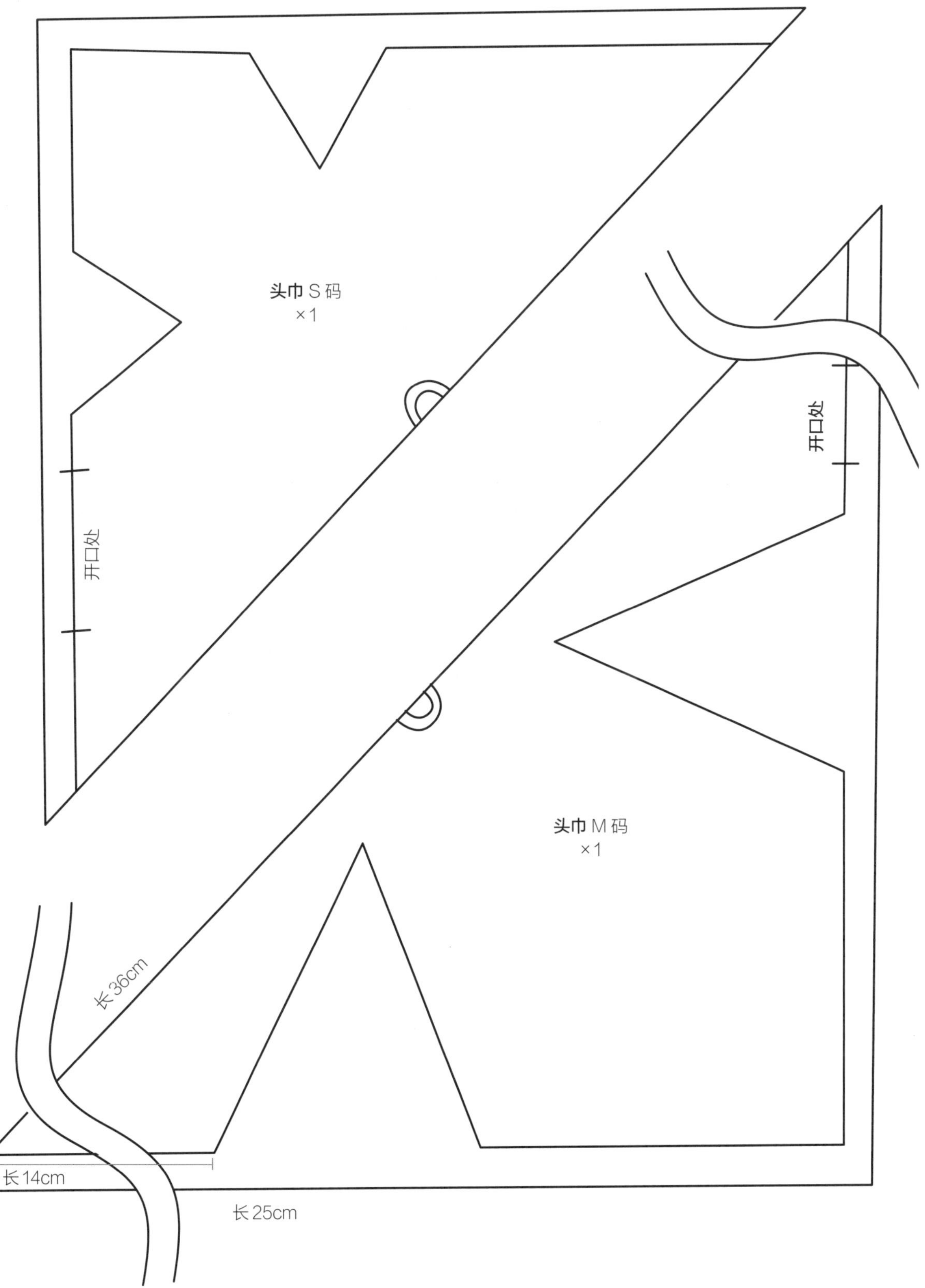

围巾

制作方法：P*190*

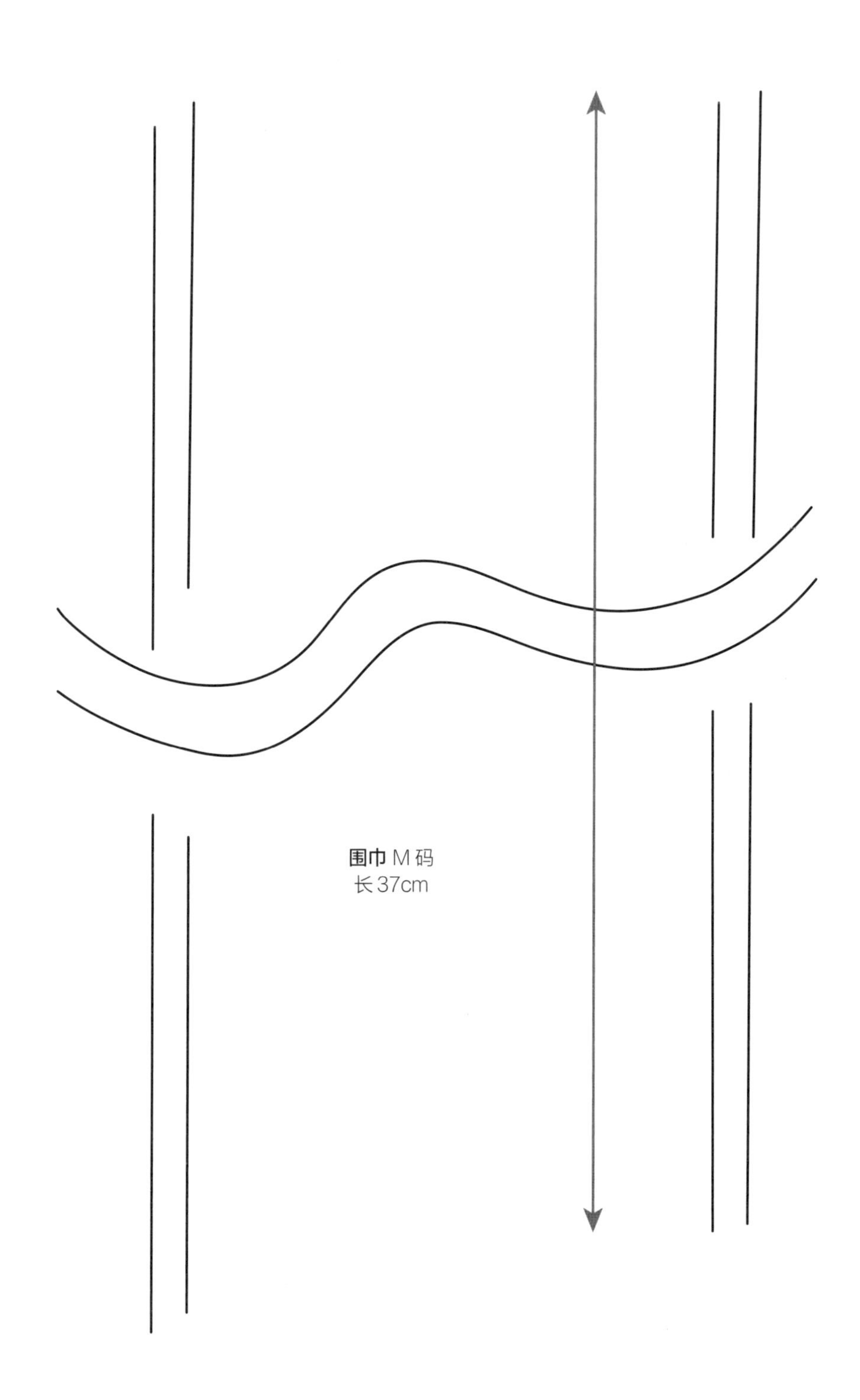

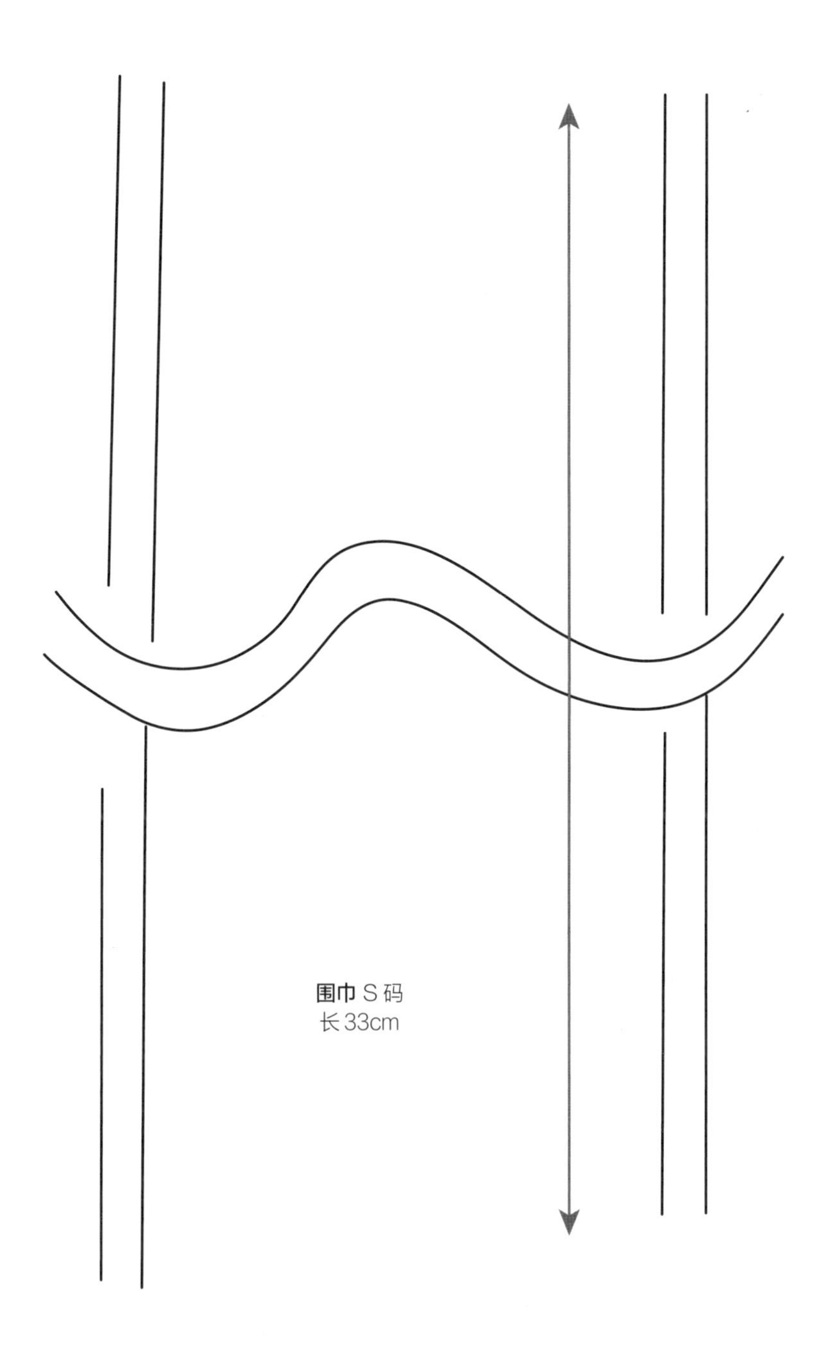
围巾 S 码
长 33cm

原文书名：시애라의 인형옷 아틀리에
原作者名：최예진
시애라의 인형옷 아틀리에

著作权合同登记号：图字：01-2021-5900

图书在版编目（CIP）数据

娃衣裁缝工坊 /（韩）崔睿晋著；高颖译 . -- 北京：中国纺织出版社有限公司，2022.1（2024.9 重印）
ISBN 978-7-5180-8839-3

Ⅰ . ①娃…　Ⅱ . ①崔…　②高…　Ⅲ . ①手工艺品－制作　Ⅳ . ① TS973.5

中国版本图书馆 CIP 数据核字（2021）第 176736 号

责任编辑：刘　茸　　责任校对：寇晨晨　　责任印制：王艳丽

中国纺织出版社有限公司出版发行
地址：北京市朝阳区百子湾东里 A407 号楼　邮政编码：100124
销售电话：010—67004422　传真：010—87155801
http://www.c-textilep.com
中国纺织出版社天猫旗舰店
官方微博 http://weibo.com/2119887771
北京华联印刷有限公司印刷　各地新华书店经销
2022 年 1 月第 1 版　2024 年 9 月第 5 次印刷
开本：787 × 1092　1/16　印张：16.75
字数：248 千字　定价：148.00 元

凡购本书，如有缺页、倒页、脱页，由本社图书营销中心调换